交通运输行业高层次人才培养项目著作书系

曾 伟 刘润有 王新岐 编著

天津滨海软土路基综合处置技术实践

Practice of Comprehensive Treatment Technology for Soft Soil Subgrade in Tianjin Binhai

人民交通出版社股份有限公司

北 京

内 容 提 要

本书充分吸收国家及行业相关技术标准、规范,并结合多年来天津滨海新区软土路基处理研究成果,创新设计理念,对新技术、新问题开展试验研究和工程实践,有效指导了滨海软土路基的工程建设。其中土壤固化剂、盐渍土处治、工业碱渣处治、现浇泡沫轻质土、固化轻质土等处理和修筑道路技术,已在天津滨海及国内类似软土地区进行了大面积的推广应用,形成了一批代表性的处置软土路基的成套技术。本书紧密结合具体案例进行分析,具有很强的实用性。

本书可供从事软土路基的设计与施工技术人员学习使用,也可作为相关专业及建设、设计、监理、施工单位等技术人员参考用书。

图书在版编目(CIP)数据

天津滨海软土路基综合处置技术实践 / 曾伟, 刘润有, 王新岐编著. — 北京 : 人民交通出版社股份有限公司, 2022.4

ISBN 978-7-114-17864-1

Ⅰ.①天… Ⅱ.①曾… ②刘… ③王… Ⅲ.①软土地基—地基处理—研究—滨海新区 Ⅳ.①TU471

中国版本图书馆 CIP 数据核字(2022)第 029958 号

交通运输行业高层次人才培养项目著作书系

Tianjin Binhai Ruantu Luji Zonghe Chuzhi Jishu Shijian

书 名: 天津滨海软土路基综合处置技术实践

著 作 者: 曾 伟 刘润有 王新岐

责任编辑: 王 丹

责任校对: 赵媛媛

责任印制: 刘高彤

出版发行: 人民交通出版社股份有限公司

地 址: (100011)北京市朝阳区安定门外外馆斜街 3 号

网 址: http://www.ccpcl.com.cn

销售电话: (010)59757973

总 经 销: 人民交通出版社股份有限公司发行部

经 销: 各地新华书店

印 刷: 北京建宏印刷有限公司

开 本: 787×1092 1/16

印 张: 14.25

字 数: 338 千

版 次: 2022 年 4 月 第 1 版

印 次: 2022 年 4 月 第 1 次印刷

书 号: ISBN 978-7-114-17864-1

定 价: 68.00 元

书系前言

Preface of Series

进入21世纪以来，党中央、国务院高度重视人才工作，提出人才资源是第一资源的战略思想，先后两次召开全国人才工作会议，围绕人才强国战略实施做出一系列重大决策部署。党的十八大着眼于全面建成小康社会的奋斗目标，提出要进一步深入实践人才强国战略，加快推动我国由人才大国迈向人才强国，将人才工作作为"全面提高党的建设科学化水平"八项任务之一。十八届三中全会强调指出，全面深化改革，需要有力的组织保证和人才支撑。要建立集聚人才体制机制，择天下英才而用之。这些都充分体现了党中央、国务院对人才工作的高度重视，为人才成长发展进一步营造出良好的政策和舆论环境，极大激发了人才干事创业的积极性。

国以才立，业以才兴。面对风云变幻的国际形势，综合国力竞争日趋激烈，我国在全面建成社会主义小康社会的历史进程中机遇和挑战并存，人才作为第一资源的特征和作用日益凸显。只有深入实施人才强国战略，确立国家人才竞争优势，充分发挥人才对国民经济和社会发展的重要支撑作用，才能在国际形势、国内条件深刻变化中赢得主动、赢得优势、赢得未来。

近年来，交通运输行业深入贯彻落实人才强交战略，围绕建设综合交通、智慧交通、绿色交通、平安交通的战略部署和中心任务，加大人才发展体制机制改革与政策创新力度，行业人才工作不断取得新进展，逐步形成了一支专业结构日趋合理、整体素质基本适应的人才队伍，为交通运输事业全面、协调、可持续发展提供了有力的人才保障与智力支持。

"交通青年科技英才"是交通运输行业优秀青年科技人才的代表群体，培养选拔"交通青年科技英才"是交通运输行业实施人才强交战略的"品牌工程"之一，1999年至今已培养选拔282人。他们活跃在科研、生产、教学一线，奋发有为、锐意进取，取得了突出业绩，创造了显著效益，形成了一系列较高水平的科研成果。为加大行业高层次人才培养力度，"十二五"期间，交通运输部设立人才培养专项经费，重点资助包含"交通青年科技英才"在内的高层次人才。

人民交通出版社以服务交通运输行业改革创新、促进交通科技成果推广应用、支持交通行业高端人才发展为目的，配合人才强交战略设立“交通运输行业高层次人才培养项目著作书系”（以下简称“著作书系”）。该书系面向包括“交通青年科技英才”在内的交通运输行业高层次人才，旨在为行业人才培养搭建一个学术交流、成果展示和技术积累的平台，是推动加强交通运输人才队伍建设的重要载体，在推动科技创新、技术交流、加强高层次人才培养力度等方面均将起到积极作用。凡在“交通青年科技英才培养项目”和“交通运输部新世纪十百千人才培养项目”申请中获得资助的出版项目，均可列入“著作书系”。对于虽然未列入培养项目，但同样能代表行业水平的著作，经申请、评审后，也可酌情纳入“著作书系”。

高层次人才是创新驱动的核心要素，创新驱动是推动科学发展的不懈动力。希望“著作书系”能够充分发挥服务行业、服务社会、服务国家的积极作用，助力科技创新步伐，促进行业高层次人才特别是中青年人才健康快速成长，为建设综合交通、智慧交通、绿色交通、平安交通做出不懈努力和突出贡献。

交通运输行业高层次人才培养项目
著作书系编审委员会
2014 年 3 月

作者简介

Author Introduction

曾伟,教授级高工,现任天津市政工程设计研究总院有限公司第一设计研究院道路专业总工程师,长期从事道路工程的设计与科研工作。作为设计项目负责人主持多项重大工程的设计工作,工程类型涵盖了高速公路、城市快速路、互通立交、功能区路网等。设计项目获得了全国优秀勘察设计奖、全国优秀设计成果、天津市“海河杯”优秀设计奖等14项。在设计项目的同时结合实际工程中遇到的问题、难题,开展相应的科研、标准、标准图编制工作。获得中国公路学会科学技术奖、天津市科技进步奖、全国市政工程科学技术奖等8项。参编了国家、行业及地方标准共7项,国家标准图2项,发表学术论文16篇,授权专利8项。2018年被评为交通运输部交通青年科技英才,2019年获得中国公路学会第十四届中国公路青年科技奖,2020年被评为第四届中国公路学会优秀科技工作者。

前　　言

Foreword

土承载万物，又收藏万物，是人类最容易获取、最廉价的建筑材料。数百年来，我们的祖先利用土制造了陶瓷、孕育了秦砖汉瓦、修筑了万里长城，它维系着人类的生存，也延续着人类的发展。

然而，地球上也分布着许多特殊土壤，其特有的属性给人类建设美好生活带来了无尽烦恼，例如软土的大孔隙比、高含水率；红黏土的易变水稳性；膨胀土的吸水膨胀性、失水收缩性；黄土的湿陷性；盐渍土的遇水溶蚀性等。如何消除或避免这些特殊土给工程建设带来的危害，将风险降低到可接受范围，已成为广大工程界普遍关注的问题。

软土软松、孔隙比大、天然含水率高、压缩性高、强度低、渗透性小、结构性灵敏，在其上修筑道路、建筑、铁路、管道等构筑物，如不进行处理，势必会引起过大的沉降或不均匀沉降，严重者会引起地基失稳，因此，软基处理是土木工程工作者必然要面临的问题，也自然结合软基特点和工程具体要求，提出了诸如袋装砂井、塑料排水板、水泥搅拌桩、高压旋喷桩、夯扩桩、CFG 桩、薄壁管桩、碎石桩等多种软基处理方法。然而，由于软土的特异性、多变性和工程的复杂性，至今，在软基处理中仍然无法找到一套万无一失的解决方案，时有工程因为软基处理不当而引起质量事故或造成巨大的工程浪费。

多年软基工程实践表明，可行有效的办法是不断总结工程所在地的工程经验，“取其精华，去其糟粕”，总结出有针对性的软基处理对策，为类似软土地区工程提供借鉴和指导。按照工程性质和地质地理环境，我国最典型的软土分布于三个地区——渤海湾地区、长江三角洲地区、珠江三角洲地区。渤海湾软土分布的典型代表为天津滨海新区，因此，研究天津滨海新区软土特点、软基处理方法，特别是总结滨海新区开发建设中软基处理的成功经验，对于我国软土研究和软基处理工程实践具有重要意义，这也是本书出版的目的所在。

滨海新区面积达 2270 平方公里，自 2006 年纳入国家区域经济发展战略以来，先后修筑了海滨高速、天津大道、滨海绕城高速等快高速约 230km 以及中新天津生态城、于家堡中心商务区、临港经济区、滨海高新区等九大功能区主、次干道约340km，这些道路的修建必然要面对软土，也必然要进行软基处理。于是，多年来，滨海新区工程建设人员不断总结国内外已有工程建设经验及软土研究成果，充分结合国家及行业有关技术标准、规范，对软基处理新技术、新问题开展试验研究和创新实践，及时解决工程建设难题，指导了众多软基工程建设的顺利完成。本书正是在总结这些软基研究成果、创新理论、观测结果、经验教训的基础上完成的，其中软土地基沉降新方法、土壤固化剂在路基处理及道路基层中的应用、天津滨海新区盐渍土路基处治、工业碱渣在道路路基处理中的应用、现浇泡沫轻质土在道路工程中的应用、天津滨海新区市政建筑软土处理、滨海新区盐渍化软土路基路面综合处理、固化轻质土在道路工程中的应用等处理和应用技术，已在渤海湾及国内类似软土地区进行了大面积的推广应用，并形成了一批具有代表性的处置软土路基的新技术及配套的专利、规范和标准，希望本书汇集的这些工程实践总结能为土木工程同行提供参考。

本书的主要编写人员：王博、杨保兴、谢沛祥、代茂华、张国梁、王志华、程海波、段晓沛、黄文、方恒亮、杜衍庆、霍知亮、魏有军、毕青松、马辉杰。

“纸上得来终觉浅，绝知此事要躬行”，从事软基工程处理设计十几年，自己深感岩土的浩瀚伟大，自己粗浅认识的渺小，如果未来本书能对诸如因地制宜合理选用软基处理方法、如何正确评价每种地基处理方法的适用性、如何合理控制工后沉降、如何重视道路工程建设前期工作、如何提高软基处理施工设备落后等问题进一步完善将是自己最大的荣幸。总之，本书仅靠自己短短十几年的工程经验和几十个工程的实践总结，仅是对博大精深软土和软基处理研究的粗浅认识，需要自己未来不懈的努力逐步完善，不足之处请土木同行的专家和朋友批评指正。谢谢！

作　者
2021年11月

目　　录

Contents

1 概　述

1.1 软土概念及组成

1.1.1 软土概念

什么是软土,目前还没有一个统一的定义。

《铁路工程设计技术手册》对软土的解释为:软土是在静水或缓慢的流水环境中沉积,经生物化学作用形成的饱和软弱黏性土。

《岩土工程勘察规范》(GB 50021—2001)中规定:天然孔隙比大于或等于1.0,且天然含水率大于液限的细粒土应判定为软土,包括淤泥、淤泥质土、泥炭、泥炭质土等。

《公路软土地基路堤设计与施工技术细则》(JTG/T D31-02—2013)中对软土的定义为:天然含水率高、天然孔隙比大、抗剪强度低、压缩性高的细粒土,包括淤泥、淤泥质土、泥炭、泥炭质土等。

总之,软土一般是指天然含水率大、压缩性高、承载力低、抗剪强度低的呈软塑~流塑状态的黏性土。软土是一类土的总称,并非指某一种特定的土,工程上常将软土细分为软黏性土、淤泥质土、淤泥、泥炭质土和泥炭等,具有天然含水率高、天然孔隙比大、压缩性高、抗剪强度低、固结系数小、固结时间长、灵敏度高、扰动性大、透水性差、土层层状分布复杂、各层之间物理力学性质相差较大等特点。典型软土如图1.1.1-1所示。

a)

b)

图1.1.1-1　典型软土

《软土地区岩土工程勘察规程》(JGJ 83—2011)中规定:天然孔隙比大于或等于1.0、天然含水率大于液限、具有高压缩性、低强度,高灵敏度、低透水性和高流变性,且在较大地震力作用下可能出现震陷的细粒土,包括淤泥、淤泥质土、泥炭、泥炭质土等。

《公路软土地基路堤设计与施工技术细则》(JTG/T D31-02—2013)中规定,软土的鉴别依据见表 1.1.1-1。

软土的鉴别指标　　表 1.1.1-1

土　类	天然含水率(%)		天然孔隙比	快剪内摩擦角(°)	十字板剪切强度(kPa)	静力触探锥尖阻力(MPa)	压缩系数 $a_{0.1\sim0.2}$(MPa^{-1})
黏质土、有机质土	≥35	≥液限	≥1.0	宜<5	宜<35	宜<0.75	宜>0.5
粉质土	≥30		≥0.9	宜<8			宜>0.3

不管是广义上讲的强度低、压缩性高的软弱土层，还是狭义上讲的软黏性土、淤泥质土、淤泥等，软土相对于不同的工程，其在工程实践中的内涵是一致的。对于不同的工程而言，软土地基的软和硬都是相对的，与土质和工程性质分不开。构筑物及其荷载在地基上可能出现有害、过大的变形或强度不足等问题，故应认真进行沉降和稳定计算，根据不同的工程性质和要求采取不同的处置方法。

1.1.2　软土组成

软土由淤泥类土和泥炭类土组成。

1)淤泥类土

经生物化学作用形成的、含较多有机物(大于5%)的软弱黏性土称为淤泥类土，其中孔隙比大于1.0、小于1.5时称为淤泥质土(塑性指数 $I_p>17$ 为淤泥质黏土、$17\geq I_p>10$ 为淤泥质粉质黏土、$I_p\leq10$ 为淤泥质粉土)，孔隙比大于1.5时称为淤泥。

2)泥炭类土

泥沼沉积物统称泥炭类土，是在过分潮湿和缺氧条件下，主要由湖沼植物遗体的堆积和分解而形成。与淤泥类土相比，其形成年代比较新，沉积厚度比较薄，有机物含量比较高(不小于10%)。有机物含量在10%~60%的泥炭类土称为泥炭质土；有机物含量大于60%且植物遗体未经很好分解的称为泥炭，植物遗体充分分解的称为腐泥或黑泥。

软土组成见图 1.1.2-1。

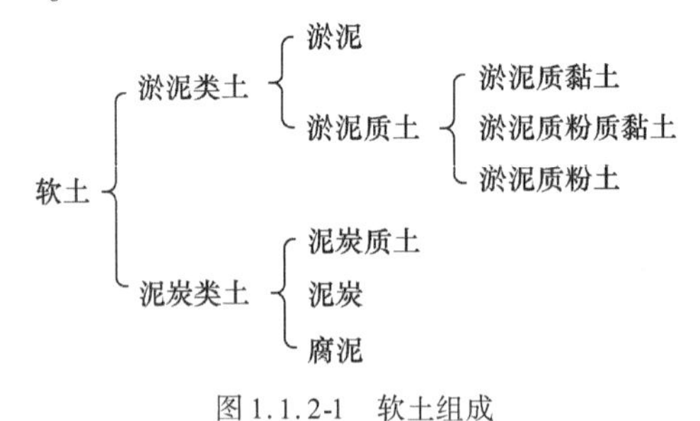

图 1.1.2-1　软土组成

1.2　软土成因及分布

1.2.1　软土成因及分类

我国软土的成因虽多种多样，但同属第四纪沉积物。与其他的沉积物不同，软土主要是

在静水或缓慢的流水环境中经生物化学作用沉积而成,以细颗粒为主。根据生产条件可概括为以下几种成员类型:

1)滨海沉积型

我国东南沿海自连云港至广州湾几乎都有软土分布,其厚度大体自北向南变薄,通常在5~40m。滨海沉积的软土又可按不同沉积部位分为4种:

(1)滨海相:在较弱海浪暗涌及潮汐的水动力作用下逐渐沉积而成,如天津塘沽、浙江温州软土。沉积的土颗粒可包括粗、中、细、粉砂,较粗的颗粒在近海岸处沉积,而较细的颗粒则被搬运向海的方向。由于波浪和潮汐作用的复杂性和对称性,在海岸边缘常常形成一系列平行海岸的沙脊或沙丘,因而滨海相软土沿海岸和垂直海岸方向常常呈较大的交错层理变化特征。

(2)泻湖相:沉积物颗粒微细、以黏粒为主,孔隙比大,强度低,分布广,常形成海滨平原,如宁波软土,泻湖边缘常伴有泥炭堆积。

(3)溺谷相:与泻湖相的沉积环境比较类似,呈窄带状分布,范围小于泻湖相,结构疏松,孔隙比大,强度很低,如闽江口软土。

(4)三角洲相:沉积环境属于海陆过渡型,是土颗粒河流入海时,在河口附近浅水环境形成的沉积物。在河流与海潮复杂交替作用下,软土层常与薄层的中、细砂交错沉积,无一定的厚度规律,时有透镜体夹层;各层分选性差,结构疏松。由于三角洲相沉积环境是河、海交替,受河流潮汐的复杂作用,所以沉积体系包括三角洲平原、三角洲前缘和前三角洲。

2)湖泊沉积型

湖相软土是近代盆地沉积物,沉积物的主要来源是汇湖河流携带的沉积物和悬浮物、湖岸崩塌物和漂流物。由于湖流和波浪的作用,从湖岸到湖心,沉积物颗粒一般是由粗到细逐渐变化,沉积物通常以黏粒为主,时而夹有粉细砂层,一些区域有泥炭透镜体。软土多为灰蓝至绿蓝色,颜色较深,厚度一般在10m左右。

3)河滩沉积型

河滩沉积型主要包括河漫滩相和牛轭湖相,受地形地貌和河流的影响,沉积软土一般呈带状分布于河流中、下游漫滩及阶地上,这些地带常是漫滩宽阔、河岔较多、河曲发育,软土沉积交错复杂,透镜体较多,厚度不大,一般小于10m。

4)沼泽沉积型

沼泽通常出现在低洼地带,周边有来水补给,水面蒸发量不足或因泄水不畅等原因,低洼处几乎未干涸,总在浅水淹没之下且有植物和小生物繁衍。在该条件下形成的沼泽软土颜色深,多为黄褐色、褐色至黑色,有机质含量很高,主要成分为泥炭,并含有一定数量的机械沉积物和化学沉积物。

5)谷地沉积型

谷地相软土主要分布在水量充沛的内陆山间盆地和沟谷平缓区域,由原有泥质岩风化的黏土物质长期饱水浸泡软化而形成,受地形地貌影响分布较分散。

因此,软土按成因类型可分为5类,即滨海沉积软土、湖泊沉积软土、河滩沉积软土、沼泽沉积软土和谷地沉积软土。不同类型软土的沉积特征见表1.2.1-1。

浙江省地方标准《公路软土地基路堤设计规范》(DB33/T 904)根据软土的埋藏条件,将软土分为无覆盖层软土、浅埋软土、深埋软土、多层软土和山前软土5类，见表1.2.1-2；根据软土层的厚度，将软土分为薄层软土、中厚层软土、厚层软土和巨厚层软土4类，见表1.2.1-3。

不同类型软土的沉积特征 表1.2.1-1

软土类型	成因	沉积特征
滨海沉积软土	滨海相； 三角洲相； 泻湖相； 溺谷相	在软弱海浪暗流及潮汐的水动力作用下逐渐淤积而成。表层一般有0～3m硬壳，下部为淤泥夹带粉细砂透镜体，软土厚4～60m，常含有贝壳及海生物残骸。表层硬壳之下局部中间含薄层泥炭透镜体。滨海相有机质黏土常与砂粒相互混杂，极疏松，透水性强，易于压缩固结。三角洲相沉积分选性差，结构不稳定，带有粉砂薄层的交错层理，水平渗透性好。泻湖相、溺谷相沉积颗粒极细，孔隙比大，强度低，多夹有薄层泥炭或腐殖质。泻湖相厚度大，分布广，溺谷相一般更深，但分布范围窄，松软
湖泊沉积软土	湖相； 三角洲相	淡水湖盆沉积物在稳定的湖水期逐渐沉积，沉积相带有季节性，粉土颗粒占较多，表层硬壳层厚0～5m，软土淤积厚度一般为5～25m，泥炭层或腐殖质多呈透镜体状，但不多见
河滩沉积软土	河漫滩相； 牛轭湖相	平原河流流速较小，水中夹带的黏土颗粒缓慢沉积而成，成层情况不均匀，以有机质及黏土为主，还有夹砂层，厚度一般小于20m
沼泽沉积软土	沼泽相	因地表水排泄不当的低洼地带，且蒸发量不足以干化淹水地区的情况下形成的沉积物，多以泥炭为主，下部分布有淤泥或底部与泥炭交互层，厚度一般小于10m
谷地沉积软土	谷地相	在山区或丘陵地区，地表水带有大量含有有机质的黏性土，汇积于平缓谷地之后，流速减低淤积而成软土。一般呈零星分布，不连续厚度<5m居多。其主要成分与性质差异很大，上覆硬壳层厚度不一，软土地层坡度较大，极易造成道路变形

软土按埋藏条件分类 表1.2.1-2

分类名称	典型剖面
无覆盖层软土	软土 硬土
浅埋软土	硬壳层 软土 硬土

续上表

分类名称	典型剖面
深埋软土	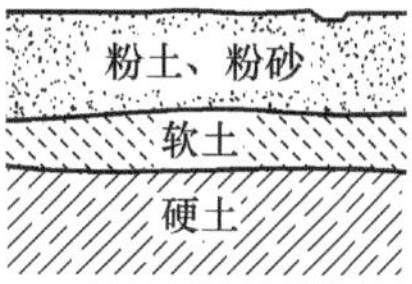
多层软土	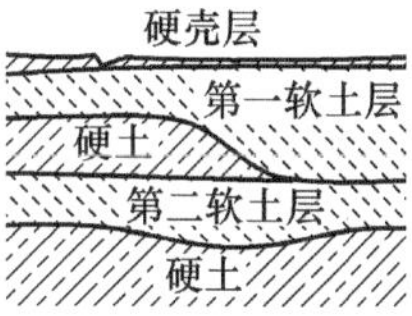
山前软土	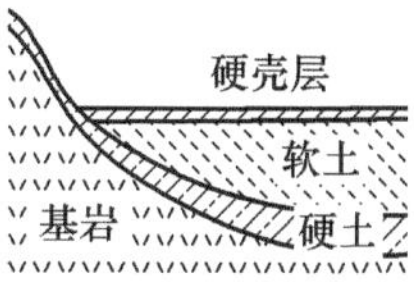

软土按厚度分类　　　　表 1.2.1-3

分类名称	软土层厚度
薄层软土	厚度≤3m
中厚层软土	3m < 厚度≤15m
厚层软土	15m < 厚度≤30m
巨厚层软土	厚度 > 30m

1.2.2　软土分布

滨海相沉积为主的软土主要分布在湛江、香港、厦门、舟山、宁波、连云港、塘沽、大连湾等沿海区域,泻湖相沉积软土以温州软土、宁波软土为代表,溺谷相软土主要分布在福州、泉州一带,三角洲相软土分布在上海地区、珠江下游的广州地区,河漫滩相沉积软土分布在长江中下游、珠江下游、淮河平原、松辽平原等地区,内陆软土主要为湖相沉积,如洞庭湖、洪泽湖、太湖、鄱阳湖四周以及昆明的滇池地区等,沼泽相沉积软土主要分布在内蒙古,东北大、小兴安岭,西南森林地区。

我国软土的主要分布地区按工程性质结合自然地质地理环境,可划分为北部、中部、南部三个地区。

北中部分界线:沿秦岭走向向东至连云港以北的海边。

中南部分界线:沿苗岭、南岭走向向东至蒲田的海边。

不同区域软土的物理性质指标见表 1.2.2-1。

不同区域软土的物理性质指标 表1.2.2-1

区别	典型地区	沉积相	土层埋深(m)	物理性质指标(平均值)						
				天然含水率 w(%)	孔隙比 e	饱和度 S_r(%)	液限 w_L(%)	塑限 w_p(%)	塑性指数	液限指数 I_L
北部地区	塘沽、连云港、大连等	滨海	0~34	45	1.23	93	42	22	19	1.25
		三角洲	5~9	40	1.11	97	35	19	16	1.35
中部地区	温州湾、宁波、舟山	滨海	2~32	52	1.41	98	46	24	24	
	温州、宁波	泻湖	1~35	51	1.61	98	47	25	24	1.34
	福州、泉州	溺谷	1~25	58	1.74	95	52	31	26	1.9
	长江下游(上海)	三角洲	2~19	43	1.24	98	40	23	17	1.11
	昆明的滇池	湖泊		77	1.93		70		28	1.28
	洞庭湖、洪泽湖、太湖	湖泊		47	1.31		43	23	19	
	长江中下游 珠江下游 淮河平原	河漫滩		47	1.22		39		17	1.44
南方地区	湛江、香港、厦门	滨海	0~9	61	1.65	95	53	27	26	1.94
	珠江下游(广州)	三角洲	1~10		1.67		54	37	24	

1.3 软土特征及工程性质

1.3.1 软土特征

软土一般具有以下特征:

(1)软土颜色多为灰绿、灰黑色,手摸有滑腻感,能染指,有机质含量高时有腥臭味。

(2)软土的粒度成分主要为黏粒及粉粒,黏粒含量高达60%~70%。

(3)软土的矿物成分,除粉粒中的石英、长石、云母外,黏粒中的黏土矿物主要是伊利石,高岭石次之,此外,软土中常有一定量的有机质,可高达8%~9%。

(4)软土具有典型的海绵状或蜂窝状结构,这是造成软土孔隙比大、含水率高、透水性小、压缩性大、强度低的主要原因之一。

(5)软土常具有层理构造,软土和薄层的粉砂、泥炭层等相互交替沉积,或呈透镜体相间形成性质复杂的土体。

(6)松软土由于形成于长期饱水作用而有别于典型软土,其特征与软土较为接近,但其含水率、力学性质明显低于软土。

1.3.2 软土工程性质

软土最大的工程性质是天然含水率高、天然孔隙比大、抗剪强度低、压缩系数高、渗透系数小，具有触变性、流变性及不均匀性。在荷载作用下，软黏土地基承载力低，地基沉降变形大，容易产生较大的不均匀沉降，而且沉降稳定历时较长。

(1)孔隙比大、含水率高

因为软土主要是由黏土粒组和粉土粒组组成，并含少量的有机质。黏粒的矿物成分主要为蒙脱石、高岭石和伊利石。这些矿物晶粒很细，呈薄片状，表面带负电荷，它与周围介质的水和阳离子相互作用，形成偶极水分子，并吸附于表面形成水膜，在不同的地质环境下沉积形成各种絮状结构。因此这类土的孔隙比及含水率都比较大。渤海湾地区软土含水率一般在40%～60%之间，孔隙比在1.0～1.3之间；长江三角洲地区软土含水率一般在35%～55%之间，孔隙比在1.1～1.5之间；珠江三角洲地区软土含水率一般在50%～90%之间，一般大于液限，高的可达200%，孔隙比在1.4～2.1之间。各地软土含水率一般大于40%，孔隙比大于1.1。

(2)压缩性高

珠江三角洲地区软土压缩系数通常大于1.5MPa^{-1}，压缩模量E_s多在1.0～2.0MPa，其他地区软土压缩系数通常大于1.0MPa^{-1}，压缩模量E_s多大于2.0MPa。长江三角洲地区5m的填土沉降量为1.5～2.0m，渤海湾地区5m的填土沉降量为1.0～1.5m，珠江三角洲地区5m的填土沉降量为2.0～3.0m。

(3)强度低

珠江三角洲地区软土十字抗剪强度多小于20kPa，一般容许承载力在20～45kPa；长江三角洲地区软土十字抗剪强度多小于30kPa，一般容许承载力在50～70kPa；渤海湾地区软土十字抗剪强度多小于40kPa，一般容许承载力在50～80kPa。

(4)变形量大

软土中的淤泥和淤泥质土，其孔隙比e大于1.0，受力后压缩量自然较大，有些软土含水率达60%以上，e大于1.5，则压缩性更高。更有泥炭类的软土含水率高达200%～500%，土体大部分由水构成，荷载一加，水从孔隙中挤出，土就像泡沫塑料一样被挤出。

(5)透水性差，压缩稳定所需时间长

软土的颗粒组成以黏粒为主，尽管孔隙比大，但单个孔隙却很细，水在孔隙中流动较难，同时，当地基中有机质含量较大时，土中可能产生气泡，堵塞渗流通道而降低其渗透性，因此软土的渗透性很低，渗透系数一般在10^{-7}～10^{-8}cm/s数量级。饱和土受荷后，水不能很快排出，变形也只能慢慢发展。在地基中，这一变形过程常延续数年，乃至数十年。

(6)侧向变形较大

软土的侧向变形比一般土要大，而且侧向变形与竖向变形之比在相同条件下也比一般土要大，换句话说，其泊松比要比非软土大。饱和软土受荷时，初期水来不及排出，土体体积不能收缩，便从侧向向外挤出，侧向膨胀的体积与竖向沉降的体积近于相等，泊松比接近于0.5。随着水的逐步排出，土体体积收缩，竖向沉降进一步发展，而侧向可能略有收缩。这时的泊松比小于0.5，达到0.4，乃至0.3以下。从最终稳定的变形来看，软土的泊松比一般高于非软土。

(7)触变性

软土是絮凝状的结构性沉积物,当原状土未被破坏时常具一定的结构强度,但一经扰动,结构破坏,强度迅速降低或很快变成稀释状态,软土的这一性质称为触变性。所以软土地基受振动荷载后,易产生侧向滑动、沉降及其底面两侧挤出等现象。

(8)流变性

软土的流变性是指在一定的荷载持续作用下,软土的变形随时间而增长的特性,使其长期强度远小于瞬时强度。这对边坡、堤岸、码头等稳定性很不利。因此,用一般剪切试验求得抗剪强度值,应加适当的安全系数。

(9)不均匀性

软土层中因夹粉细砂透镜体,在平面及垂直方向上呈明显差异性,易产生建筑物地基的不均匀沉降。

1.4 软土地基常见工程问题

1.4.1 软土地基

有软土层分布、在荷载作用下易产生滑移或过大沉降变形的土质地基称为软土地基。

天然软土地基经过处理形成的人工地基可以分为均质地基、双层地基和复合地基三类,见图1.4.1-1。

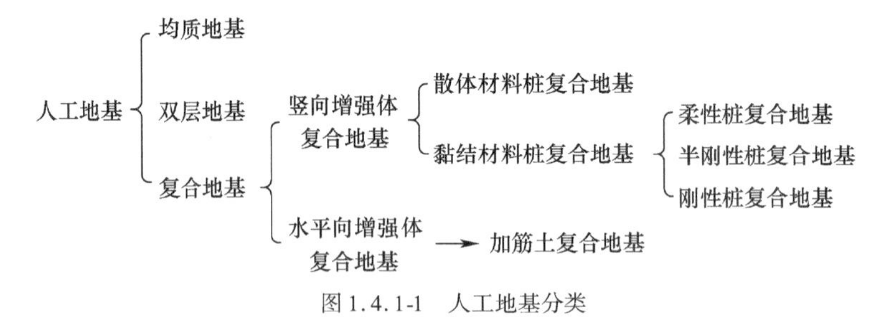

图1.4.1-1 人工地基分类

(1)均质地基是指天然软土地基在处理过程中加固区土体性质得到全面改良,加固区土体的物理力学性质基本上是相同的,加固区的范围无论是平面位置与深度,与荷载作用对应的地基持力层或压缩层范围相比都已满足一定的要求。如排水固结法处理后形成的人工地基。

(2)双层地基是指天然软土地基经处理后形成的均质加固区的厚度与荷载作用下压缩层范围相比较小,在荷载作用影响区内地基由两层性质相差较大的地基组成。如换填法或表层压(夯)实处理形成的人工地基。

(3)复合地基是指天然软土地基在处理过程中部分土体得到增强,或被置换、或在天然地基中设置加筋材料,加固区是由基体(天然地基土体或被改良的天然地基土体)和增强体两部分组成的人工地基,在荷载作用下基体和增强体共同承担荷载作用,加固区整体是非均质的和各向异性的。

复合地基根据地基中增强体的方向,又可分为水平向增强体复合地基和竖向增强体复合地基。水平向增强体复合地基主要包括由各种加筋材料,如土工布、土工格栅、土工格室、金属材料格栅等形成的复合地基。竖向增强体复合地基主要是由各种桩形成的复合地基，根据桩的性质，又可分为散体材料桩复合地基（如碎石桩、砂桩复合地基等）和黏结材料桩复合地基（如水泥搅拌桩、旋喷桩、粉喷桩等柔性桩复合地基、水泥粉煤灰碎石桩等半刚性桩复合地基、薄壁管桩等刚性桩复合地基），见图1.4.1-1。

复合地基的作用机理主要有以下几种：

(1)桩体作用。复合地基中桩的刚度较周围土体大，在刚性基础下等量变形时，桩体上产生应力集中现象，大部分荷载将由桩体承担，桩间土上应力相应减小，从而使得复合地基承载力较原地基有所提高，沉降量有所减少。随着桩体刚度增加，其桩体作用发挥得更加明显。

(2)加速固结作用。碎石桩、砂桩具有良好的透水特性，可加速地基的固结。另外，水泥土类和混凝土类桩在某种程度上也可加速地基固结。水泥土类桩会降低地基土的渗透系数，但它也会减少地基土的压缩系数，而且压缩系数的减少幅度比渗透系数的减少幅度要大，因而使加固后的水泥土的固结系数大于加固前原地基土的系数，起到加速固结的作用。

(3)挤密作用。砂桩、土桩、石灰桩、碎石桩等在施工过程中由于振动、挤压、排土等原因，可对桩间土起到一定的密实作用。另外，采用生石灰桩时，由于生石灰具有吸水、发热和膨胀等作用，对桩间土同样起到挤密作用。

(4)加筋作用。各种桩土复合地基除了可提高地基的承载力外，还可用来提高土体的抗剪强度，增加土坡的抗滑能力。如用于基坑开挖时的支护、路基或路堤的加固等，都利用了复合地基中桩体的加筋作用。

复合地基的破坏形式可分为三种情况：一是桩间土首先破坏进而发生复合地基全面破坏；二是桩体首先破坏进而发生复合地基全面破坏；三是桩体和桩间土同时发生破坏。在实际工程中，第一种、第三种情况较少见，一般都是桩体先破坏，继而引起复合地基全面破坏。

复合地基破坏的模式可分为4种形式：刺入破坏、鼓胀破坏、整体剪切破坏和滑动破坏。

1.4.2 常见工程问题

1)地基承载力和稳定性问题

在道路荷载（静力和动力荷载）作用下，地基承载力不能满足要求时，地基会产生局部或整体剪切破坏，影响道路的正常使用，引起道路破坏或边坡失稳（图1.4.2-1）。

a)

b)

图 1.4.2-1

c)

d)

图 1.4.2-1　由于软基不稳定导致的路基沉陷和失稳

2)沉降、水平位移及不均匀沉降问题

在荷载作用下(静力和动力荷载),地基产生变形,当道路沉降、水平位移或不均匀沉降超过相应的允许值时,将会影响道路的正常使用,甚至可能引起破坏。道路沉降量较大时,不均匀沉降往往也比较大,不均匀沉降对道路的危害较大(图 1.4.2-2)。

a)沉降导致加筋土挡墙面板脱空

b)不均匀沉降导致桥梁栏杆开裂

c)不均匀沉降引起的桥头跳车

图 1.4.2-2　由于沉降和不均匀沉降导致的工程问题

1.5 天津地区软土特性

1.5.1 天津地区软土的成因及地质土质特征

天津地区软土主要分布在滨海新区,是典型的海相沉积软土。

滨海新区地质构造属于新华夏构造体系的黄骅凹陷带,而且孕育着以海河断裂为代表的构造带,断裂两侧地层有明显的落差,对两侧建设有潜在影响。地表主要是第四纪河相和海相沉积物。地表属于滨海冲积平原,西北高,东南低,海拔高度1~3m。主要地貌类型有滨海平原、泻湖和海滩。潮汐和海浪是地貌形成的主要动力。天津市域内海河、蓟运河、永定新河、潮白河、独流减河等主要河流均从本区入海。区内还有北大港、北塘等水库,大面积的盐田和众多的坑塘,因此水域面积大和地势低平成为区内主要地貌特征。

位于渤海湾西岸的天津滨海新区在早更新世、中更新世时期主要以陆地相沉积为主,海洋作用甚微。晚更新世与全新世以来,海洋作用加强,渤海湾西岸以海相沉积为主形成了天津地区比较典型的海陆交互地层。由于海水入侵陆地的形式不同,造成各海相、陆相地层在天津地区的分布不均匀。在全新世黄河数次以河北沧州地区和天津入海,而北宋时期军粮城以南的泥沽河入海的黄河,塑造了由泥沽河向南至上古林贝壳堤以东的陆地,即北宋以来的海河水上三角洲以及三角洲平原。全新世中期形成的第一海相层主要以淤泥质软土为主,埋深7~15m,是天津地区主要的软土地基,主要为淤泥、淤泥质软土。其中,淤泥呈灰色、灰褐色,流塑状、高塑性、土质不均匀,含少量碎贝壳,局部混有多量的粉土、粉砂团块,夹有粉土薄层,该土层底高程位于-8~-10m;淤泥质黏土呈灰色、软塑状、土质不均匀,混少量碎贝壳及粉土团块,间粉土薄层,该土层层位较稳定,层底高程在-11.5~-15m。淤泥及淤泥质土的主要特点为含水率高、孔隙比大、抗剪强度低、压缩性大、灵敏度高。

滨海新区跨越了沧县隆起、黄骅坳陷两个地质构造单元,区内包括有沧东断裂、海河断裂等壳断裂,还有大寺断裂、汉沽断裂等盖层断裂,以及其他一般性断裂。滨海新区为第四纪松散沉积物覆盖,第四纪底界埋深400m左右,为河流相、湖沼相和海相沉积,岩性主要为黏性土与粉砂、细砂互层,沿海地区浅部埋藏有淤泥质土。滨海新区在汉沽的抗震设防烈度为8度区,设计地震动峰值加速度为$0.19g$~$0.28g$,其他地区为7度区,其中大港区的徐庄子乡、太平镇、沙井子设计地震动峰值加速度为$0.09g$~$0.14g$,塘沽、东丽、津南和西青设计地震动峰值加速度为$0.14g$~$0.19g$。由于滨海新区地域较广,不同区域地质情况也略有差异,结合具体工程地质钻探情况,对不同区域地质进行汇总,可将滨海新区地质分为6个大区、5个附区,见图1.5.1-1。

各区分界如下:

(1)滨海新区地质1区:蓟运河以北,海滨大道以西。

(2)滨海新区地质2区:京津塘高速以北,蓟运河以南。

(3)滨海新区地质3区:唐津高速以东,京津塘公路以南,津晋高速以北,海滨大道以西。

(4)滨海新区地质4区:港塘公路以北,唐津高速以西区域。

(5)滨海新区地质5区:独流减河以北,海滨大道以西区域。

(6)滨海新区地质6区:独流减河以南,海滨大道以西区域。

(7)滨海新区地质附1区:滨海旅游区、生态城、中心渔港区。

(8)滨海新区地质附2区:北疆港区。

(9)滨海新区地质附3区:天津港东疆港围海造地区。

(10)滨海新区地质附4区:临港工业区围海造地区。

(11)滨海新区地质附5区:临港产业区围海造地区。

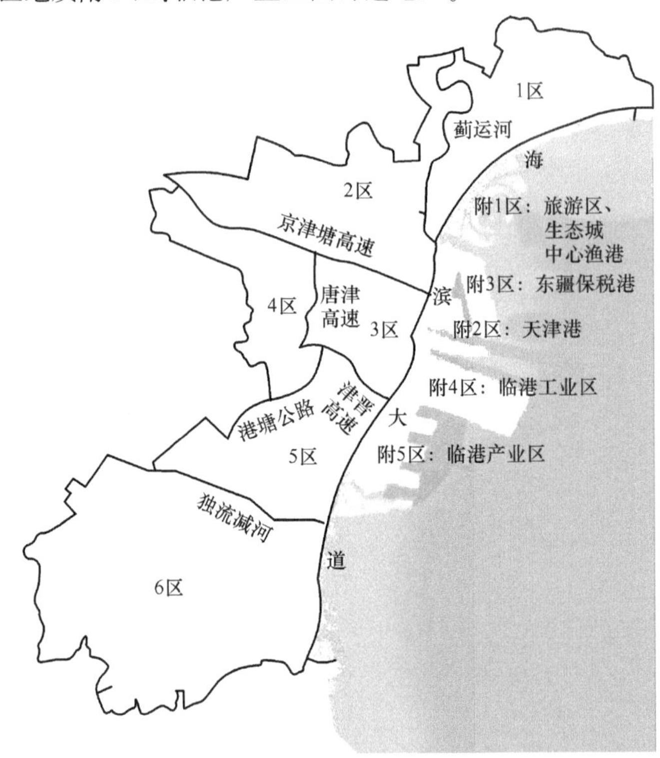

图1.5.1-1 滨海新区地质分区图

影响滨海新区道路稳定及沉降的地层均分布于浅层(0~25m),浅部地基主要为第四系全新统粉土、粉质黏土和淤泥质土。按时代和成因可分为上部海陆交互相冲积层、中部湖沼相沉积层和下部河口三角洲相冲积层。上部海陆交互相冲积层主要为灰色、灰黄色淤积土;中部湖沼相沉积层主要为灰色、灰黄灰粉黏土;下部海陆交互冲积层为黄色、灰黄色粉土和粉细砂。

从地质调查可看出,天津滨海新区软土地基土层主要有以下几层:

(1)中液限褐黄色黏土层(俗称"硬壳层"),厚度一般在1~2m。

(2)淤泥质中液限黏土层,厚度1~12m,灰色,软塑状态,高压缩性,承载力在0.06~0.10MPa。

(3)中液限黏土或低液限黏土,厚度6~9m,含粉砂夹层,软塑或硬塑状态,承载力在0.07~0.20MPa。

(4)粉质中液限黏土或粉质低液限黏土,硬塑状态,承载力在0.20~0.40MPa。

由土层各项指标可看出,软基处理的范围主要为第二层的淤泥质黏土层,厚度为1~12m。汇总天津滨海软基地层特点见表1.5.1-1。

滨海新区软土地基土层特点统计表 表 1.5.1-1

层序		地基土层名称	成因	代号	层底埋深	常见厚度	土层性质、工程性质	分布状况
统	组							
全新统 Q_4	—	人工填土层	人工堆积	Qml	0～≥4.0	1.0～4.0	由人类活动堆积而成，分素填土、杂填土和充填土。一般具有均匀性差、强度低、压缩性高的特性	市区及周围地带
	新近组 Q_4^{3N}	新近沉积层	坑底淤泥	$Q_4^{3N}si$	1.0～8.0	0.1～1.0	多为黑色、灰色软塑、流塑状淤泥、淤泥质土，工程性质很差	故沟、坑
			故河道洼淀冲积	$Q_4^{3N}al$	2.0～14.0	2.0～14.0	以黑灰～褐灰色黏性土为主，并堆积有粉土、淤泥及淤泥质土，呈软塑、流塑状，常含有人类活动遗物，工程性质较差。故河道堆积粉土在地震作用下极易液化	故河道、古洼淀及历史洪泛区
	上组 Q_4^3	第一陆相层	河床～河漫滩相沉积	Q_4^3al	4.0～7.0	4.0～5.0	河流相沉积：以黄褐、灰褐色黏性土为主，含氧化铁，多呈可塑状，为浅基良好持力层。市区西北部沉积厚度变薄或缺失，相变为湖沼相沉积	仅在市区西北部的部分地区缺失
			湖沼相沉积	Q_4^3l+h				
	中组 Q_4^2	第一海相层	浅海相沉积	Q_4^2m	11.0～15.0	6.0～9.0	以灰色粉质黏土为主，富含海相动物软体贝壳。上部由软塑状粉质黏土及粉土组成，工程性质较差；中部常见软～流塑状千层状粉质黏土及淤泥质土，工程性质差；下部由软～可塑状粉质黏土及粉土组成，工程性质尚好	遍布

续上表

层序		地基土层名称	成因	代号	层底埋深	常见厚度	土层性质、工程性质	分布状况
统	组							
全新统 Q_4	下组 $Q_4{}^1$	第二陆相层	沼泽相沉积	$Q_4{}^1h$	13.0～16.0	0.5～1.5	上部为黑色有机土(或泥炭)层,下部为灰白色粉质黏土,软～可塑状态	遍布
			河床～河漫滩相沉积	$Q_4{}^1al$	18.0～20.0	3.0～6.0	以褐黄色粉质黏土为主,呈可塑状态,夹黏土、粉土或粉砂,含姜石,底部出现粗粒土。本层土层较密实,层位稳定的粉土或砂土层可作为桩尖持力层	遍布
上更新统 Q_3	五组 $Q_3{}^e$	第三陆相层($Q_4{}^1h$ + $Q_4{}^1al$ + $Q_3{}^eal$)	河床～河漫滩相沉积	$Q_3{}^eal$	25.0～30.0	6.0～9.0	以黄褐色粉质黏土、粉土为主,呈可塑偏硬状态,夹砂土和黏土,含姜石及氧化铁锈斑。顶部见褐色黏土。本层工程性质及抗震性能较好	遍布
	四组 $Q_3{}^d$	第二海相层	滨海～潮汐带相沉积	$Q_3{}^dmc$	31.0～33.0	2.0～5.0	以灰色～灰黄色黏性土为主,呈可塑状态。顶部常见灰色黏土。本层高程、厚度变化较大	遍布
	三组 $Q_3{}^c$	第四陆相层	河床～河漫滩相沉积	$Q_3{}^cal$	47.0～53.0	14.0～20.0	由褐～黄褐色黏性土、粉土及粉细砂层组成。黏性土一般呈可塑～硬塑状态。层位稳定的砂土、粉土或硬塑状态黏性土层均可作为桩尖持力层	遍布
	二组 $Q_3{}^b$	第三海相层	浅海～滨海相沉积	$Q_3{}^bm$	57.0～63.0	5.0～10.0	以灰～褐灰色黏性土为主,夹粉土,多呈可塑状态,底部常见薄层黑色及灰白色沼泽相黏性土。本层分布变化较稳定	遍布
	一组 $Q_3{}^a$	第五陆相层	河床～河漫滩相沉积	$Q_3{}^aal$	74.0～76.0	12.0～16.0	以灰黄～黄褐色粉质黏土为主,多呈硬塑状态,下部富含大块姜石。层位稳定的砂土、粉土或硬塑状态黏性土层可作为超高层建筑物的桩尖持力层	遍布

续上表

层序		地基土层名称	成因	代号	层底埋深	常见厚度	土层性质、工程性质	分布状况
统	组							
中更新统 Q_2	上组 Q_2^3	第六海相层	滨海三角洲相沉积	Q_2^3mc	94.0~98.0	20.0~25.0	为灰绿、灰及灰黄色黏性土、粉土及粉、细砂，含姜石，层理不明显，单层厚度较大。黏性土多呈硬塑状态；粉土及砂土密实，颗粒均匀	遍布

1.5.2 天津滨海新区软土的主要特点及工程特性

总结滨海新区软土特点可看出，滨海新区浅层地质属第四纪海相为主的成因相类型，为典型的不良土，局部厚度在1~12m范围有淤泥或淤泥质黏土外，地表以下深度10~13m范围内土质含水率高，地质条件差，是典型的软弱土，该种土质的特点为含水率高、孔隙比大、抗剪强度低、压缩性大、灵敏度高，对道路沉降及稳定影响较大，是道路需要处理的土层。局部深度为典型的软土（淤泥、淤泥质黏土），其中：

淤泥呈灰色、灰褐色，流塑状、高塑性、土质不均匀，含少量碎贝壳，局部混有多量的粉土、粉砂团块，夹有粉土薄层。该土层底高程位于-8~-10m。

淤泥质黏土呈灰色、软塑状、土质不均匀，混少量碎贝壳及粉土团块，间粉土薄层。

天津滨海新区软土层的物理、力学性质指标统计见表1.5.2-1。

天津滨海新区软土层的物理、力学性质统计 表1.5.2-1

软土层	项目	物理性质指标			快剪		固快		无侧限抗压强度(kPa)	压缩系数 E_s(MPa)	固结系数		压缩指数 $a_{0.1-0.2}$ (MPa^{-1})
		含水率 w(%)	孔隙比 e	液性指数 I_L	黏聚力 c(kPa)	摩擦角 φ(°)	黏聚力 c(kPa)	摩擦角 φ(°)			C_V	C_H	
淤泥	件数	780	780	780	290	290	248	248	57	384	20	18	47
	最大值	82.3	2.27	2.96	14.0		15.0	15.8	35.10	2.19	0.67	0.92	0.63
	最小值	45.8	1.50	1.01	1.00		4.0	10.0	11.20	0.77	0.28	0.25	0.41
	平均值	61.6	1.71	1.49	6.40	0.0	7.9	13.0	21.95	1.42	0.44	0.54	0.49
	变异系数	0.09	0.09	0.20	0.43		0.27	0.11	0.30	0.18	0.24	0.27	0.11
淤泥质黏土	件数	320	320	320	104	104	128	128	19	151	11	11	11
	最大值	54.2	1.49	1.61	21.0	3.0	18.0	18.0	58.2	1.32	0.74	0.96	0.46
	最小值	36.1	1.01	1.01	6.0	0.0	6.0	11.0	24.9	0.64	0.33	0.27	0.32
	平均值	44.1	1.22	1.11	13.2	1.8	10.4	14.0	41.8	0.92	0.48	0.67	0.39
	变异系数	0.09	0.09	0.09	0.26	0.36	0.26	0.11	0.20	0.15	0.30	0.37	0.11

由表1.5.2-1可知，该地区软土具有含水率大于液限，液性指数为1.01~2.96，绝大部分处于流动及软塑状态等特点。

汇总滨海新区软土统计数据结果表明：

天然孔隙比 e 与天然含水率 w 呈线性相关关系，天然孔隙比随天然含水率的增加而增加：

$$e = 0.0276w + 0.0076 \tag{1.5.2-1}$$

天然含水率 w 与重度 γ 呈自然对数相关关系，饱和状态软土的重度可根据天然含水率来估算：

$$\gamma = -3.9124\ln w + 32.291 \tag{1.5.2-2}$$

天津滨海新区软土含水率一般在40%～60%之间，孔隙比在1.0～1.3之间；软土压缩系数通常小于1.0MPa^{-1}，压缩模量 E_s 多大于2.0MPa；5m的填土沉降量为1.0～1.5m；十字抗剪强度多小于40kPa，一般容许承载力在50～80kPa。

天津滨海新区地区软土压缩试验中，经过大量数据对比，取 p 在100～200kPa，相应段的压缩系数 $a_{0.1\sim0.2}$ 作为判定土的压缩性的标准，含水率与压缩系数存在如下关系：

$$a_{0.1\sim0.2} = 0.0292w - 0.3615 \tag{1.5.2-3}$$

天津新港地区软土十字板剪切试验中，抗剪强度 C_u 与高程 H 之间存在如下相关关系：

$$C_u = -2.580H - 7.0699 \tag{1.5.2-4}$$

天津滨海新区软土无侧限抗压强度试验表明，该地区软土的灵敏度为4.5左右，属于高灵敏度。无侧限抗压强度与高程之间存在如下以下关系：

$$q_u = -3.9139H - 2.3045 \tag{1.5.2-5}$$

无侧限抗压强度试验 q_u 与十字板剪切试验 C_u 之间存在线性相关关系，经过实际统计，天津滨海新区软土 q_u 与 C_u 之比值约为1.31。

1.6 荷载作用下软土的渗透与固结

1.6.1 静力荷载下软土的渗透与固结

一般固体材料应变与应力通常是同时发生的，然而软土有很大的不同，应力作用时会发生一定的变形，而大部分变形是随时间慢慢发展的，很长时间以后才达到稳定。在实际工程中除了要知道稳定后的变形外，还需要知道荷载作用下某些特定时刻的变形。例如软基上高速公路的路堤，工程师们通常并不很关心它的总沉降量是多少，而是关心路面浇筑后的工后沉降有多大。若总沉降量100cm，但90%在6个月施工过程中已经完成，工后只有10cm的沉降，这对浇筑好的混凝土路面不会因路面的不平整影响到汽车的高速行驶。问题是在6个月的施工期究竟会发生多大沉降，如果只发生了60cm的沉降，那么是否要延长工期，即等待路堤填筑后一段时间再铺筑路面，或者采取某种加固措施来满足设计对工后沉降的要求。要回答这些问题必须较精确地估计土的变形与时间之间的关系。

软土变形随时间的发展包括两种不同的过程，即固结和流变。所谓固结，就是在荷载作用下，水从土孔隙中被挤出，土体收缩的过程；所谓流变是土骨架应力不变情况下土体所发生的随时间而增长的变形，这是一个漫长的过程。

饱和土由土颗粒和水组成，土颗粒之间有些存在胶结物，有些没有黏结，但它们都能传递荷载，从而形成传力的骨架，称土骨架。外荷载作用于土体，一部分由孔隙中的水承担，称孔隙水压力，另一部分则由土骨架承担，称骨架应力或颗粒间应力，又称有效应力（尽管实际上它们可能有所不同)。所谓有效,是指对引起压缩和产生强度有效。有效应力并不是颗粒之间接触点处的实际应力,土粒大小不一,形状各异,各接触点传递力的大小和接触面积大小也都不同,无法求得各颗粒接触点处的应力,其实也没有必要去求这样的应力,因为还未见其实用意义。工程中感兴趣的是平均意义上的粒间传递应力。这个平均,不是在粒间接触面积上平均,而是对包括孔隙在内的土体总截面积的平均。

有效应力是指粒间传递的总荷载与土体总截面积之比。关于孔隙水压力,又可分为两部分:一是静水压力,在建筑物荷载施加前就存在于地基中;二是超静孔隙水压力,是外荷载引起的孔隙水压力的增量。若没有特别指明,一般情况下所讲的孔隙水压力,就是指超静孔隙水压力。为了进一步说明土体中的有效应力与孔隙压力,在土中某一方向截取一剖面 a-a,令其通过颗粒接触点以便分析粒间力,该剖面宏观上是一平面,而在微观上却坑坑洼洼凹凸不平,如图 1.6.1-1 所示。

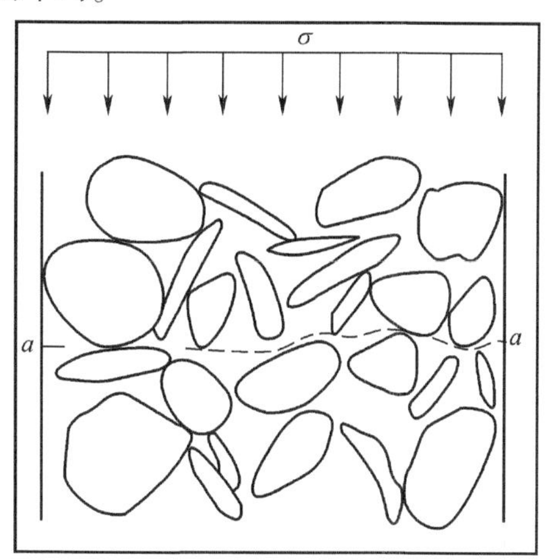

图 1.6.1-1　有效应力原理

把土和水的共同体作为分析对象,其上作用的法向应力称为总应力,以 σ 来表示。它是由孔隙水和土骨架来共同承担的。设该平面面积为 A,其中水所占面积为 A_w,土粒间接触点的接触面在该剖面上的投影为 A_s,显然有:

$$A = A_s + A_w \tag{1.6.1-1}$$

又设作用于孔隙水单位面积上的压力为 μ ,而该面内各土粒接触点处的接触力在该面法线方向的投影总和为 F,则由力的平衡关系可得:

$$\sigma A = F + \mu A_w \tag{1.6.1-2}$$

$$\sigma = \frac{F}{A} + \frac{A_w}{A}\mu \tag{1.6.1-3}$$

由于粒间接触面积实际上很小,与 A_w 相比,A_s 可略去不计,故可近似认为 $A_w/A \approx 1$。由前面有效应力的概念,F/A 就是有效应力,常以 σ' 表示,则式(1.6.1-3)可表示为:

$$\sigma = \sigma' + \mu \tag{1.6.1-4}$$

即总应力等于有效应力与孔隙压力之和,这是太沙基提出的著名的有效应力原理。

当荷载 p 作用于饱和土层,首先承受荷载的是孔隙水,使孔隙水压力升高,土骨架一开始还没有压缩,不能承受荷载,因孔隙中的水不能马上排出,不能为土骨架提供压缩的空间,即 $t=0$ 时,$\mu=p$,$\sigma'=0$。随着水向外挤出,孔隙水压力降低,土骨架上的荷载增加使土体收缩,即 $t>0$ 时,$\mu<p$,$\sigma'>0$,但总会保持 $\sigma'+\mu=\sigma=p$。直到最后 $t=\infty$,$\mu=0$,$\sigma'=p$,土体固结。更确切地说是土体在荷载作用下,孔隙压力降低、有效应力增加与土体压缩的过程。土体的压缩试验也因此称为固结试验。

黏性土层有一定厚度,水总是在土层透水面先排出,使孔隙压力降低,然后向土层内部传递。这种孔压降低的过程,一方面决定于土的渗透性,另一方面决定于在土层中所处的位置。软黏土的渗透系数很低,固结过程就很长。

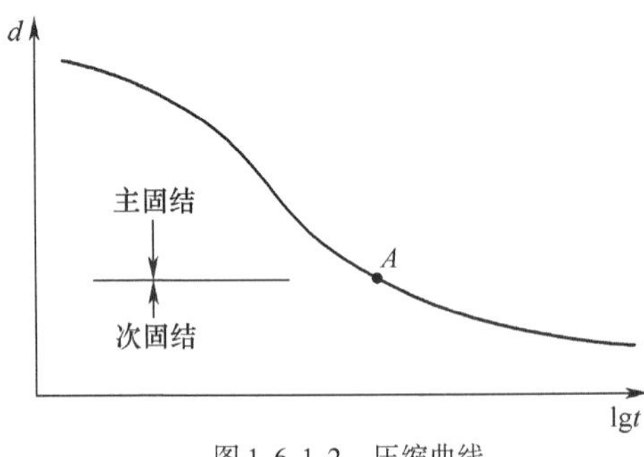

图 1.6.1-2　压缩曲线

软黏土的压缩试验结果表明,在(超静水)孔压完全消散后,压缩还会持续很长时间。图 1.6.1-2是典型的压缩过程线,纵坐标为压缩仪上的测微表变形读数 d,即土样的压缩量,横坐标为时间,取的是对数坐标。在曲线上的点 A 处,时间 t_A,孔隙水压力已经测不出来,即孔压 $\mu = 0$,此时有效应力 σ' 已与所加荷载 p 相等。按照前面所讲的固结概念,在 $t > t_A$ 时,σ' 就不再变化,压缩就该停止。但试验曲线上 A 点以后还有压缩。这种压缩就不能归结为固结压缩了,因此提出一个新的概念,称其为次固结压缩,或次压缩。与其相对,在 A 点以前的压缩,称为主固结,或主压缩。次压缩就是在孔隙压力完全消散后,有效应力随时间不再增加的情况下,随时间发展的压缩。若用力学中更一般化的概念来表述,也就是土体的流变。

1.6.2　动力荷载下软土的渗透与固结

有关此方面的室内研究有以下初步结果:

(1)软黏土在不排水条件下施加超载产生孔压,然后卸除超载让试件排水固结,土体再固结,其抗剪强度会大大提高。即试样先进行低剪应力水平的不排水周期剪切作用,其试样强度得到显著的提高。

(2)同一周围压力作用下,随冲击次数增加,轴向变形和孔隙压力均有上升的趋势,且较大的冲击能对应较大的孔隙水压力,大小不同冲击能对孔隙水压力影响在一定冲击能下,如 N(某一室内试验条件下的冲击次数,本节以下同) <8 时较为显著,当 $N>8$ 时孔压增长趋于平缓并向一稳定值发展。

对不同的冲击能作用下白冰博士做了实验,表明当 $N \leqslant 20$ 时应变和孔压变化规律与上述同一冲击能分析一致,当 $N>20$ 时,孔压增长很小,孔压的增长以较大的轴向应变为代价。

(3)动荷载下的残余变形影响因素很多,大多数是不确定的,如剪应力水平、次数、时间等,白冰等对冲击荷载作用下的残余变形规律进行了研究,并提出了 $N \leqslant 8$ 和 $N>8$ 具体的计算模式。

(4)O-hara 等针对动荷载作用下孔隙水压提出了单剪条件下土样每次循环中产生孔压增量与剪应力的孔压模式。白冰等对冲击荷载作用下软黏土的孔压变化规律进行研究并根据 Yasuhara 的孔压与轴向应变存在双曲线函数关系推出了另一表达式。侯荣增等通过试验表明,饱和软土在振动荷载作用下,动孔压与残余应变存在单一关系,不同频率动孔压与振动历时呈单一关系。

(5)饱和软黏土的再固结理论。由于软黏土渗透性差,动荷载作用下孔隙水压力难以在短时间内消散,在静载作用下孔压得以消散,土体再固结,强度得到显著提高。然而再固结变形量的研究并没有得到足够的重视,以往大多数的文献都集中在软土的动强度和剪切变形下,后来许多的学者都在排水固结方面作了大量的研究,如发展起来的动力与静动力排水固结法处理地基等。

(6)冲击荷载作用下的软土变形和强度计算理论主要包括两方面:不排水条件下强度衰减;残余孔压消散后土体强度提高。Matsui、Anderson、Drammen 等对动荷载后强度衰减做了研究。

(7)正常固结软土在冲击荷载作用后表现为一种似超固结性状,似超固结土形成历史不同对其应力应变和强度特性有一定的影响,马时冬深入研究了由于次固结(即时效固化效应)引起的似超固结土的性状,指出存在一种"超越现象",Murakami Y 也提到了类似的现象。

(8)动静荷载耦合作用下的渗透固结一般是将不排水条件下动荷载作用的孔压发展模式与太沙基固结理论或者比奥固结理论加以耦合来定量求解孔隙水压力的演化过程。Christian 以及 Seed 等根据各自的孔压发展模式,对地震荷载作用下的孔压增长各消散过程给出了各自的解答,为动力荷载作用下的固结问题提供了理论依据。

(9)饱和软土在冲击荷载作用后的次固结变形问题自 Terzaghi 渗透固结理论发表以来一直受到人们的关注,其中有代表性的是 Buisman、Bjerrum、Aboshi 等学者进行了深入的研究,李作勤等对次固结时间的无限延续性提出了质疑,目前次固结变形的机理用计算一直没有得到圆满的解答。白冰通过大量室内试验指出,饱和软黏土经多遍冲击再固结后抗剪强度可大大改善,次固结变形也将显著减小,并为此提出动静结合排水固结法处理软基的基本思想。

(10)饱和软黏土在轴向冲击荷载作用下会产生较大的动态应力,表现为动空隙水压的增加,随着冲击次数的增加轴向变形和孔压上升趋缓。如果冲击作用使土结构发生破坏,扰乱了排水的通道,软黏土的渗透性将变差,强度降低,如果继续增加冲击次数就会发生剪切流动,即出现"橡皮土"现象。孙红等研究表明,软土结构性损伤常规方法低估了瞬时沉降而夸大了固结沉降。

2 软土地基路基设计及勘察

随着经济的发展,交通的便利与否成为影响经济和社会发展的重要因素。在公路、城市道路建设中,路基设计是否成功决定了公路和城市道路的使用效果。由于软土的高压缩性、高含水率和高孔隙比,不利于道路的建设,因此软土地基路基设计就显得尤为重要。

2.1 软土地基路基设计特点

软土地基路基设计的基本要求是以较少投资、较短工期建成,在设计基准期内能保证安全运行,并能满足所有预定功能要求。

软土地基路基设计具有以下特点:

(1)对自然条件的依赖性。软土工程与自然界的关系非常密切,设计时必须全面考虑气象、水文地质条件及其动态变化,包括可能发生的自然灾害及由于兴建工程改变自然环境引起的灾害,必须特别重视调查研究,做好勘察工作。

(2)软土性质的不确定性。软土参数是随机变量,变异性大,而且不同的测试方法会得到不同的测试值,差异往往非常大,相互间关系往往具有模糊性、区域性甚至局部的有效性。在进行软土工程设计时不仅要掌握参数及其概率分布,而且要了解测试的方法及其与工程原型间的差别,此点至关重要。

(3)注重经验特别是地方经验。近代土力学的建立和发展为软土工程的计算分析提供了一定的理论基础,但由于软土性质具有明显的时空变异性,以及土体与结构相互作用的复杂性,不得不作假设,以致预测与实际之间相差甚远。因此在软土工程设计中必须重视工程经验特别是地方经验。

2.2 软土地基路基设计原则

2.2.1 设计原则

软土地基路基设计应遵循以下设计原则:

(1)应遵循"安全适用、技术先进、经济合理、质量可控"的设计原则,做到因地制宜、合理选材、节约资源、保护环境。

(2)路基在施工期间和完工后使用期间应是稳定的,不因填筑荷载、施工机械和交通荷载的作用而引起破坏,也不应给桥台、涵洞、挡土墙等构筑物及沿线设施带来过大的变形。

(3)为避免路基沉降给涵洞、挡土墙等构筑物造成变形破坏,应首先考虑提前填筑路堤、在其充分沉降后再修建构筑物的方案。如同时施工,则需设置达到持力层的基础,以防止过大的位移和沉降。

(4)为避免路面的变形破坏,以及连接桥梁、涵洞等构筑物的引路路堤产生不均匀沉降,应严格控制工后沉降。

(5)在软土厚且长期发生较大沉降的地区及大范围的软土地区,有时候很难使工后沉降控制在要求的标准内,或者虽能控制但极不经济时,应采取设置桥头搭板、铺筑临时性路面或分期修建路面等方案。

(6)在没有一定厚度的硬壳层且软土地基未经处理的情况下,修建填土高度<(2.0~2.5)m的低路堤要慎重,这种低路堤在交通荷载作用下,可使路面发生较大的不均匀沉降,特别是当软土地基不均匀、重型车辆交通较大时更加明显。

(7)为保证路基稳定或控制工后沉降,需采取相应的处理措施。在选择处理措施时应考虑地基、道路施工,尤其要考虑处理措施的特点、对地基的适应性和效果。

(8)应采用动态设计方法,重视施工监测与分析。当工程性质复杂、无类似的工程经验可借鉴时,应选择合适的试验段,对软基处理方案进行试验研究,为设计、施工提供依据。

2.2.2　总沉降和工后沉降

在上部设计荷载作用下,地基从加载起始日至无限长时间内所发生的沉降为总沉降,地基从路面竣工之日至路面设计使用年限末产生沉降称为工后沉降。

《公路路基设计规范》(JTG D30—2015)中规定的容许工后沉降见表2.2.2-1,《城市道路路基设计规范》(CJJ 194—2013)中规定的城市道路容许工后沉降见表2.2.2-2。

《公路路基设计规范》规定公路路基容许工后沉降　　表2.2.2-1

工程部位	容许最大工后沉降(mm)	
	高速公路、一级公路	作为干线公路的二级公路
桥台与路堤相邻处	100	200
涵洞、箱涵、通道处	200	300
一般路段	300	500

城市道路路基容许工后沉降　　表2.2.2-2

工程部位	容许最大工后沉降(mm)	
	快速路、主干路	次干路、支路
桥台与路堤相邻处	100	200
涵洞、箱涵、通道处	200	300
一般路段	300	500

工后沉降不满足表2.2.2-1和表2.2.2-2要求时,应针对沉降进行软土地基处治设计。

2.2.3　硬壳层作用及判别标准

在软土的上部,主要由于大气循环、温度的变化以及上部土体中水分的蒸发,导致上部土体广泛分布有一层硬度较大的土层,相比下覆软土地基,其密实度较大、压缩性较低、抗剪强度较高,具有一定的刚度,能够承担一部分外部荷载,被称为硬壳层。

硬壳层的作用主要体现在两个方面:一是硬壳层能够将其上部的荷载扩散到较大的面积上去,即起到应力扩散作用,使得其下面的软土层所受的附加应力减小,因此,硬壳层的厚薄及本身的强度对整个地基的承载力和沉降量是有影响的;二是较好的硬壳层对流动性较大的软土层还有一个封闭作用,限制了下卧软土向四周挤出及周围软土向旁边鼓起变形的可能性,限制其发生剪切变形,从而提高了下卧软土层的承载能力。

软土地基有硬壳层存在时,应充分利用硬壳层的作用以节省投资,但在实际工程中,硬壳层达到一定厚度时才有利用价值。可以利用的硬壳层的最小厚度称为硬壳层的临界厚度。铁道部、交通部及市政部门在有硬壳层的软土地基进行试验路的大量资料表明:当硬壳层厚度 $<1.5m$ 时,作用不大,利用价值不高。京津塘高速公路大量试验资料表明:硬壳层厚度 $>2.5m$ 时,应力扩散效果比较明显。

交通运输部公路科学研究院结合京津塘高速公路大量试验资料,提出天津塘沽硬壳层的判别标准如下(其他软土地区可参考):

稠度:>0.5;

孔隙比:<1.0;

压缩模量:$<0.5MPa^{-1}$;

锥尖阻力:$>10MPa$;

承载比 CBR:>2;

回弹模量 E_0:$>10MPa$;

快剪黏聚力:$>15kPa$。

2.3 软土地基路基设计流程

软土地基路基设计可简单概括为"围绕一个中心、抓住两个基本点、采取四个步骤、达到三个目的"。

一个中心:地基处理。

两个基本点:沉降和稳定。

四个步骤:

(1)确定地基条件;

(2)确定地基是否处理;

(3)选择处理方法;

(4)细部设计。

三个目的:

(1)降低地基总沉降;

(2)加速地基排水固结;

(3)保证路基稳定。

软土地基路基设计流程见图 2.3.0-1。

2.3.1 资料调查及地质调查

1)基本资料调查

(1)沿线地形、地貌、地质构造,抗震设防烈度,水文及水文地质等特征。水文条件,如地面径流、河流洪水位、常水位及排泄条件、有无冲刷和淤积等;水文地质条件,如地下水位、地下水移动等情况。

(2)沿线土石类别及其分布范围。

(3)气象资料:气温、降水量、日照期、雨季期、冰冻期及冰冻厚度、积雪厚度以及风雪对路基、路面的影响。

(4)沿线水利设施的现状,发展规划,农田耕地表土的性质及厚度对路基的影响。

(5)沿线水系分布基本特征,相互关系及对路基、路面的影响。

(6)沿线古河道,古坟场及地下洞穴的分布及其对路基均匀性的影响。

(7)邻近地区现有道路路基的使用状况及道路病害情况。

(8)沿线地下管线分布情况,管线埋深及沟槽土回填压实状况。

(9)沿线地上管线分布情况,管线、塔架高度及基础状况。

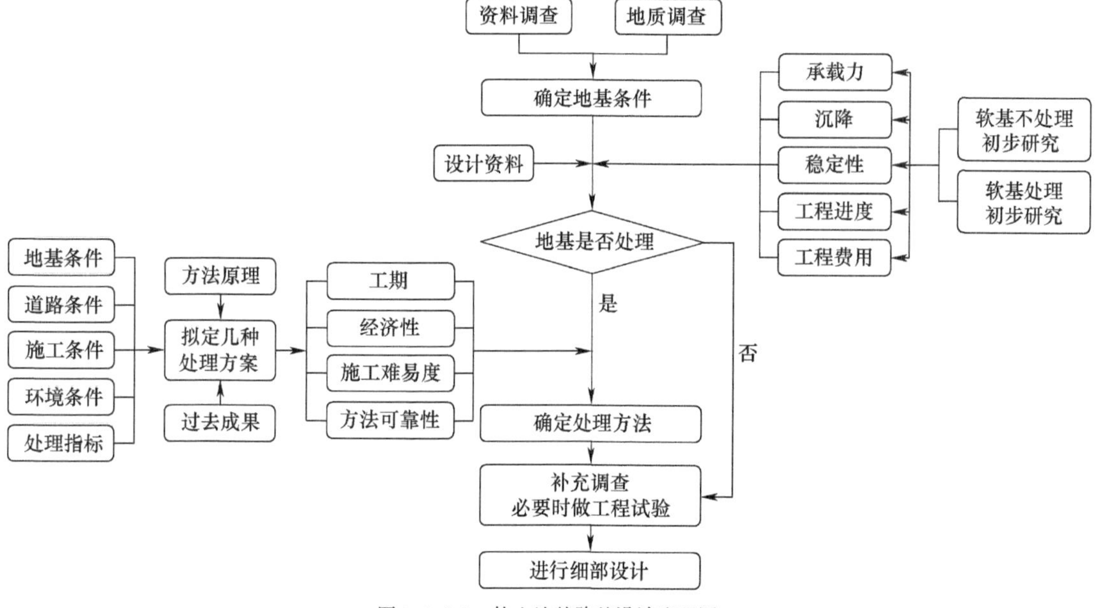

图2.3.0-1　软土地基路基设计流程图

2)地质调查

(1)路基范围内的土层分布、土层成因类型、土的工程性质、水文地质和地面径流及不良地质现象。

(2)对地质复杂和对路线起控制作用的路段进行深入的工程地质调查,以判明有无不良工程地质现象。

(3)调查路线两侧土层地质分布状况,标明土、石工程分类界限,为计算路基土、石方数量提供依据。

(4)沿河(或跨河)路线,注意调查河流水文条件、河岸地貌、地质特征、河岸历史变迁情况、判明河岸受冲刷情况及稳定程度等,为设置防护工程及防护类型提供设计依据。

(5)调查拟设挡土墙等支挡结构物地段和拟设小桥涵位置处的工程地质和水文地质条件,基底土壤的物理力学性质,以提供承载力等设计数据。

(6)路线通过盐渍土、软土、膨胀土、冻土以及滑坡等不良地质路段,需进行综合性的工程地质调查与观测。查明形成条件、分布特征和变化规律,以及对路基工程的影响等,为设计采用工程措施提供依据。

2.3.2　确定软土地基条件

软土地基条件主要包括地形及地质成因、地基成层状况、软土层厚度及范围、持力层位置及倾斜情况、透水层位置及状况、地下水位及孔隙水压力情况,以及地基土的物理力学性质。需通过工程地质勘察予以确定。

2.3.3 软土地基路基设计所需试验资料

软土地基路基设计需开展的室内土工试验项目见表2.3.3-1。

软土地基室内土工试验项目　　表2.3.3-1

试验项目			符号	单位	备注
天然含水率			w	%	—
天然密度			ρ	g/m^3	—
土粒相对密度			G_s		按土类选做
粒径组成			D	mm	—
液限			w_L	%	—
塑限			w_p	%	—
易溶盐含量				%	盐渍化软土做
无侧限抗压强度			q_u	kPa	选代表性样品做
固结试验	压缩系数		$a_{0.1\sim0.2}$	MPa^{-1}	—
	固结系数		C_V、C_H	cm^2/s	C_V必做,同时选代表性样品做C_H
	前期固结压力		P_c	kPa	选代表性样品做
剪切试验	快剪	黏聚力	c_q	kPa	—
		内摩擦角	φ_q	(°)	—
	固结快剪	黏聚力	c_g	kPa	与快剪配套
		内摩擦角	φ_g	(°)	
	三轴剪切	不固结不排水剪黏聚力	c_{uu}	kPa	按路段、土类选做
		不固结不排水剪内摩擦角	φ_{uu}	(°)	
		固结不排水剪黏聚力	c_{cu}	kPa	
		固结不排水剪内摩擦角	φ_{cu}	(°)	
		有效黏聚力	c'	kPa	
		有效内摩擦角	φ'	(°)	

采用竖向排水体加固地基时,应进行水平方向的固结系数测试,采用加固土桩加固地基时,应对软土的pH值、有机质含量及地下水质等进行测试。

根据工程需要,必要时可做十字板抗剪强度、静力触探、标准贯入等原位试验。

2.4 软土地基工程地质勘察

2.4.1 软土地基勘察要点

软土地基工程地质勘察应根据工程方案、场地条件,合理选用勘察方法,保证勘察质量,满足工程设计的需要。工程地质勘察工作应包括资料收集、工程地质调绘、工程地质勘探、工程地质测试、工程地质评价等。

1)软土地基勘察内容

软土地基工程地质勘察应收集沿线地形地貌资料,古地形地貌图和历史河流变迁图,区域地质、遥感图像及解译资料,沿线既有建筑、道路等建(构)筑物的勘察、设计、施工、观测资料,科研项目及试验工程成果资料;地震烈度、震害等资料,核定地震动峰值加速度大于或等于0.1g范围的分区界限。同时,软土地基勘察还应查明下述内容:

(1)软土成因类型、成层条件、分布规律、薄层理与夹砂特征、水平向与垂直向的均匀性、地表硬壳层的分布与厚度、地下硬土层或基岩的埋深与起伏。

(2)固结历史及应力水平、结构破坏对强度和变形的影响。

(3)微地貌形态,暗埋的塘、浜、沟、坑穴的分布、埋深及其填土的性质。

(4)开挖、回填、支护、工程降水、打桩、沉井等施工对软土应力状态、强度和压缩性的影响。

(5)地区的建筑经验。

2)工程地质调绘

工程地质调绘应完成以下工作:

(1)调查地形地貌及第四纪沉积层的特征,划分地貌单元并进行工程地质分区。

(2)查明软土的分布范围和分布规律,基本查明沿线微地貌与软土分布的关系。

(3)调查湖塘、河流等地表水体的分布情况。

(4)调查地下水的类型、埋深、补给、排泄和水位变化情况。

(5)基本查明沼泽地段的植物分布及生长情况,地表水的汇流和水位的季节变化、疏干条件及河流水文变化情况,地下水露头及其季节变化情况,地下水与地表水的关系等。

3)工程地质测试

工程地质测试应根据设计人员要求的试验项目进行室内或原位试验,试验除按照现行《公路土工试验规程》(JTG 3430—2020)执行外,还应符合以下要求:

(1)对软土地基取样,应采用薄壁原状取土器,并应推广压入法以减小对原状软土的扰动;不应用一般取土器与击入法取样。

(2)对所取得的软土样品必须轻拿轻放,样品应密封,防止水分流出和蒸发;不得倒置,不宜平放,并且应置于柔软防振的样品箱中,避免在运输过程中改变其原始结构状态。

(3)对原状软土样品应在3d以内开样试验。对不能按时开始试验的样品应妥为保存,合理置放。

(4)根据室内试验结果,应计算出塑性指数、孔隙比、饱和度、液性指数、压缩模量、压缩指数及变形模量等指标,整理出e-p曲线。

(5)软土剪切试验应按地基土应力状态变化,加荷、卸荷速率,排水条件等选用相应的方法,并应符合下述要求:

①当土体加荷卸荷速率超过土中孔隙水压力消散的速率时,宜采用自重压力预固结的不固结不排水三轴剪切试验。对渗透性很低的黏性土,可采用无侧限抗压强度试验或十字板剪切试验。

②当土体排水速率快且施工过程较慢时,宜采用固结不排水三轴剪切试验或直剪试验。

③对土体可能发生较大应变的工程,应测定残余抗剪强度,必要时应进行蠕变试验、动

扭剪试验、动单剪试验和动三轴试验。

(6)根据变形计算的要求确定压缩系数、先期固结压力、压缩指数、回弹指数、固结系数时,可采用常规固结试验、快速加荷固结试验、高压固结试验。

(7)力学试验的加荷级别与标准、试验的边界条件等应与工程场地的环境条件相适应,并结合施工、运营期的实际情况综合确定。

(8)每个工程地质层都应测试完整的软土物理力学指标,软土层较厚时,宜在该层的上、中、下部分别测定一组完整的软土物理力学指标。

4)工程地质评价

工程地质评价应在综合分析调绘、勘探、原位测试和土工试验等资料的基础上,针对工程特点和要求进行。评价内容应包括场地地质条件评价、场地地基稳定性评价及场地环境影响评价等。

现场地质条件评价应在分析研究区域地质与水文地质条件和工程地质特征、软土基本规律的基础上,对不同工程场地方案进行综合评价和比选。确定场地方案后,结合工程评价场地的工程地质条件,提出地表硬壳层利用的条件及可能性,对暗塘、暗浜的绕避或处理措施提出建议;当地基受力范围内有硬层、起伏岩层或较厚透镜体时,判定地基产生滑移或不均匀变形的可能性;当软土地基中有薄砂层或软土与砂土互层时,判定对地基变形的影响;判定地下水位变化和承压水对地基稳定性和变形的影响。

场地地基稳定性评价包括滑动稳定性评价和沉降稳定性评价,对建(构)筑物在正常使用情况下可能发生的不均匀沉降、差异沉降、滑动、变形做出评价,提出加固、处理措施建议;对基底硬层和下伏承压含水层的水压差在施工过程中可能产生的溃涌、潜蚀、流沙以及动水压力对边坡稳定性的不利影响做出评价。

场地环境影响评价应对软土场地因施工、取土、运输等产生的环境地质问题做出评价,并提出相应措施。

5)工程地质勘察成果

软土地基工程地质勘察一般应提供下述成果:

(1)软土地基分层土的物理指标:含水率、重度、孔隙比、液限、塑限、颗粒组成等。

(2)软土地基分层土的力学指标:压缩系数、压缩模量、固结系数、渗透系数、*e-p* 曲线、快剪黏聚力及内摩擦角、固结快剪黏聚力及内摩擦角、无侧限抗压强度等。

(3)分层土的侧壁摩擦阻力。

(4)分层土的地基承载力。

(5)地下水位。

(6)工程地质平面图、工程地质纵断面图、工程地质横断面图、钻孔柱状图、原位测试成果图表等。

2.4.2 工程地质勘探

工程地质勘探应在工程地质调绘的基础上,采用挖探、简易钻探、钻探、静力触探、十字板剪切试验等方法,并辅以必要的物探综合进行。

1)勘探点间距

《公路软土地基路堤设计与施工技术细则》(JTG/T D31-02—2013)规定的纵向勘探点

间距见表2.4.2-1。对于傍山软土路段及其他软土厚度变化较大的路段,勘探孔应加密布置,以查明软土层的厚度和性质在纵向上的变化,满足设计要求;对于改扩建工程,应根据工程特点、原公路软基处理方式、固结时间等综合确定勘探点间距。

勘探点布设间距 表2.4.2-1

环境类别	公路等级	钻探点间距(m)		静力触探点间距(m)	
		初步设计阶段	施工图阶段	初步设计阶段	施工图阶段
简单场地	二级及二级以上	700~1000	500~700	250~300	200~300
	二级以下	1000~1500	700~1000	500	300~500
复杂场地	二级及二级以上	500~700	300~500	200~300	100~200
	二级以下	700~1000	500~1000	300	200~300

注:1. 简单场地是指软土埋深较深、软土层较薄、地层较稳定的地质环境。
2. 复杂场地是指软土埋深较浅、软土层较厚、地层变化显著的地质环境。
3. 设计填土高度大于极限高度的路段或桥头路段采用低限。

简单场地纵向间距500~1000m布置1个路基横向断面;场地条件复杂、软土层性质或厚度变化较大处,应适当加密,可按250~500m考虑。每个横断面上勘探点不宜少于3个,按路基中心线及两侧坡脚进行布置;工程地质条件复杂、路基宽度较大处应加密布孔。扩建工程扩建侧横断面钻孔应从原路基坡脚向外布置,勘探孔数量不宜少于3个。

2)勘探孔定位

初步设计阶段勘探孔位置应在1:2000平面图上标注或在现场布设。孔点位置用坐标控制,允许移动范围:对路基孔沿中线前后不超过30m,垂直中线左右不超过15m;构造物孔沿中线前后不超过10m,垂直中线左右不超过5m,孔口高程不超过10cm。

施工图设计阶段勘探孔位置应在1:2000路线平面上标注,并充分利用初步设计阶段勘探孔成果。孔点位置用坐标控制,允许移动范围:对路基孔沿中线前后不超过20m,垂直中线左右不超过10m;构造物孔沿中线前后不超过5m,垂直中线左右不超过5m,孔口高程不超过10cm。

控制性钻孔应布置在有代表性的部位。当软土深厚或厚度变化不大时,一般布置在路中心,当下卧硬层顶面坡度较大时,一般布置在下坡一侧。每一地貌单元或地质单元、重要工点均要布置控制性钻孔,控制性钻孔不少于钻孔总数的20%。

3)勘探点深度

勘探点深度主要根据软土埋藏分布条件及填土高度而确定,要求能够满足工程地质评价和设计的需要,钻孔深度宜穿透软土层。对于厚层及巨厚层软土,钻孔深度应达到预估的地基附加应力与地基土自重应力比为0.10~0.15时所对应的深度(地下水位以下采用浮容重)或不小于地基压缩层的计算深度;对于薄层软土或傍山路段,钻孔深度应达到下卧层内2~5m;对于多层软土,应根据软土特点、填土高度、处理方式等,按受影响的最下层软土控制。

4)钻探取样

软土取样一般采用均匀连续压入法及下击式重锤少击法。流塑软土层采用跟管钻进,套管管靴高出取样部位100~200mm,采取原状土样应采用薄壁取土器,取土器直径不小于108mm。

控制性钻孔必须按规定深度在软土层中准确采取原状土样,一般性钻孔按控制性钻孔规定深度鉴别土层,必要时在重要层位取样或进行原位测试。

对非均质土,在地面以下10m以内,每1.0m取样一组;在地面下10~20m,每1.5m取样一组;20m以下可每2.0m取样一组。变层处应补充取样。对厚层、巨厚层均质软土层,可对性质相同或相近层次的层顶和层底各取一组样品,中间取两组以上的样品。如软土指标有变化,应补充取样。对于硬壳层、软土间夹层、硬土层以及排水砂层,也应采集样品以取得计算指标,取样间距1.5~2.0m。

取样质量和数量应满足室内试验的要求。

3 软土地基处理方法与适用条件

软土地基处理是工程建设中的关键技术之一，在很大程度控制着工程投资和工期长短。为了保证道路、桥梁、高层建筑等建（构）筑物的结构安全和正常使用，减小下述不利因素造成的影响，必须进行地基处理：

（1）当地基的抗剪强度不足以支撑上部结构的自重和外部荷载时，地基就会产生局部或整体的剪切破坏。

（2）当地基在上部结构的自重和外部荷载作用下产生过大的变形时，就会影响结构物的正常使用特别是超过结构物所容许的不均匀沉降量时，结构就可能开裂破坏。

（3）地基的渗漏量或水力比降超过容许值时，会发生水量损失，或因潜蚀和管涌可能导致失事，渗漏对地基处理施工和施工质量也有较大影响。

（4）在动力荷载作用下，可能引起软土地基失稳和震陷等危害。

3.1 软土地基处理目的和发展过程

3.1.1 软土地基处理目的

地基处理就是利用置换、挤密、排水、胶结、加筋和热化学等方法，对地基土进行加固，以改善压缩层内一部分或全部地基土的强度、压缩性、渗透性、动力特性和特殊土地基特性。软土地基处理目的见表 3.1.1-1。

软土地基处理目的 表 3.1.1-1

处理目的		具体描述
沉降处理	加速固结沉降	加速地基沉降，减小有害的剩余沉降量
	减小总沉降量	减小地基的沉降
稳定处理	控制剪切变形	制止周围地基因路堤荷载作用发生隆起或流动
	阻止强度降低	阻止因路堤荷载作用而强度降低，以求得稳定
	促进强度增长	加速地基强度的增长，以求得稳定
	增加抗滑阻力	改变路堤形状或换填部分地基，增加抗滑阻力以求得稳定

3.1.2 软土地基处理发展过程

地基处理技术在我国的应用已有悠久的历史（秦汉以前就有了灰土垫层）。工程建设的需要促进了地基处理技术的发展，现代地基处理技术是伴随现代化建设不断发展的。改革开放以后，我国土木工程建设事业日新月异，地基处理技术也相应得到飞速发展。

在 20 世纪 60 年代中期，从如何提高土的抗拉强度这一思路中，发展了土的“加筋法”；

从如何有利于土的排水和加速固结这一基本观点出发，发展了砂井（袋装砂井或塑料排水板）预压和土工合成材料；从如何进行深层密实处理的方法考虑，采用加大击实功的措施，发展了“强夯法”和“振动水冲法”等。

另外，现代工业的发展，对地基处理工程提供了强大的生产手段。如能制造重达几十吨的专用地基加固施工机械，解决了强夯法加固地基时提锤的起重机械；潜水电机的出现，带来了振动水冲法的振动器的施工机械；随着真空泵的问世，发展了“真空预压法”，生产了大于200个大气压的压缩空气机，从而产生了“高压喷射注浆法”等地基处理方法。

随着地基处理工程的实践和发展，人们在加固土的工程性质的同时，不断丰富了对土的特性研究和认识，从而又进一步推动了地基处理技术和方法的更新，因而地基处理成为土力学基础工程领域中一个较有生命力的分支。

在1981年6月召开的第十届国际土力学及地基基础工程会议上，有46篇论文专门论述了“地基处理”技术。并成为大会12个主要议题之一。

1983年召开的第八届欧洲土力学及地基基础工程会议上所讨论的主题就是“地基处理”。

1984年中国土木工程学会土力学基础工程学会下成立了“地基处理学术委员会”，并于1986—1997年先后召开了全国性五届地基处理学术讨论会，组织编著了《地基处理手册》，出版了“地基处理”期刊。之后2000年、2002年、2004年、2006年又先后召开了第六届至第九届全国地基处理学术讨论会，国内在各种地基处理技术的普及和提高两个方面都得到较大发展，积累了丰富的经验。

1987年由中国建筑科学研究院地基所主编了中华人民共和国行业标准《建筑地基处理技术规范》（JGJ 79—1991），1990年由同济大学主编了上海市标准《地基处理技术规范》（DBJ 08-40—1994）。

部分地基处理方法在我国应用的最早年份见表3.1.2-1。

部分地基处理方法在我国应用的最早年份 表3.1.2-1

地基处理方法	年　份	地基处理方法	年　份
普通砂井	20世纪50年代	土工合成材料	20世纪70年代末期
真空预压	1980年	强夯置换法	1988年
袋装砂井	20世纪70年代	EPS轻质填料法	1985年
塑料排水板	1981年	低强度桩复合地基法	1990年
砂桩	20世纪50年代	刚性桩复合地基法	1981年
土桩	20世纪50年代中期	锚杆静压桩法	1982年
灰土桩	20世纪60年代中期	沉管碎石桩法	1987年
振冲法	1977年	树根桩法	1981年
强夯法	1978年	浆液深层搅拌法	1977年
高压喷射注浆法	1972年	粉体深层搅拌法	1983年

纵观国内外学者关于软土地基方面的研究，概括起来涉及以下几个方面：

1)关于软土特性的研究

包括软土强度特性、变形特性、软土本构关系,以及软土特性参数的现场取样与室内测试技术等研究均取得一定的成果。

2)软基处理效果评价的研究

近些年国内外学者提出的灰色理论、模糊理论、AHP 理论等,在软土地基处理方案的优化选择上得到了不同程度的应用。现已有祝启坤、王建华等利用模糊数学理论,通过专家调查及工程类比分别给出一些影响处理方法的因素,然后通过对评价指标的排序决定施工工艺;王广月、刘挺等采用层次分析法,根据地基处理的性质和所要达到的目标,将影响处理方法的因素分解为不同的组成因素,并最终把系统分析归结为最低层相对于最高层的相对重要性权值的确定或相对优劣的排序,进而可以确定最合适的处理方法。这些研究只采用单一的综合评价方法进行评价,由于人为因素的影响存在一定的不准确性。

从对国内外资料的调研来看,对于软土地基处理方案评价的研究较多,而对软基处理技术本身评价的研究很少。软土地基处理技术评价要考虑的因素很多,比如工期、造价、处理效果、材料来源及消耗、机具条件、施工因素、环境影响等,要使每一个目标都达到最优是很困难的,甚至是不可能的,只能考虑各个目标的相对重要性,最终得出对处理技术的综合评价。

软土地基处理技术评价是一个既含有定量因素又包括定性因素的问题,运用传统的数学方法来建立评价模型是比较困难的,借鉴国内外关于软基处理方案评选的研究,利用模糊理论对非定量问题进行分析,从而将复杂的技术评价问题简单、直观化。

3)软土地基计算理论的研究

包括地基强度及稳定性计算理论、软土地基沉降变形计算理论等,其中,软土地基强度及变形随时间变化的计算理论(即固结理论)是研究问题的核心内容。随着工程建设中不同类型地基处理技术的应用,针对不同类型地基处理技术的效果方面计算理论也在不断提出和深入研究中。

4)软土地基原位勘探技术的研究

包括地基原位勘探技术、方法、工艺、设备的开发利用及技术参数与标准的研究。

5)软土地基仿真计算或数值模拟方法及软件开发利用研究

包括软土地基仿真或数值模拟的计算理论、应用方法,计算机软件开发与使用的方法,计算参数的选用以及计算结果的评价方法等。

6)软土地基深层处理技术的研究

包括软土地基处理的基本原理、技术方法、处理工艺、施工机具的开发利用以及技术参数与标准的研究。

7)软土地基设计与施工技术标准、规程的制定及应用研究

包括不同软土地区不同等级道路与不同地基处理技术时的设计与施工技术。

8)土壤固化剂处治软土技术研究

20 世纪 40 年代土壤固化剂开始蓬勃发展,现已形成一门综合性的交叉学科。它涉及建筑基础、公路建设等多个领域,包括机械方法、物理作用、土工织物、化学胶结等多种手段,综合了力学、结构理论、胶体化学、表面化学等众多理论,它的处理对象也扩充到砂土、淤泥、工

业污水、生活垃圾等多种固体、半固体,处理的目的也不仅仅是单一的加固,还包括增加渗透性、提高抗冻能力、防止污染物质泄漏等诸多方面。

国际上,欧洲建筑业最先提出土力学理论;日本由于地理因素限制,对土壤固化剂的研究投入很大,成果较多;美国和加拿大在利用土壤固化剂技术建设道路上有很多成功的案例;德国、澳大利亚、南非等也处在研究的前列。

我国于20世纪90年代初开始引入国外的高性能土壤固化剂,在吸收国外经验的基础上,针对我国土壤性质,开始了研究工作。近十余年,国内先后有十多家科研院所和大专院校对土壤固化剂展开研究,如北京建筑大学、山东大学、武汉大学、化工部晨光化工研究院和铁道部科学研究院等,取得了一批试验研究成果,有的已经应用到实际工程中。目前土壤固化剂已经越来越多地在我国公路、铁路、水利工程中得到应用,取得了较好的社会、经济与环保效益。

9)轻质土填筑路基解决软土沉降研究

泡沫轻质土是通过气泡机的发泡系统将发泡剂用机械方式充分发泡,并将泡沫与水泥浆均匀混合,然后经过发泡机的泵送系统进行现浇施工或模具成型,经自然养护所形成的一种含有大量封闭气孔的新型轻质保温材料。它属于气泡状绝热材料,突出特点是在混凝土内部形成封闭的泡沫孔,使混凝土轻质化和保温隔热化。

1972年挪威率先在公路填土中使用了泡沫塑料体块,此后轻质材料得到了较为广泛的应用。二十世纪七八十年代,日本将泡沫混凝土技术加以改进,由原料土、水泥、水等材料和气泡按照一定的比例混合,制成轻型现浇的填土材料。该材料现浇施工时,其流动性统一按牛顿流体控制,此即泡沫轻质土。泡沫轻质土所用的起泡剂主要有界面活性类、蛋白类、树脂类等材料。1987年潢浜市内的公路桥维修工程中首次把泡沫轻质土作为填充材料来使用;次年作为道路工程的填土材料使用。此后应用范围迅速扩大,并出版了相关的技术规范。泡沫轻质土由于其重度小(为土体的1/4~1/3),施工方便,现场浇注且无需振捣,造价较低等优点,在日本、美国、英国等发达国家被用以根治软基段桥头跳车或防止旧路加宽段差异沉降。

以上各种研究,伴随着岩土工程学科建立至今,已有的各类成果、文献资料浩繁,并随着人类社会对工程建筑设施要求的不断提升与发展而日新月异,数代人、数以万计的学者和工程技术人员一直在不懈地进行努力探索,但迅猛发展的工程建设对科学技术的要求永无止境。

3.2 软土地基处理方法分类及适用条件

3.2.1 软土地基处理方法分类

对软土地基处理方法进行严格的统一分类是很困难的。根据地基处理的加固原理,软土地基处理方法大致可以划分为以下几类:

1)置换法

置换是指用物理力学性质较好的岩土材料置换天然地基中部分或全部软弱土体,以形成双层地基或复合地基,达到提高地基承载力、减小沉降的目的。经过换填处理的人工地基或垫层,可以把上部荷载扩散传至下卧层,满足地基承载力和减少沉降量的要求。当垫层下有较软土层时，也可以加速软弱土层的排水固结和强度的提高。

根据置换范围、方法和机理的区别，置换法可以分为以下三小类：

(1)整体置换和局部置换。整体置换是指将地基表层一定整体平面范围、一定深度内的软土全部挖除，用品性良好的土壤或其他粒状材料来填充，即所谓的“全挖全填”。局部置换是指将地基表层局部平面范围内、一定深度的软土挖除或挤开，用品性良好的土壤或其他材料来填充。

(2)静力置换和动力置换。静力置换俗称“换填”，挖除软土，用品性良好的土壤回填并压实。动力置换是指用夯锤将铺在天然软土地基表面上品性良好的土壤或其他粒状材料夯入上层地基土中，达到置换的目的。它可以是整体式的，也可以是局部式的。

(3)物理置换和化学置换。前者只增加土壤的密实度与减少含水率，软土地基土壤只发生物理指标的变化，没有化学方式的变化。化学置换是指用水泥、石灰等类材料置换部分软土或改善周围软土的化学、胶体化学特性。

2)排水固结法

排水固结法是在软基表面施加等于或大于设计使用荷载的附加荷载，将土中的水排走，促使减小土体的孔隙，产生固结变形，随着土体超静孔隙水压力的逐渐消散，土的有效应力增加，地基抗剪强度相应增加，并使沉降提前完成或提高沉降速率，是一种较为经济的软基加固方法。根据土壤孔隙水压与大气压强的关系，可将排水固结法划分为负压(真空)法、常压法、超压法三种；根据地基表面单位面积上堆载重量的差别，可以将堆载预压分为超载预压、等载预压和欠载预压三种。

3)胶结法

胶结法也称灌入固化物法，是指向土体中灌入或拌入水泥、石灰或其他化学固化浆，使其在地基中形成增强体，以达到地基处理的目的。该种方法一般在软弱地基中部分土体内掺入水泥、水泥砂浆以及石灰等物，形成加固体，与未加固部分形成复合地基，以提高地基承载力和减小沉降。

4)振密挤密法

振密挤密法是指采用振密或挤密的方法使地基土体密实以达到提高地基承载力和减小沉降的目的的方法。

5)加筋法

加筋法是指在地基中设置强度高、模量大的筋材，如土工格栅、土工织物、低强度混凝土桩、钢筋混凝土桩等，形成横向或纵向增强体复合地基，以达到提高地基承载力、减少沉降的目的的方法。

6)其他处理方法

(1)反压护道处理。在路堤两侧填筑反压护道或放缓边坡，以增大抗滑动力矩，防止路基滑动破坏。

(2)轻质填料。气泡混合轻质土重度小($3 \sim 15\text{kN/m}^3$)，发泡聚苯乙烯(EPS)重度只有土的1/50～1/100，具有较好的强度和压缩性能，用作路基填料可有效减小作用在地基上的荷载。一般与其他处理方法联合使用。

(3)冻结法。通过人工冷却，使地基温度低到孔隙水的冰点以下，使之冷却，从而具有理想的截水性能和较高的承载力。

(4)烧结法。通过渗入压缩的热空气和燃烧物,并依靠热传导,而将细颗粒土加热到100℃以上,从而增加土的强度,减小变形。

需要说明的是,地基处理加固机理是非常复杂的,有的处理方法兼有多种机理,如挤密砂桩就包含了挤密、加筋、排水等多种加固机理。

3.2.2 软土地基处理方法的适用条件

软土地基处理方法的加固机理、适用条件见表3.2.2-1。

不同处理方法的加固机理及适用条件　　表3.2.2-1

地基处理方法		加固机理简要说明	适用范围
置换法	换土垫层法	将软弱土或不良土开挖至一定深度,回填抗剪强度较高、压缩性较小的岩土材料,如砂、砾石、混渣等,形成双层地基。垫层能有效扩散基地应力,可提高地基承载力、减小沉降	各种软弱土地基
	挤淤置换法	通过抛石或夯击回填碎石置换淤泥达到加固地基的目的,也可采用爆破挤淤置换	淤泥或淤泥质黏土
	强夯置换法	利用边填碎石边强夯的方法在地基中形成碎石墩体,由碎石墩、墩间土以及碎石垫层形成复合地基以提高承载力、减小沉降	粉砂土和软黏土地基
	石灰桩法	通过机械或人工成孔,在软弱地基中加入生石灰或生石灰加其他掺合料,通过石灰的吸水膨胀、放热以及离子交换作用,改善桩与土的物理力学性质,形成石灰桩复合地基,提高承载力,减小沉降	杂填土、软黏土地基
排水固结法	堆载预压法	在地基中设置排水通道和竖向排水系统,以缩小土体固结排水距离,地基在填筑路堤荷载作用下排水固结,地基承载力提高,工后沉降减小。如果预压荷载大于设计使用荷载(超载预压),不仅可以减小工后固结沉降,还可消除部分工后次固结沉降	软黏土、杂填土、泥炭土
	真空联合堆载预压	在软黏土地基中设置排水体系(同上),然后在上面形成一不透气层,通过长时间不断抽气抽水,在地基中形成负压区,从而使软黏土排水固结,达到提高承载力、减小沉降的目的,常与堆载预压联合使用	软黏土地基
	降低地下水位法	通过降低地下水位,改变地基土受力状态,其效果如加载预压,使地基土排水固结,达到加固目的	砂性土或透水性较好的软黏土地基

续上表

地基处理方法		加固机理简要说明	适用范围
胶结(灌入固化物)法	深层搅拌法	利用深层搅拌机将水泥或水泥粉和地基土原位搅拌形成圆柱状、格栅状或连续墙式的水泥土墙体,形成复合地基以提高地基承载力,减小沉降。也常用它形成水泥土防渗帷幕。深层搅拌法分喷浆搅拌法和喷粉搅拌法两种	淤泥、淤泥质土,有机质含量较高时需试验确定其适用性
	高压喷射注浆法	利用高压喷射专用机械,在地基中通过高压喷射流冲切土体,用浆液置换部分土体,形成水泥增强体。按喷射流组成形式,高压喷射注浆法有单管法、二重管法、三重管法。高压喷射注浆法可形成复合地基以提高承载力,减小沉降	淤泥、淤泥质土,有机质含量较高时需试验确定其适用性
	挤密灌浆法	在灌浆压力作用下,向土层中压入浓浆液,在地基土中形成浆泡,挤出周围土体。通过压密和置换改善地基性能。在灌浆过程中因浆液的挤出作用可产生辐射状上抬力,引起地面隆起	常用于可压缩性地基、排水条件较好的黏性土地基
振密挤密法	强夯法	采用质量为10~40t的夯锤从高处自由落下,地基土体在强夯的冲击力和振动力作用下密实,可提高地基承载力,减少沉降	碎石土、砂土、低饱和度的粉土与黏性土、湿陷性黄土、杂填土和素填土等地基
	挤密砂石桩法	采用振动沉管法等在地基中设置碎石桩,在制桩过程中对周围土层产生挤密作用。被挤密的桩间土和密实的砂石桩形成砂石桩复合地基,达到提高地基承载力、减小沉降的目的	砂土地基、非饱和黏性土地基
加筋法	土工聚合物加筋垫层法	在地基中铺设加筋材料(如土工织物、土工隔栅等)形成加筋垫层,以增大压力扩散角,提高地基稳定性	各类软弱地基
	低强度混凝土桩	在地基中设置低强度混凝土桩,与桩间土形成复合地基,提高地基承载力,减小沉降,如水泥粉煤灰碎石桩(CFG桩)	各类深厚软弱地基
	钢筋混凝土桩	在地基中设置钢筋混凝土桩,与桩间土形成复合地基,提高地基承载力,减小沉降	各类深厚软弱地基
	长、短桩复合地基	由长桩和短桩与桩间土形成复合地基,提高地基承载力和减小沉降。长桩和短桩可采用同一桩型,也可采用不同桩型。通常长桩采用刚度较大的型桩,短桩采用柔性桩或散体材料桩	各类深厚软弱地基

续上表

地基处理方法		加固机理简要说明	适用范围
轻质填料	EPS	聚苯乙烯泡沫(Expanded Polystyrene 简称 EPS)是一种轻型高分子聚合物。在道路工程中用作轻质填料的 EPS 密度为 20kg/m³,为普通道路填料的 1% ~2%	通过减轻施加于地基上的附加应力,抑制其上荷载对软弱地基的破坏和沉降,从根本上消除软土地基的填方路堤、新旧路堤及路堤与结构物之间的工后沉降和差异沉降,减少地下结构物所承受的土压力、提高结构物的使用寿命。目前工程中主要应用在地下结构物的减荷回填、软基处理、道路加宽、桥台(涵洞、挡土墙)台背填土、滑坡地段填土、地下结构物及管线周边的填充等方面
	泡沫轻质土	用稳定材料(包括水泥、石灰、粉煤灰、磨细矿渣等)、必要的填料(包括砂质土、石粉、尾矿粉、风积砂、河沙、海砂、棒磨砂等)、水、外加剂以及泡沫按照一定的比例混合制备,通过现场输送、浇注,硬化后所形成的一种轻质材料。干体积密度为 300 ~1600kg/m³	
	液态粉煤灰	液态粉煤灰是将一定量的水泥、粉煤灰、水和外加剂进行拌和,具有一定流态,在一定龄期下,经养护形成具有一定强度的混合料,主要材料是粉煤灰和水泥,设计容重为 1500 ~1800kg/m³	

3.2.3 软土地基处理方法的处理效果

软土地基不同处理方法的处理效果见表 3.2.3-1。

软土地基不同处理方法的处理效果 表 3.2.3-1

地基处理方法		处理效果					
		沉降处理		稳定处理			
		加速固结沉降	减小总沉降量	控制剪切变形	阻止强度降低	促进强度增长	增加抗滑阻力
置换法	换土垫层法	★	★	★			★
	挤淤置换法		★	★			★
	强夯置换法		★	★			★
	石灰桩法		★			★	★
排水固结法	加载预压法	★				★	
	超载预压法	★				★	
	真空联合堆载预压	★				★	
	降低地下水位法	★				★	
胶结(灌入固化物)法	深层搅拌法		★	★			★
	高压喷射注浆法		★	★			★
	挤密灌浆法		★	★			★
振密挤密法	强夯法		★	★			
	挤密砂、石桩法	★	★	★			★

续上表

地基处理方法		处理效果					
		沉降处理		稳定处理			
		加速固结沉降	减小总沉降量	控制剪切变形	阻止强度降低	促进强度增长	增加抗滑阻力
加筋法	加筋垫层法		★	★			★
	低强度混凝土桩		★	★			★
	钢筋混凝土桩		★	★			★
	长短桩复合地基		★	★			★
轻质填料	EPS		★	★			
	泡沫轻质土		★	★			
	液态粉煤灰		★	★			

3.3 软土地基处理方法的选择

任何一种软土地基处理方法都有其适用范围、局限性和优缺点，没有一种处理方法是万能的。具体的地基处理工程情况非常复杂，工程地质条件千变万化，具体的处理要求也各不相同，而且各施工单位的设备、技术、材料也不同。软土地基处理方法的选择必须综合考虑地基、道路、施工、环境条件及施工工期、经济性、处理效果和工法可靠性等，经综合比较后确定。

合理的地基处理方法原则上一定要技术可靠、经济合理，且同时能满足施工进度要求。对于具体工程，可以采用一种地基处理方法，也可以采用两种或两种以上地基处理方法。

软土地基处理方法选择流程见图3.3.0-1。

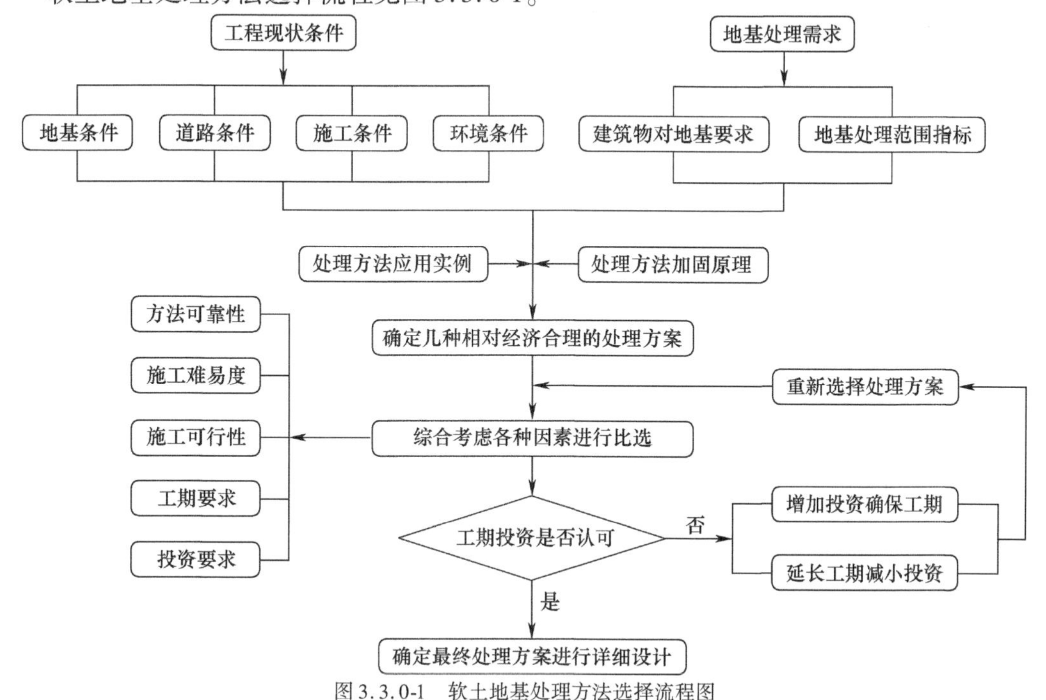

图3.3.0-1 软土地基处理方法选择流程图

3.3.1 地基条件

(1)土质。选用以排水为目的的方法时,应考虑软土的颗粒级配范围或渗透系数大小,对灵敏度很高的软土,所采取的处理方法和施工方法对地基的扰动应尽量小。

(2)地基构成。软土层浅而薄的情况,固结沉降量小,且在短时间内能够停止沉降,滑动破坏的危险性较小,因此宜采用表层处理法;对重要构筑物基础,也可采用开挖换填法。软土层较厚时,则可采取其他方法配合表层处理法。如果软土中含有可供排水的砂层,则优先采用排水固结法;如软土层底面倾斜,由于软土厚度不一,易产生滑动和不均匀沉降,因此要尽可能采用减小沉降的处理方法,如挤密砂石桩或加固土桩,桩间距在软土层厚的一边密些,薄的一边稀些。

3.3.2 道路条件

(1)道路性质。高速公路、城市快速路、主干路和交通量大的道路,路面平整度要求高,应采用减小沉降的有效处理措施。

(2)道路形式。宽而低的路堤采用基础换填方法时地基中可能遗留压缩性高的土,窄而高的路堤会引起深部土层的沉降,而且稳定性也不及宽而低的路堤。

(3)所在路段。一般路段的剩余沉降即使大到一定程度,只要不均匀沉降量不大,路面基本不会丧失其平整度。但是与构筑物连接的路段,沉降较大会形成错台,导致跳车,而且如果稳定性不够,还可能导致桥台侧向位移。因此,要特别重视与构筑物连接段的沉降与稳定处理措施。

3.3.3 施工条件

(1)工期。工期较长时可优先选用排水固结法;工期较短时,由于预压期不能保证,可选用挤密砂石桩、加固土桩或水泥粉煤灰碎石桩等。

(2)材料。根据所用材料来源的难易程度与经济性来选择处理方法。如果当地砂石料丰富,可优先采用换土垫层法或挤密砂桩、碎石桩等。

(3)施工机械的作业条件。在软土地基上施工,不管采用什么方法,首先要确保施工机械的作业面,因此无论采用何种处理方法,一般均同时采用表层处理,如设置垫层等。另外,要考虑施工机械本身的特点,如水泥搅拌桩桩架较高、净空受限制时可采用旋喷桩。

3.3.4 环境条件

选择处理方法和施工方法时,还必须全面考虑对周围环境的影响,如噪声、振动、地基的变化、地下水的变化、排出的泥水或使用的化学药剂对地下水或周边环境的污染等。如野外碎石桩施工,可以采用振冲法,但市区则需采用沉管碎石桩;遇地基特别软弱、路堤高度较大,并在路堤坡脚附近有房屋等构筑物时,应采用减小总沉降量、控制剪切变形为主的处理方法;在邻近建筑物不宜采用强夯法或排水固结、降低地下水位等方法;铁路附近不宜采用高压灌浆法等。

3.3.5 地基处理方法选用原则

1)一般路段

(1)软土层深度为3~5m时,宜选用浅层处理或堆载预压;软土层深度大于5m时,宜选用排水固结法或复合地基。当填土高度较大、稳定性不能满足设计要求时，可结合加筋处理。

（2）软土层厚度大于10m时，宜选用排水固结法或复合地基，并结合等载预压或超载预压；当预压高度较大，稳定性不能满足设计要求时，可结合加筋处理。

（3）在填土高、工期紧的情况下，可选用桩承式加筋路堤、轻质路堤或真空联合堆载预压等方案。

2）桥梁、通道、涵洞与路基相邻路段

（1）填土高度较低时（ <3.0m）并具备预压条件时，宜选用排水固结法结合堆载预压的处理方法。

（2）填土高度较高时（≥3.0 m），宜选用桩承式加筋路堤或水泥搅拌桩等方法。

（3）填土高度超过2～3倍的极限填筑高度时，宜选用桩承式加筋路堤，或选用泡沫混凝土、EPS块体、气泡轻质土、粉煤灰等轻质填料，并可结合排水固结、复合地基等方法综合处理。

3）不同处理方法相邻路段

存在差异沉降的相邻路段，应做过渡处理设计。两构造物之间，当一般路段长度小于0m时，宜采用与构造物相邻路段相同的处理方法。

4）特殊地形地貌路段

（1）傍山路段软土分布纵横向变化较大。当软土埋深浅、厚度薄时，宜选用置换法；当软土深厚时，宜选用轻质路堤或钻孔灌注桩等处理方法。

（2）临河塘路段，根据软土层条件和稳定验算结果，宜选用预应力管桩等桩承式加筋路堤、轻质路堤等处理方法。

（3）桥下、杆线下方等施工设备受净空限制路段，宜选用旋喷桩、钻孔灌注桩、轻质路堤等对设备高度要求低的处理方法。

（4）临近重要构筑物路段，宜选用钻孔灌注桩、水泥搅拌桩、轻质路堤等对构筑物影响小的处理方法；不宜选用真空预压、排水固结等易产生地基沉降及侧向位移等不良影响的处理方法。

5）改（扩）建路段

（1）路基拼接时，原有路基与拓宽路基的路拱横坡度的工后增大值不应大于0.5%；拓宽路基桥头路段工后沉降不大于5cm，桥头路段总沉降不大于15cm，一般路段工后沉降不大于15cm。

（2）原有路基已基本完成地基沉降的路段，路基拓宽范围的软土地基处理宜选用桩承式加筋路堤或复合地基，不宜选用排水固结法处理。

（3）原有路基尚未完成地基沉降的路段，路基拓宽范围的软土地基处理可选用排水固结法，或与原处理方式相同的处理方法。

（4）可采用轻质填料加宽路基，如路基加宽部分采用泡沫轻质土，其施工作业面小，不需施工便道、几乎不需新征地，同时可减少新旧路基之间的差异沉降。

4 常用软土地基处理方法

4.1 浅层处理

在软土地基道路设计中,一般根据软土地基的不同物理力学特性和上部荷载的大小,确定是否处理,如地基满足上部荷载对于沉降及承载力的要求,则将路堤直接修筑在不作任何处理的天然地层上,这种地基称为天然地基。然而对于软土地基来说,一般无法支承上部荷载和控制路堤变形,必须对地基进行处理,根据处理深度可分为浅层处理和深层处理。地基处理尤其是深层处理,往往施工工艺技术较复杂,工期较长,处理费用在道路投资中占有相当可观的比例,因此,软土地基道路工程总是优先考虑施工简便、投资较省的浅层处理,只有在浅层处理不能满足要求时,才采取深层加固的处理方法。

4.1.1 浅层处理方法的分类

浅层处理和深层处理很难明确划分界限,一般可认为地基浅层处理的范围大致在地面以下 5m 深度以内。浅层人工地基的采用不仅取决于上部荷载量值的大小,而且很大程度上与地基土的物理力学性质有关。常用的地基浅层处理方法主要有换填、换填垫层、加筋垫层、抛石挤淤等。

1)换填法

换填法就是将基础底面以下埋深浅、厚度较薄的软弱土层全部挖除,露出硬底,然后用满足路基填筑要求的好土分层填筑碾压,达到路基要求的密实度。

2)换土垫层法

有时挖除浅层软弱土层后,下面的土层含水率仍较大,直接分层填土很难压实,有时候施工机械都上不去,这时候一般都先填筑一定厚度的砂砾、碎石、山皮土、拆房土、混渣等粒料垫层,碾压密实后再分层填筑好土,这就是换土垫层法(图 4.1.1-1)。

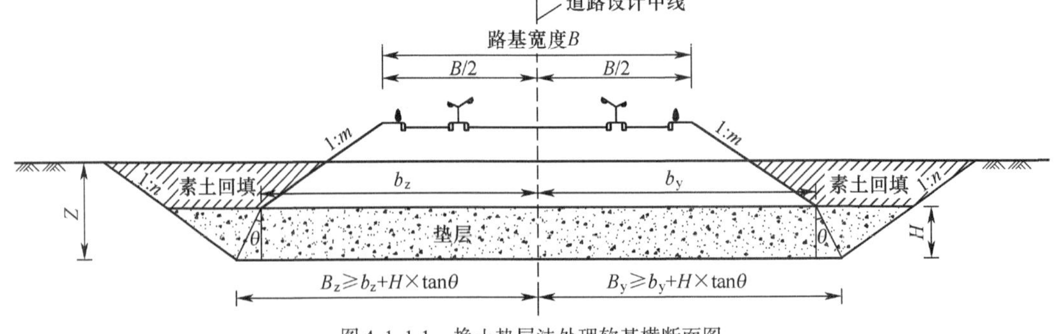

图 4.1.1-1　换土垫层法处理软基横断面图

有时也采用原地戗灰(石灰)或利用土壤固化剂将表层一定厚度的土层固化,提高承载力,然后再分层填筑好土。如果软弱土层较厚,不可能全部挖除时,也可仅清除表层 50 ~

70cm 厚的淤泥，晾晒后直接填筑垫层。

(1)垫层的作用

在软土地基浅层处理中，垫层的作用主要体现在：

①提高地基承载力

地基承载力与基础下土层的抗剪强度有关，以抗剪强度较高的砂砾、碎石或其他填筑材料代替较软弱的土，可提高地基的承载力，避免地基破坏。

②减少沉降量

一般地基浅层部分的沉降量在总沉降量中所占的比例是比较大的。对于道路路基，在相当于道路宽度的深度范围内的沉降量约占总沉降量的50%。如以密实砂或其他填筑材料代替上部软弱土层，就可以减少这部分的沉降量。同时由于垫层对应力的扩散作用，使作用在垫层下卧层土上的压力较小，这样也会相应减少下卧层土的沉降量。

③加速软弱土层的排水固结

道路的不透水基础直接与软弱土层相接触时，在荷载的作用下，软弱土地基中的水被迫绕道路路基两侧排出，因而使基底下的软弱土不易固结，形成较大的孔隙水压力，还可能导致由于地基强度降低而产生塑性破坏的危险。砂垫层和砂石垫层等垫层材料透水性大，软弱土层受压后，垫层可作为良好的排水面，可以使道路路基下面的孔隙水压力迅速消散，加速垫层下软弱土层的固结和提高其强度，避免地基土塑性破坏。

④阻隔毛细水上升

因为粗颗粒的垫层材料孔隙大，不易产生毛细管现象，因此可以防止地下水侵入路基，也防止寒冷地区土中结冰所造成的冻胀。这时，砂或碎石垫层的底面应满足当地冻结深度的要求。至于一般在挡土墙基础下采用10～30cm 厚的混凝土垫层，主要是用作基础的找平和隔离层，并为基础绑扎钢筋和建立木模等工序施工操作提供方便。仅是施工措施，不属于地基处理范畴。

(2)垫层的厚度和宽度

垫层设计的主要内容是确定垫层的合理厚度和宽度。对于垫层，既要求有足够的厚度来置换可能被剪切破坏的软弱土层，又要有足够的宽度以防止垫层向两侧挤出。对于排水垫层来说，除要求有一定的厚度和密度满足上述要求外，还要求形成一个排水面，促进软弱土层的固结，提高其强度，以满足上部荷载的要求。

①垫层厚度的确定

垫层的厚度一般根据垫层底面处土的自重应力和附加应力之和不大于同一高程处软弱土层的容许承载力，其表达式如下：

$$P_z + P_{cz} \leq f_z \tag{4.1.1-1}$$

式中：f_z——垫层底面处土层的地基承载力(kPa)；

P_{cz}——垫层底面处土的自重压力(kPa)；

P_z——垫层底面处土的附加压力(kPa)。

具体计算时，一般可根据垫层的容许承载力确定出基础宽度，再根据下卧土层的承载力确定出垫层的厚度。根据载荷试验资料表明：当下卧层软弱土的容许承载力为60～80kPa，压缩模量为3MPa 左右，换土厚度为0.5～1.0m 时，垫层地基的容许承载力大约为

100 ~ 200kPa，平均变形模量大约为 14MPa。一般是先根据初步拟定的垫层厚度，再用式(4.1.1-1)复核。垫层厚度一般不宜大于 3m，太厚施工困难，太薄(<0.5m)则换土垫层的作用不大。

②垫层宽度的决定

垫层的宽度应满足道路路基基础底面应力扩散的要求，可按下式计算或根据当地经验确定。

$$b_1 \geq b + 2Z\tan\theta \tag{4.1.1-2}$$

式中：b_1——垫层底面宽度(m)；

θ——垫层的应力扩散角，可按表 4.1.1-1 采用；当 $Z/b < 0.25$ 时，仍按表中 $Z/b = 0.25$取值；

b——基础底面的宽度(m)；

Z——垫层的厚度(m)。

垫层应力扩散角 θ(°) 表 4.1.1-1

Z/b	中砂、粗砂、砾砂、圆砾、角砾、卵石、碎石	黏性土和粉土 ($8 < I_p < 14$)	灰 土
0.25	20	6	28
≥0.5	30	23	

整体垫层的宽度可根据施工的要求适当加宽。垫层顶面每边宜超出基础底边不小于 300mm，或从垫层底面两侧向上按当地开挖基坑经验的要求放坡。

(3)垫层粒料厚度的损失

美国联邦公路管理局对垫层粒料厚度的损失与地基土强度的关系进行研究，见图 4.1.1-2。

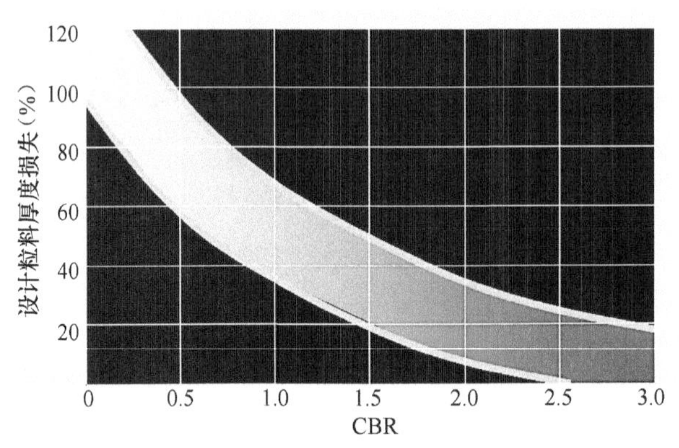

图 4.1.1-2 典型粒料厚度损失范围与地基强度的关系

研究表明：当 CBR 为 0.5 时，设计粒料厚度损失为 60% ~100%；当 CBR 为 2.0 时，设计粒料厚度损失为 10% ~30%；当 CBR 为 3.0 以上时，设计粒料厚度损失为 0。

因此，按式(4.1.1-1)确定的厚度，还应考虑垫层粒料厚度的损失。

3)加筋垫层法

加筋垫层法是将抗拉能力很强的土工合成材料埋置于垫层中，利用土颗粒或碎石位移与拉筋产生摩擦力，使土与加筋材料形成整体，减少整体变形和增强整体稳定。由于土工织物受拉作用,调整了基底应力分布,地基侧向位移和沉降相应减少,地基稳定性就大大提高。

土工合成材料加筋垫层是将土工合成材料平铺于垫层上、下或之间以提高地基表面承载力,使上部荷载均匀分散到地基中。当地基可能出现塑性剪切破坏时,土工合成材料将起到阻止破坏面形成或减小破坏发展范围的作用,从而达到提高地基承载力的目的。此外,土工合成材料与垫层土之间的相互摩擦将限制地基土的侧向变形,从而增加地基的稳定性。

天津地区常采用的土工格栅加筋碎石垫层厚度 H 一般取 0.7 ~ 1.0m,土工格栅设在垫层底部及底部以上 50cm 处,见图 4.1.1-3。

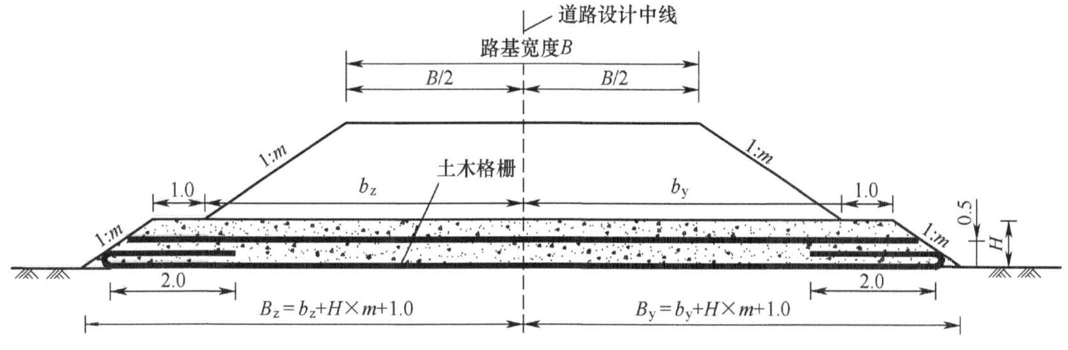

图 4.1.1-3 土工格栅加筋碎石垫层法处理软基横断面图

(1)土工合成材料用于软基处理的优点

土工合成材料用于软基处理,主要有隔离、过滤、排水、加筋、保护、防渗 6 大功能,具有以下优点:

①节约成本。防止回填粒料与软基细小颗粒相互掺混形成失效层,减少粒料损失。

②有效分布交通荷载,增加底基层受力面积,从而增加承受荷载能力。

③土工织物与粒料垫层形成整体结构层,使得上部荷载均匀分布在更大的受力面积上,从而减小完工后结构的不均匀沉降和变形。

④减小开挖深度,最大限度减少现场准备时间。

(2)加筋垫层效果分析

西南交通大学罗强、刘俊彦、张良等的试验研究成果表明:

①土工格栅加筋垫层能有效减小软土地基在上部路堤荷载作用下的沉降变形。在地基土层和路堤填筑基本相同的条件下,土工格室加筋垫层的效果最好,双层土工格栅加筋垫层的效果次之,再次之为单层土工格栅加筋垫层。与无筋垫层相比,加筋垫层能减小 10% ~ 31.5% 的单位路堤沉降量。

②土工格栅加筋垫层中,将土工格栅由单层增加到双层不仅能减小沉降变形,而且能降低土工格栅承受的拉力。与单层土工格栅加筋垫层相比,双层土工格栅能减小 18.2% 的单位路堤高沉降量,单位路堤高的土工格栅最大拉力能减小 27.8% ~47.8%。双层土工格栅加筋垫层中,上层土工格栅拉力减小约 28%。

③土工格栅加筋垫层具有一定程度的均化基底压力的作用。与无筋垫层方案相比,加筋垫层方案的压力比值能减小 6.1% ~12.1%(压力比值指路堤中线的压力值与路堤两侧边坡位置的压力值之比,反映路堤基底压力集中的程度)。

百利福公司在马来西亚的一项工程中，利用“竹撑＋土工布”进行加筋来处理软基，见图4.1.1-4。

图4.1.1-4　利用“竹撑＋土工布”进行软基处理

英国Strathclyde大学对竹撑＋土工织物加筋土的承载力进行了试验研究。结果表明，利用竹撑＋土工织物进行加筋，对提高承载力效果还是非常显著的(图4.1.1-5)。

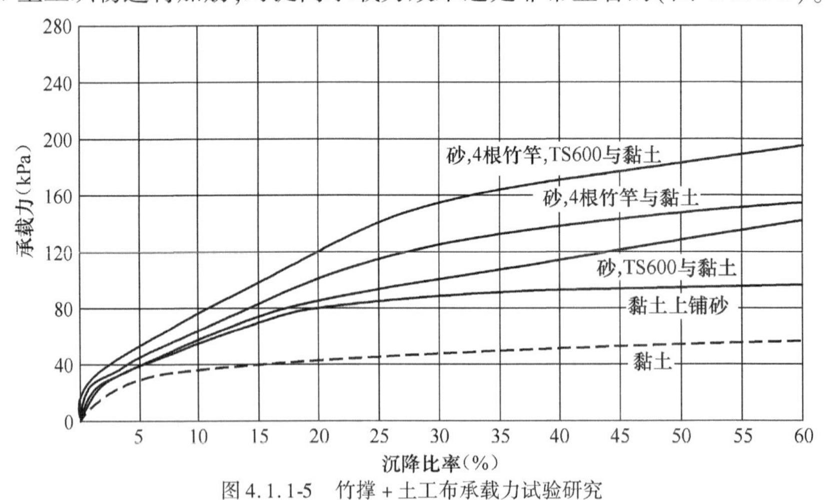

图4.1.1-5　竹撑＋土工布承载力试验研究

4)抛石挤淤法

抛石挤淤就是把一定量和粒径的块石抛在需进行处理的淤泥或淤泥质土地基中，将原基础处的淤泥或淤泥质土挤走，从而达到加固地基的目的。一般按以下程序进行：将不易风化的石料(尺寸一般不宜小于30cm)抛投于被处理地基中,抛石方向根据软土下卧地层横坡而定。横坡较平坦时,采用自地基中部渐次向两侧扩展;横坡陡于1∶10时,一般自高侧向低侧抛投。最后在上面铺设反滤层。这种方法施工简单,投资较省,常用于处理流塑态的淤泥或淤泥质土地基。

抛石挤淤法适用于常年积水的洼地,排水施工困难,表土呈流动状态,厚度较薄,片石能沉达底部的泥沼或厚度小于3.0m的软土路段,尤其适用于石料丰富、运距较近的地区。采用抛石挤淤法施工的路基,需要一定的沉实稳定时间,宜修建过渡式路面。

4.1.2 不同填土高度下浅层处理厚度的确定

道路地基必须满足承受道路结构及车辆荷载的需求,同时使道路的沉降在允许的范围内,因此,结实的地基是保证道路结构安全的前提条件。为了满足道路路面结构在使用周期内安全可靠,《公路路基施工技术规范》(JTG/T 3610—2019)对土质路基压实度及填料有关要求分别见表4.1.2-1、表4.1.2-2。

路基压实度标准 表4.1.2-1

填料应用部位(路床顶面以下深度)(m)				压实度(%)		
				高速公路、一级公路	二级公路	三、四级公路
填方路基	上路床		0~0.30	≥96	≥95	≥94
	下路床	轻、中及重交通	0.30~0.80	≥96	≥95	≥94
		特重、极重交通	0.30~1.20			—
	上路堤	轻、中及重交通	0.80~1.50	≥94	≥94	≥93
		特重、极重交通	1.20~1.90			—
	下路堤	轻、中及重交通	>1.50	≥93	≥92	≥90
		特重、极重交通	>1.90			
零填及挖方路基	上路床		0~0.30	≥96	≥95	≥94
	下路床	轻、中及重交通	0.30~0.80	≥96	≥95	—
		特重、极重交通	0.30~1.20			

路基填料最小强度和最大粒径要求 表4.1.2-2

填料应用部位(路床顶面以下深度)(m)				填料最小承载比CBR(%)			填料最大粒径(mm)
				高速公路、一级公路	二级公路	三、四级公路	
填方路基	上路床		0~0.30	8	6	5	100
	下路床	轻、中及重交通	0.30~0.80	5	4	3	100
		特重、极重交通	0.30~1.20				
	上路堤	轻、中及重交通	0.80~1.50	4	3	3	150
		特重、极重交通	1.20~1.90				
	下路堤	轻、中及重交通	>1.50	3	2	2	150
		特重、极重交通	>1.90				

续上表

<table>
<tr><td colspan="3" rowspan="2">填料应用部位(路床顶面以下深度)
(m)</td><td colspan="3">填料最小承载比 CBR(%)</td><td rowspan="2">填料最大粒径
(mm)</td></tr>
<tr><td>高速公路、一级公路</td><td>二级公路</td><td>三、四级公路</td></tr>
<tr><td rowspan="3">零填及挖方路基</td><td colspan="2">上路床</td><td>0 ~ 0.30</td><td>8</td><td>6</td><td>5</td><td>100</td></tr>
<tr><td rowspan="2">下路床</td><td>轻、中及重交通</td><td>0.30 ~ 0.80</td><td rowspan="2">5</td><td rowspan="2">4</td><td rowspan="2">3</td><td rowspan="2">100</td></tr>
<tr><td>特重、极重交通</td><td>0.30 ~ 1.20</td></tr>
</table>

表4.1.2-1中所列压实度以现行《公路土工试验规程》(JTG E40)重型击实试验法为准;表4.1.2-2所列承载比是根据路基不同填筑部位压实标准的要求,按现行《公路土工试验规程》(JTG E40)试验方法规定浸水96h确定的CBR。

从上表可看出,对于一般道路,路床顶以下0.8 ~ 1.5m范围路基需要加强,压实度及填料需要控制,这样道路浅层处理可出现两种情况:一种情况,针对高填土路基下的天然地基,如浅层具有淤泥、淤泥质土、冲填土、杂填土或其他高压缩性土层构成,其地基承载力无法满足其上静载和动载的要求,需进行换填处理;另一种情况,对于低填土或开挖路基,由于路床顶以下0.8 ~ 1.5m可能已进入天然地基范围内,即使天然地基条件良好,但压实度及强度无法满足上表要求,地基也需下挖换填,这种情况在城市道路设计中极为普遍。

为进一步分析以上两种浅层处理的不同,根据填土高度的不同,将道路路基分为高填土路基、低填土路基(就地开挖路基)。可以将填土高度大于2.5m的路基定义为高填土路基,这种定义充分考虑了路面结构及路床下压实区域的要求:一般路面结构厚度0.7 ~ 0.9m,路床顶下要求压实区域深度1.5m,使得要求压实区域一般不进入天然地基范围;而低填土路基要求压实区域将进入天然地基。

1)高填土路基浅层处理深度确定

高填土路基下地基,一般根据地表浅层土质情况及承载力情况确定是否需要进行浅层处理。可采用以下公式进行判定:

$$P_z + P_{cz} \leq f_z \tag{4.1.2-1}$$

式中:P_z——浅层处理顶面处的动载压力(kPa);

P_{cz}——浅层处理顶面处土(含路面结构)的自重压力(kPa);

f_z——浅层处理顶面处地基承载力(kPa)。

浅层处理顶面处的动载压力可采用以下公式计算:

$$P_z = K \cdot \frac{P}{Z^2} \tag{4.1.2-2}$$

式中:P——作用在路基上的车轮荷重(kN);

K——应力系数,可近似取0.5;

Z——路基高度(m)。

对于高填土路基，当 Z 大于 2.5m 时，动荷载对垫层的影响很小，已不在路基工作区内（见后节对于工作区深度分析），也即 P_z 值很小，如考虑路基及基层对动荷载的扩散，P_z 会更小，可忽略不计。

浅层处理顶面处的自重压力包括路面结构及路基引起的静载可采用以下公式计算：

$$P_{cz} = \gamma \cdot Z \tag{4.1.2-3}$$

式中：γ——路基土的单位重力密度（kN/m^3）。

将式(4.1.2-3)带入式(4.1.2-1)，并忽略动荷载的影响，可得以下算式：

$$\gamma \cdot Z \leqslant f_z \tag{4.1.2-4}$$

天然地基承载力 f_0 一般可以根据地质钻探资料得到。为了计算浅层处理顶处处理后地基承载力，可参照日本浅层处理设计方法，采用以下公式进行计算：

$$f_z = \left[\frac{(Z-20) f_k^{\frac{1}{3}} + 20 \left(\frac{f_k + f_0}{2} \right)^{\frac{1}{3}} + (100 - Z) f_0^{\frac{1}{3}}}{100} \right]^3 \tag{4.1.2-5}$$

式中：f_k——各类浅层处理承载力标准值，可参照《交通土建软土地基工程手册》提供的各种浅层处理的承载力标准值（表 4.1.2-3）。

各种浅层处理的承载力标准值 表 4.1.2-3

换填材料类别	压实度(%)	承载力标准值 f_k (kPa)
碎石	94～97	200～300
混渣		200～250
山皮土		150～200
中、粗、砾砂		150～200
素土(8 < IP < 14)		130～180
石灰土	93～95	200～250

利用式(4.1.2-5)可计算出各种浅层处理在不同处理厚度下对应的地基承载力 f_z（表 4.1.2-4）。

浅层处理后地基承载力值 表 4.1.2-4

换填材料类别	天然地基承载力(kPa)	换填厚度 20cm 后地基承载力(kPa)	换填厚度 40cm 后地基承载力(kPa)	换填厚度 60cm 后地基承载力(kPa)
碎石	40	54	83	120
	50	64	93	129
	60	74	103	137
	70	84	112	145
	80	94	121	152

续上表

换填材料类别	天然地基承载力(kPa)	换填厚度20cm后地基承载力(kPa)	换填厚度40cm后地基承载力(kPa)	换填厚度60cm后地基承载力(kPa)
碎石	90	103	129	159
	100	113	138	166
	110	122	146	172
混渣	40	53	79	112
	50	63	89	120
	60	73	98	128
	70	83	107	136
	80	92	116	143
	90	102	124	149
	100	111	132	156
	110	120	140	162
山皮土	40	50	70	95
	50	60	79	102
	60	70	88	109
	70	79	96	116
	80	88	105	123
	90	98	112	129
	100	107	120	135
	110	116	128	140
素土	40	49	66	87
	50	59	75	95
	60	68	84	102
	70	77	92	108
	80	87	100	114
	90	96	108	120
	100	105	115	126
	110	114	123	131

续上表

换填材料类别	天然地基承载力(kPa)	换填厚度20cm后地基承载力(kPa)	换填厚度40cm后地基承载力(kPa)	换填厚度60cm后地基承载力(kPa)
灰土	40	53	79	112
	50	63	89	120
	60	73	98	128
	70	83	107	136
	80	92	116	143
	90	102	124	149
	100	111	132	156
	110	120	140	162

这样即可利用式(4.1.2-4)、式(4.1.2-5)计算不同处理层厚的地基承载力,并判断各种填土高度下地基是否需要进行浅层换填。

2)低填土路基浅层处理深度确定

从低填土路基填土高度可看出,路床或下路基均在现状地面以下,因此,即使从满足路床范围内压实度要求出发,现状地基也应进行浅层换填,因此,该种填土路基浅层处理必须从分析路基工作区深度入手。

下面以天津滨海新区为例,根据天津市市政工程设计研究院对滨海新区所做的交通调查资料,对不同车辆荷载作用下的路基工作区深度进行分析。

(1)不同车辆荷载作用下路基工作区深度确定

假定路基荷载为条形荷载,路基土按深度的应力分布见图4.1.2-1。

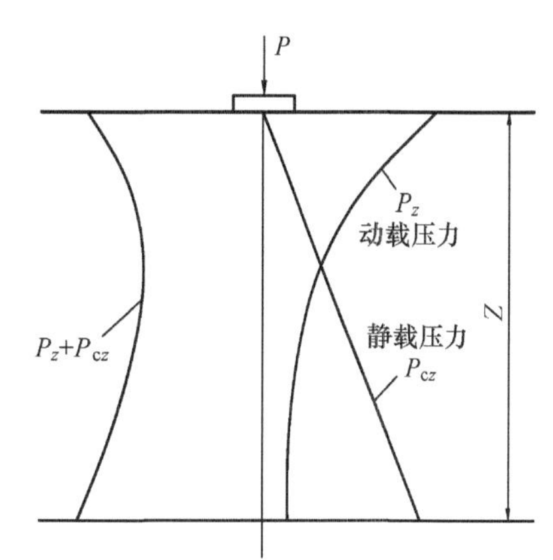

图4.1.2-1 路基土按深度的应力分布

在条形荷载 P 作用下地基中任意点的竖向应力,是根据均质、各向同性弹性半空间体上点荷载作用下土中应力解析解(J. Boussinesq)积分得到的,车辆动荷载压力 P_z 和路基(包括路面结构)引起的静载压力 P_{cz} 可以分别按式(4.1.2-2)和式(4.1.2-3)计算(其中的 Z 为荷载作用下的垂直深度)。

当 Z 达到路基土的某一深度处,其动载压力 P_z 与静载压力 P_{cz} 的比值1∶n 很小($n=5\sim10$),在此深度以下的路基土受动荷载的影响很小,可略去不计,我们把这个深度称为路基工作区深度 Z_a,其近似计算式如下:

$$Z_a=\sqrt[3]{\frac{K\cdot n\cdot P}{\gamma}} \tag{4.1.2-6}$$

这样,根据对滨海新区交通荷载的调查,即可利用式(4.1.2-6)计算各种荷载下路基工作区深度。

根据滨海新区各种车型最大轴重调查结果，取路面结构及路床范围灰土平均单位重力密度γ为23kN/m^3，应力比系数n取5，利用式（4.1.2-6）可计算出所对应轴重下路基的工作区深度，见表4.1.2-5及表4.1.2-6。

从表中可看出，不同轴型车辆对应的路基工作区深度是不同的，各种车辆中双联轴及三联轴车辆对应的工作区深度最大，大部分车辆在1～3m之间（图4.1.2-2）。

各轴型车辆单轴轴重最大值及对应路基工作区深度 表4.1.2-5

车型		轴重最大值（t）	路基工作区深度（m）	车型		轴重最大值（t）	路基工作区深度（m）
三轴1	第一轴	8.65	1.68	五轴2	第一轴	4.23	1.32
	第二轴	19.04	2.18		第二轴	6.2	1.50
	第三轴	19.31	2.19		第三轴	7.55	1.60
三轴2	第一轴	5.61	1.45		第四轴	7.65	1.61
	第二轴	7.56	1.60		第五轴	7.65	1.61
	第三轴	15.81	2.05	六轴1	第一轴	9.71	1.74
四轴1	第一轴	7.26	1.58		第二轴	23.92	2.35
	第二轴	18.47	2.16		第三轴	23.25	2.33
	第三轴	21.93	2.28		第四轴	26.50	2.43
	第四轴	20.1	2.22		第五轴	26.50	2.43
四轴2	第一轴	11.36	1.83		第六轴	26.50	2.43
	第二轴	15.52	2.04	六轴2	第一轴	5.53	1.44
	第三轴	30.81	2.56		第二轴	5.97	1.48
	第四轴	29.63	2.53		第三轴	17.44	2.12
五轴1	第一轴	12.6	1.90		第四轴	14.17	1.97
	第二轴	15.93	2.05		第五轴	14.17	1.97
	第三轴	24.32	2.36		第六轴	14.17	1.97
	第四轴	200.5	4.78	—	—	—	—
	第五轴	200.5	4.78				

各轴型车辆双（三）联轴轴重最大值及对应路基工作区深度 表4.1.2-6

车型		双联轴最大值（t）	路基工作区深度（m）	三联轴最大值（t）	路基工作区深度（m）
三轴1		38.16	2.75	—	—
四轴1		41.25	2.82	—	—
四轴2		56.62	3.13	—	—
五轴1		—	—	67.1	3.32
五轴2	2、3轴	18.56	2.16	—	—
	4、5轴	14.32	1.98	—	—

续上表

车　型		双联轴最大值(t)	路基工作区深度(m)	三联轴最大值(t)	路基工作区深度(m)
六轴 1	2、3 轴	46.91	2.94	—	—
	4、5、6 轴	—	—	3.50	—
六轴 2		—	—	34.51	2.66

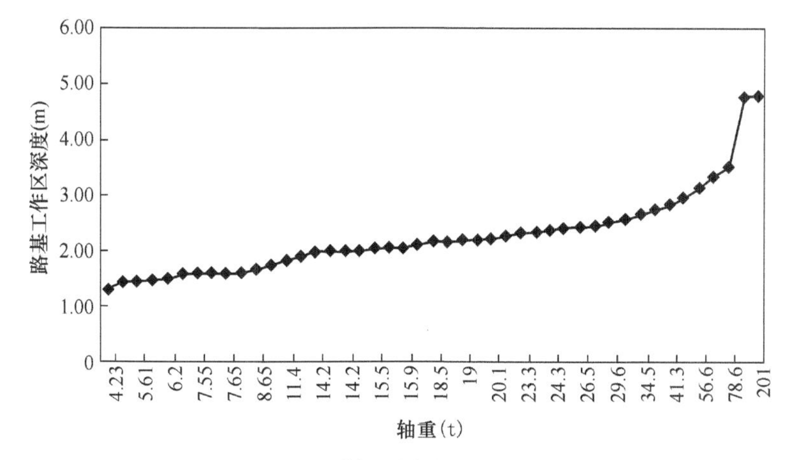

图 4.1.2-2　不同轴重对应的路基工作区深度图

我国交通部于 2000 年 2 月颁布的《超限运输车辆行驶公路管理规定》对车辆轴载质量进行了新的规定：单轴单轮组轴载质量 6t；单轴双轮组轴载质量 10t；双联轴双轮组轴载质量 18t；三联轴双轮组轴载质量 22t。所对应的路基工作区深度见表 4.1.2-7。

货车各种轴、轮型的轴限及对应路基工作区深度　　表 4.1.2-7

轴、轮型	单轴-单轮(前轴或中轴)	单轴-双轮(单后轴)	双轴-双轮(双联轴)	三轴-双轮(三联轴)
轴限(t)	≤6	≤10	≤18	≤22
路基工作区深度(m)	1.48	1.76	2.14	2.29

可见满足规定轴限范围内车辆对应的路基工作区深度一般在 1.5 ~ 2.3m 之间，如考虑部分超载，使轴重增加至 30t，则路基工作区深度可增加至 2.5m。

(2)考虑路面结构分担作用下路基工作区深度确定

为了进一步分析滨海新区路基工作区深度的取值，以海滨大道实际采用的路面结构为例，建立有限元模型进行路基处理及未处理条件下的应力水平及应变计算。有限元分析模型如图 4.1.2-3 所示。计算采用的参数见表 4.1.2-8。

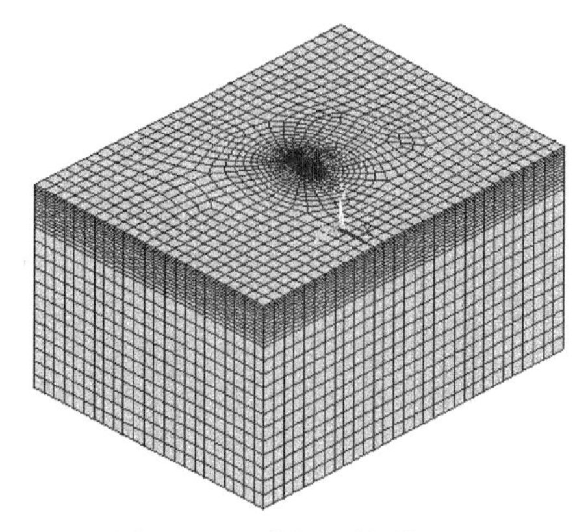

图 4.1.2-3　有限元分析模型

海滨大道路面结构及路基处理计算参数 表 4.1.2-8

道路结构层		厚度（cm）	弹性模量（MPa）	泊松比	密度（kg/m³）
路面结构层	细粒式沥青混凝土	4	1400	0.25	2400
	中粒式沥青混凝土	6	1200	0.25	
	粗粒式沥青混凝土	8	900	0.25	
	沥青碎石层	12	1200	0.25	
	水泥稳定碎石	18	1500	0.25	2500
	水泥稳定碎石	18	1400	0.25	
	二灰土	18	700	0.3	2200
路基处理层	石灰土	54	550	0.3	2400
	级配碎石	50	400	0.3	
路基	路基	—	40	0.4	1800

对轴载 100kN、200kN、300kN 作用下路基在处理和未处理条件下的压应力进行计算。

①标准轴载作用下路基工作区深度

路面结构在标准荷载下，路基处理和未处理的应力变化及路表弯沉情况见表 4.1.2-9。

标准荷载作用下海滨大道路面结构应力及路表弯沉计算 表 4.1.2-9

层位	层底最大拉应力（MPa）		路表弯沉（1/100mm）	
	路基处理后	路基未处理	路基处理后	路基未处理
上面层	-0.205	-0.23	16.5	23.7
中面层	-0.0056	-0.0356		
下面层	-0.026	-0.052		
沥青碎石层	-0.018	-0.022		
上基层	0.012	0.025		
下基层	0.025	0.060		
底基层	0.0057	0.049		

从表 4.1.2-9 可看出，路基处理与不处理对路面结构的应力及路表弯沉影响很大，路表弯沉由 23.7（1/100mm）降低至 16.5（1/100mm），这种降低是巨大的，说明进行路基处理的必要性。

表 4.1.2-10、表 4.1.2-11 分别给出路基不同深度的应力及应变计算结果。

标准荷载作用下海滨大道路基不同深度应力对比 表 4.1.2-10

层位	路基未处理(MPa)			路基处理后(MPa)		
	附加压应力	自重压应力	附加/自重	附加压应力	自重压应力	附加/自重
路基顶面(路基处理层石灰土顶面)	-0.00575	-0.0198	0.29	-0.0196	-0.0198	0.989
路基顶面下 54cm(路基处理层碎石层顶面)	-0.00367	-0.0293	0.125	-0.00578	-0.0314	0.184
路基顶面下 104cm	-0.00277	-0.0381	0.073	-0.00177	-0.0432	0.041

标准荷载作用下海滨大道路基不同深度应变对比 表 4.1.2-11

层位	路基未处理			路基处理后		
	附加压应变($\times10^{-5}$)	自重压应变($\times10^{-5}$)	附加/自重	附加压应变($\times10^{-5}$)	自重压应变($\times10^{-5}$)	附加/自重
路基顶面(路基处理层石灰土顶面)	-13	-49.5	0.263	-3.99	-3.60	1.108
路基顶面下 54cm(路基处理层碎石层顶面)	-7.2	-73.3	0.098	-1.81	-7.85	0.231
路基顶面下 104cm	-4.94	-95.3	0.052	-4.19	-108	0.0388

由上表可看出,附加压应变与自重压应变的比值及附加压应力与自重压应力的比值在处理前后均有显著降低,说明处理后的路基可大大降低路基所承受的应力水平。

以附加压应变与自重压应变的比值及附加压应力与自重压应力的比值均小于 0.2(与前节 n 取 5 相一致)为基准,标准荷载作用下路基工作区深度基本在 1.3～1.5m。

②重载作用下路基工作区深度

对 200kN、300kN 两种重轴载分别进行计算,表 4.1.2-12、表 4.1.2-13 分别给出在 200kN、300kN 荷载作用下路面结构的应力变化情况及路面弯沉变化。

200kN 荷载作用下海滨大道路面结构应力及路表弯沉计算 表 4.1.2-12

层位	层底最大拉应力(MPa)		路表弯沉(1/100mm)	
	路基处理后	路基未处理	路基处理后	路基未处理
上面层	-0.341	-0.389	28.8	43.0
中面层	-0.00879	-0.0101		
下面层	-0.0158	-0.097		
沥青碎石层	-0.0175	-0.422		
上基层	0.02	0.045		
下基层	0.0464	0.113		
底基层	0.0108	0.0934		

300kN荷载作用下海滨大道路面结构应力及路表弯沉计算　　表4.1.2-13

层位	层底最大拉应力(MPa)		路表弯沉(1/100mm)	
	路基处理后	路基未处理	路基处理后	路基未处理
上面层	-0.457	-0.525	41.0	62.1
中面层	-0.115	-0.163		
下面层	-0.11	-0.139		
沥青碎石层	0.0244	-0.0605		
上基层	0.0264	0.064		
下基层	0.0684	0.167		
底基层	0.0173	0.138		

从上表可看出,荷载的加大使路表的弯沉显著增大,特别在路基未处理的情况下,路表弯沉由标准荷载的23.7(1/100mm)增加至200kN荷载的43(1/100mm),直至增加至300kN荷载作用下的62.1(1/100mm),这种增大进一步说明路基处理的重要性,也说明重载影响路基深度随着荷载的增加在显著增大。

表4.1.2-14、表4.1.2-15分别给出在200kN荷载作用下路基的应力应变变化情况。

200kN荷载作用下海滨大道路基不同深度应力对比　　表4.1.2-14

层位	路基未处理(MPa)			路基处理后(MPa)		
	附加压应力	自重压应力	附加/自重	附加压应力	自重压应力	附加/自重
路基顶面	-0.0111	-0.0198	0.561	-0.0329	-0.0198	1.66
路基顶面下	-0.00705	-0.0293	0.241	-0.00938	-0.0314	0.299
路基顶面下104cm	-0.00559	-0.0381	0.147	-0.00244	-0.0432	0.056

200kN荷载作用下海滨大道路基不同深度应变对比　　表4.1.2-15

层位	路基未处理			路基处理后		
	附加压应变($\times10^{-5}$)	自重压应变($\times10^{-5}$)	附加/自重	附加压应变($\times10^{-5}$)	自重压应变($\times10^{-5}$)	附加/自重
路基顶面	-25.2	-49.5	0.509	-6.84	-3.60	1.90
路基顶面下	-13.94	-73.3	0.190	-3.15	-7.85	0.401
路基顶面下104cm	-9.93	-95.3	0.104	-8.44	-108	0.0781
路基顶面下200cm	-7.93	-110.3	0.072	-9.35	-182	0.0472

由上表可以看出,附加压应变与自重压应变的比值及附加压应力与自重压应力的比值在处理前后均有显著降低,说明处理后的路基可大大降低路基所承受的应力水平。考虑重载车辆荷载的敏感性,以附加压应变与自重压应变的比值及附加压应力与自重压应力的比值均小于0.1为基准,200kN荷载作用下路基工作区深度基本在1.8~2.0m。

表4.1.2-16、表4.1.2-17分别给出在300kN荷载作用下路基的应力应变变化情况。

300kN 荷载作用下海滨大道路基不同深度应力对比 表 4.1.2-16

层 位	路基未处理(MPa)			路基处理后(MPa)		
	附加压应力	自重压应力	附加/自重	附加压应力	自重压应力	附加/自重
路基顶面	-0.0169	-0.0198	0.854	-0.0535	-0.0198	2.70
路基顶面下 54cm	-0.0108	-0.0293	0.369	-0.0159	-0.0314	0.506
路基顶面下 104cm	-0.00843	-0.0381	0.221	-0.00749	-0.0432	0.173
路基顶面下 154cm	-0.00679	-0.055	0.123	-0.00622	-0.0601	0.103
路基顶面下 200cm	-0.00478	-0.078	0.061	-0.00423	-0.0856	0.0495

300kN 荷载作用下海滨大道路基不同深度应变对比 表 4.1.2-17

层 位	路基未处理			路基处理后		
	附加压应变 ($\times10^{-5}$)	自重压应变 ($\times10^{-5}$)	附加/自重	附加压应变 ($\times10^{-5}$)	自重压应变 ($\times10^{-5}$)	附加/自重
路基顶面	-37.95	-49.5	0.767	-10.73	-3.60	2.98
路基顶面下 54cm	-21.18	-73.3	0.289	-5.06	-7.85	0.644
路基顶面下 104cm	-14.88	-95.3	0.156	-12.74	-108	0.118
路基顶面下 154cm	-1234	-112.1	0.106	-10.66	-127	0.118
路基顶面下 200cm	-10.07	-137.5	0.073	-8.57	-150.3	0.057

以附加压应变与自重压应变的比值及附加压应力与自重压应力的比值均小于0.1为基准，300kN荷载作用下路基工作区深度基本在2.3~2.5m。

(3)低填土路基浅层处理厚度确定

根据交通调查资料，将滨海新区一般道路分为7个交通量等级，重载道路分为4个交通量等级，不同交通等级下路基工作区深度见表4.1.2-18、表4.1.2-19。

滨海新区一般道路交通量等级划分及路基工作区深度 表 4.1.2-18

交通量等级	累计标准当量轴次	初始日平均当量轴次	路基工作区深度(m)
T1	0.5×10^6 ~ 1×10^6	140~280	1.5~1.8
T2	1×10^6 ~ 2×10^6	280~560	
T3	2×10^6 ~ 4×10^6	560~1130	
T4	4×10^6 ~ 8×10^6	1130~2260	1.8~2.0
T5	8×10^6 ~ 12×10^6	2260~3390	
T6	12×10^6 ~ 25×10^6	3390~4560	2.2~2.5
T7	$>25\times10^6$	>4560	

滨海新区重载道路交通量等级划分及路基工作区深度 表 4.1.2-19

交通量等级	累计标准当量轴次	轴 载 情 况	路基工作区深度(m)
特 T1	10×10^7 ~ 50×10^7	四轴以上货车占30%~40%	2.5~2.8
特 T2	50×10^7 ~ 100×10^7	四轴以上货车占40%~50%	

续上表

交通量等级	累计标准当量轴次	轴 载 情 况	路基工作区深度(m)
特 T3	100×10^7 ~ 500×10^7	四轴以上货车占 50% ~60%	2.8 ~3.2
特 T4	500×10^7 ~ 1000×10^7	四轴以上货车占 60% ~70%	3.2 ~3.5

路基工作区深度减去路基填土高度(挖方以负值处理)就是天然地基需要进行浅层处理的深度。需要说明的是,这个深度仅仅考虑了车辆动载影响区,具体工程中,还应结合地基条件综合考虑后确定。

4.1.3 浅层处理施工要求

1)垫层材料要求

砂砾垫层宜采用级配良好、质地坚硬的中、粗砂或砂砾,砂的粒径不均匀系数不宜大于10。不得含有草根、垃圾等杂物,含泥量不大于5%。

碎石垫层宜采用5 ~40mm 的天然级配,碎石最大粒径不大于50mm,含泥量不大于5%。石屑垫层所用石屑中粒径小于2mm 的部分不得超过总重的40%,含泥量不大于5%。

矿渣垫层宜采用粒径 20 ~60mm 的分级矿渣,不得混入植物、生活垃圾和有机质等杂物。

粉煤灰垫层可采用电厂排放的硅铝型低钙粉煤灰,最大粒径不宜大于 2mm,小于0.075mm的颗粒含量宜大于45%,烧失量宜小于12%。

灰土垫层的石灰剂量一般为6%(磨细生石灰)~8%(消石灰),土料宜采用塑性指数大于15 的黏性土,不得含有有机质,土料粉碎后土块最大粒径不宜大于15mm,石灰中有效氧化钙、氧化镁含量不低于55%,宜采用Ⅲ级钙质消石灰或Ⅱ级镁质消石灰。灰土一般采用厂拌,如果工程在荒郊野外,采用现场拌和时,可酌情增加石灰剂量。

在天津地区很多工程软土地基浅层处理采用混渣或山皮土填筑,这是的垫层更多是作为施工承托层。填筑用的混渣或山皮土最大粒径不超过15cm,大粒径填筑在下面,小粒径填筑在上面,山皮土中土的含量不超过30%。混渣或山皮土层顶部一般填筑10cm 厚石屑以填充空隙,使之更加密实。

2)加筋材料要求

换土加筋垫层当垫层厚度≤1.0m 时,可在1/2 厚度处铺设一层加筋材料。当厚度>1.0m时,可在1/3、2/3 厚度处铺设两层加筋材料。不换土加筋垫层一般在垫层底部及以上50cm 处铺设两层加筋材料。加筋垫层中的加筋材料,常采用土工格栅、土工格室、土工布等,具体技术指标应满足设计要求。

(1)土工格栅

土工格栅分为塑料土工格栅(单向拉伸或双向拉伸)、钢塑土工格栅、玻璃纤维土工格栅和聚酯经编涤纶土工格栅4 大类(图4.1.3-1)。

单向拉伸塑料土工格栅是一种以高分子聚合物为主要原料,加入一定的防紫外线、抗老化助剂,经过单向拉伸使原来分布散乱的链形分子重新定向排列呈线性状态,经挤出压成薄板再冲规则孔网,然后纵向拉伸而成的高强度土工材料。

双向拉伸塑料土工格栅是以聚丙烯(PP)或聚乙烯(PE)为原料,经塑化挤出板材、冲孔、加热、纵向拉伸、横向拉伸而成。

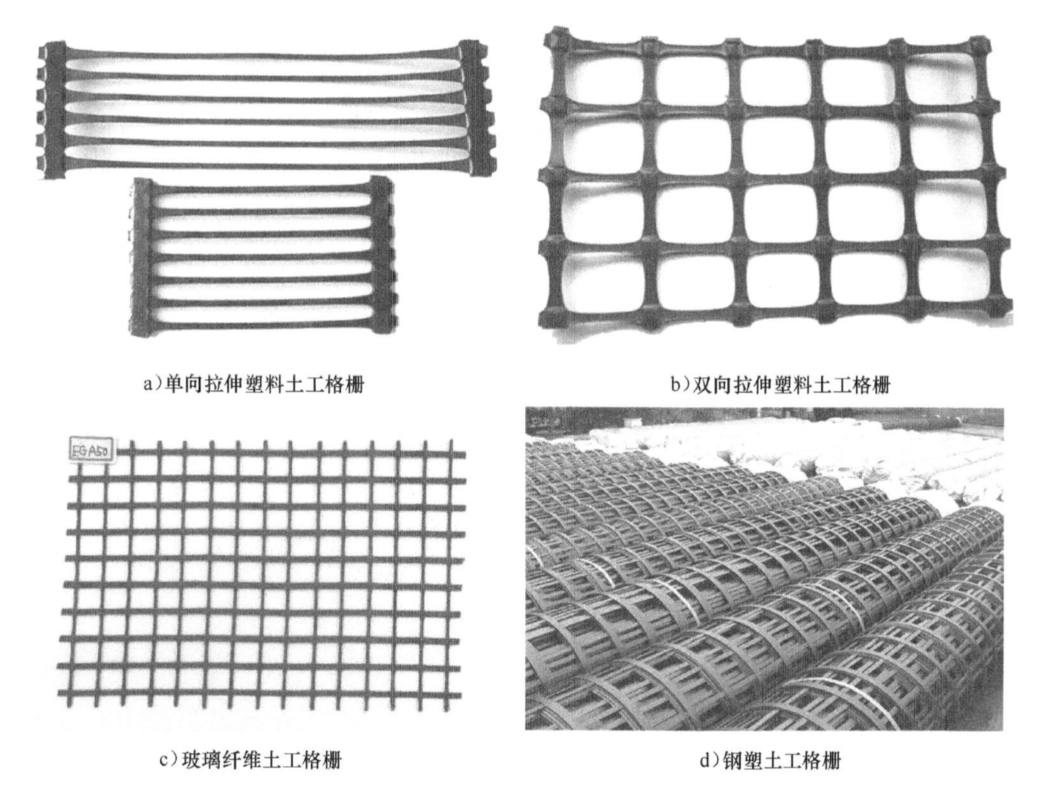

a)单向拉伸塑料土工格栅　　b)双向拉伸塑料土工格栅

c)玻璃纤维土工格栅　　d)钢塑土工格栅

图4.1.3-1　土工格栅

钢塑土工格栅以高强钢丝(或其他纤维),经特殊处理,与聚乙烯(PE),并添加其他助剂,通过挤出使之成为复合型高强抗拉条带,且表面有粗糙压纹,则为高强加筋土工带。由此单带,经纵、横按一定间距编制或夹合排列,采用特殊强化黏接的熔焊技术焊接其交接点而成型,则为钢塑土工格栅。

玻璃纤维土工格栅是以玻璃纤维为材质,采用一定的编织工艺制成的网状结构材料,为保护玻璃纤维、提高整体使用性能,经过特殊的涂覆处理工艺而成的土工复合材料。玻璃纤维的主要成分是氧化硅,是无机材料,其理化性能极具稳定,并具有强度大、模量高,很高的耐磨性和优异的对寒性,无长期蠕变;热稳定性好;网状结构使集料嵌锁和限制;提高了沥青混合料的承重能力。因表面涂有特殊的改性沥青使其具有两重的复合性能,极大地提高了土工格栅的耐磨性及剪切能力。玻璃纤维土工格栅常常用在路面结构层间。

聚酯纤维经编土工格栅以高强聚酯纤维为原料。采用经编定向结构,织物中的经纬向纱线相互间无弯曲状态,交叉点用高强纤维长丝捆绑结合起来,形成牢固的结合点,充分发挥其力学性能,高强聚酯纤维经编土工格栅具有抗拉强度高,延伸力小,抗撕力强度大,纵横强度差异小,耐紫外线老化、耐磨损、耐腐蚀、质轻、与土或碎石嵌锁力强,对增强土体抗剪及补强、提高土体的整体性与荷载力,具有显著作用。

土工格栅的技术要求一般包括:土工格栅幅宽,网孔尺寸,每延米极限抗拉强度及对应的伸长率,2%、3%伸长率对应的拉伸力、黏结(焊接)点剥离力等。

(2)土工格室

土工格室是由强化的 HDPE 片材料,经高强力焊接而形成的一种三维网状格室结构(图4.1.3-2)。一般经超声波针式焊接而成,因工程需要,有的在膜片上进行打孔。土工格室具有以下优点:伸缩自如,运输可缩叠,施工时可张拉成网状,填入泥土、碎石、混凝土等松散物料,构成具有强大侧向限制和大刚度的结构体;材质轻、耐磨损、化学性能稳定、耐光氧老化、耐酸碱,适用于不同土壤与沙漠等土质条件;较高的侧向限制和防滑、防变形,有效地增强路基的承载能力和分散荷载作用;改变土工格室高度、焊距等几何尺寸可满足不同的工程需要。

土工格室的技术要求一般包括:格室伸长时的宽度、长度,格室高度,格室焊点距离、格室片厚度,格室单位面积质量,格室片单位宽度的断裂拉力及断裂伸长率,焊接处抗拉强度,格室组间连接处抗拉强度等。

(3)土工布

土工布是由合成纤维通过针刺或编织而成的透水性土工合成材料(图4.1.3-3),成品为布状,一般宽度为4~6m,长度为50~100m。按不同的分类标准,土工布分为有纺土工布和无纺土工布、短纤土工布和长丝土工布、机织土工布和非织造土工布等,一般常采用土工布和土工膜复合而成的复合土工布。

图4.1.3-2 土工格室

图4.1.3-3 土工布

土工布技术要求一般包括:单位面积质量、厚度(几布几膜),幅宽,纵横向断裂强度、断裂伸长率,CBR 顶破强度,等效孔径,撕破强度等。

土工合成材料的工程特性及适用范围见表4.1.3-1。

土工合成材料的工程特性及适用范围 表4.1.3-1

土工合成材料	材料工程特性	适用范围
编织土工布	抗拉强度和顶破强度一般;延伸率较大,蠕变性较大;反滤性较好,渗透性好;未经特殊处理,则抗紫外线能力低,如不直接暴露,抗老化及耐久性较好	一般适用于排水固结法处理软基的路段,起到隔离不同填料、改善排水通道及均衡地基受力的作用;不适用于直接作为加筋材料
复合土工布	抗拉强度和顶破强度较高;延伸率相对较大,蠕变性较小;渗透性和反滤性好;抗紫外线能力、抗老化及耐久性较好	一般与排水固结法联合处理软土地基或直接作为加筋和隔离材料使用,不适用于复合地基路堤、高路堤的加筋处理

续上表

土工合成材料	材料工程特性	适用范围
塑料土工格栅	抗拉强度较高,延伸率中等;节点采用熔接工艺,强度较高;与填料结合效果尚可;蠕变性较大,耐久性一般	一般适用于排水固结法、水泥搅拌桩或桩承式加筋路堤的加筋处理
经编土工格栅	抗拉强度高,延伸率较小;节点采用定向编织网格,强度较高;抗撕裂强度大,与填料结合力较强。蠕变性较大,耐久性较好	一般适用于排水固结法、水泥搅拌桩或桩承式加筋路堤的加筋处理
钢塑土工格室	抗拉强度高,延伸率小;节点采用超声波焊接工艺,节点强度相对较低;蠕变性小,抗冻性好,耐久性一般	一般适用于水泥搅拌桩或桩承式加筋路堤的加筋材料;但施工过程中节点与表面镀塑易受损,垫层宜采用砂砾、灰土材料
土工格室	抗拉强度高;节点采用强力焊接工艺,节点强度较高;延伸性较大,抗化学性能优,耐久性好,对施工控制及压实要求较高	一般适用于加筋垫层,排水垫层中不宜采用

3)粒料类垫层施工

碎石、砂砾、石屑、矿渣等粒料垫层宜采用机械碾压施工,施工工艺和分层摊铺厚度由现场试验确定,压实遍数不小于4遍。采用碾压法时,最佳含水率宜为8%~12%,采用平板式振动器时,最佳含水率宜为15%~20%。垫层施工严禁扰动下卧软土层,因此最先填筑的垫层一般采用光轮压路机静压,垫层超过50cm后,可视情况采用振动压路机开振碾压。

4)粉煤灰垫层施工

粉煤灰垫层施工时应分层填铺压实,松铺厚度由现场试验确定。粉煤灰垫层验收合格后应及时填筑路堤或封层,覆盖前严禁车辆在上通行。粉煤灰垫层严禁在浸水状态下施工。

5)灰土垫层施工

灰土垫层施工期间严禁积水,当遇到局部软弱地基或孔穴时应挖除后用灰土分层填实。灰土应拌和均匀,严格控制含水率,土料中水分过大或不足时应晾晒或洒水润湿。拌好的灰土应当天分层铺填压实,虚铺厚度不大于30cm,分段施工时,上下两层的施工缝应错开50cm。灰土垫层压实后3d内不得受水浸泡,验收合格后应及时填筑路堤或做临时遮盖。

6)土工合成材料施工

(1)土工合成材料不宜直接铺设在地面上,应进行现场清理,并在地表铺设200~400mm砂砾垫层或其他透水性较好的均质土料后,再铺设土工合成材料。在距土工合成材料层80mm以内的路堤填料,其最大粒径不得大于60mm。

(2)加筋路堤采用多层土工合成材料时,层间距不宜小于单层填土最小压实厚度,且不得大于600mm。

(3)土工合成材料在铺设时,宜将强度高的方向置于垂直路堤轴线方向。用人工或张紧设备拉紧土工合成材料,使之不出现皱褶,并紧贴于填料上。铺后用销钉固定土工合成材料,以防止发生移动或松弛。

(4)土工合成材料搭接宽度一般为150~300mm,采用专用塑料扣或小铁丝等固定;采用缝接时,缝接宽度不宜小于100mm,缝接强度应不低于土工合成材料的抗拉强度。多层土工合成材料的上下层接缝应错开,错开长度应大于500mm。土工合成材料需端部回折时,最小回折长度不小于2.0m。

(5)土工格室施工时应进行充分拉展,使格室中线与路线中线重合;纵横向的搭接必须紧密拼接固定,形成整体。铺设好后应及时回填填料,并严格控制填料粒径和级配;距边线800~1000mm范围内的回填,应人工摊铺填实后,采用轻型压路机碾压,碾压时宜先从两侧碾压,然后再碾压中线部位,以保证格室不倾倒。填料厚度经试填确定,既要保证格室内的填料碾压密实,不致因碾压厚度不够压路机直接碾压格室片材造成格室片材被压弯,又要保证不能因碾压厚度过大造成格室片材顶上的大粒径石料将格室片材压坏。

(6)路堤填筑时,应采用后卸式卡车沿土工合成材料两侧边缘倾卸填料,以形成运土的交通便道,并将土工合成材料张紧。填料不允许直接卸在土工合成材料上面;卸土堆载高度不宜大于1m,以免造成局部承载能力不足。卸土后应立即摊铺,以免出现局部下陷。

(7)填成施工通道后,再由两侧向中心平行于路堤中线对称填筑,宜保持填土施工面呈“U”形。第一层填料宜采用推土机或其他轻型压实机具进行压实;仅当已填筑压实的初始层厚度大于600mm后,才能采用重型压实机械压实。

(8)施工设备作业方向与路堤中线平行,为了土工合成材料摊铺的平整性和完整性,在第一层填料上不得转弯、随意制动等。若车辙深度大于80mm,应选用小型设备进行施工。

(9)土工合成材料的铺设施工温度应控制在0~40℃,且铺设完毕至填筑覆盖的暴露时间不宜大于36h。

7)抛石挤淤施工

抛石挤淤应采用粒径不小于30cm的未风化石料,抛填时沿道路中线向前呈三角形抛填,再渐次向两旁展开,将淤泥挤向两侧。当下卧层具有明显横向坡度时,应从下卧层高的一侧向低的一侧抛填扩展,并在低的一侧边部多抛填,不小于2m宽,形成平台顶面。抛石高出水面后,采用重型机具碾压密实,然后在其上设置反滤层,再分层填土压实。

4.1.4 工程实例

天津海滨大道位于滨海新区东部沿海,沿线地质以饱和软黏土为主,含水率高、孔隙比大、压缩性高,不利于工程建设,且沿线90%以上路段位于盐田或养殖池中,因此软土地基处理是海滨大道工程的关键技术问题。选择行之有效且经济合理的地基处理方法,对于保证路基稳定、减小不均匀沉降及节约投资具有重要意义。

海滨大道沿线地基土含水率、重度、孔隙比、液限、塑性指数、液性指数及压缩模量数据统计分析见表4.1.4-1。

海滨大道沿线地基土性参数统计分析 表 4.1.4-1

土性参数		含水率 w(%)	重度 γ(g/cm^3)	孔隙比 e	液限 (%)	塑性指数 I_p	液性指数 I_L	压缩模量 (MPa)
①人工填土层 (Q_{ml})	最大值	40.60	2.04	1.15	50.60	23.20	1.12	5.90
	最小值	13.60	1.75	0.65	23.40	0.64	0.12	3.20
	平均值	25.80	1.90	0.80	32.40	11.90	0.60	4.30
	标准差	5.88	0.07	0.10	6.24	4.48	0.27	0.79
②第Ⅰ陆相层 ($Q_4{}^3al$)	最大值	76.60	2.05	2.01	57.50	27.50	1.69	18.50
	最小值	23.00	1.58	0.64	23.40	7.50	0.26	1.50
	平均值	30.30	1.90	0.90	32.00	12.10	0.80	6.30
	标准差	9.10	0.08	0.23	6.53	3.92	0.30	3.92
③第Ⅰ海相层 ($Q_4{}^2m$)	最大值	60.10	2.01	1.57	57.90	27.70	2.14	6.30
	最小值	22.80	1.66	0.68	15.70	7.60	0.41	1.90
	平均值	40.50	1.80	1.10	41.20	17.80	1.00	3.00
	标准差	7.59	0.08	0.19	6.99	3.98	0.22	0.72
④第Ⅱ陆相层 ($Q_4{}^1al$)	最大值	51.60	2.12	1.57	59.20	28.50	1.72	20.00
	最小值	17.10	1.56	0.53	18.90	5.60	0.10	2.50
	平均值	28.30	1.90	0.80	30.90	11.60	0.80	5.70
	标准差	6.52	0.09	0.18	7.18	4.17	0.28	2.98

一般路段地基处理的主要目的是减小地基的不均匀沉降，提高地基承载力。由于海滨大道沿线软土层深厚，采用深层处理或换填是不经济也是不现实的，因此设计针对不同的淤泥厚度采用不同的浅层处理方法进行处理。

(1)抛石挤淤

对于大面积水域无法打坝抽水清淤时，采用抛石挤淤方法，抛石压实后高出水面 20cm 时填筑 10cm 小粒径碎石，然后铺一层土工格栅，填筑 20cm 厚碎石（控制石料高出水面 50cm），最后再满铺一层土工格栅，填筑 20cm 厚 8% 预拌灰土。利用抛石挤淤与加筋垫层相结合的方法，既减小了施工难度，又有效减小不均匀沉降。图 4.1.4-1 为抛石挤淤施工现场。

a）

b）

图 4.1.4-1 抛石挤淤法处理软基

(2)打坝、抽水、清淤后设加筋垫层

由于抛石挤淤需大量石料,而海滨大道所需石料均需远运,因此凡是可以打坝、抽水、清淤的地方均采用“打坝、抽水、清淤”与加筋垫层相结合的浅层处理方法,即打坝、抽水、清淤、疏干后,满铺一层土工格栅,然后填筑40cm厚石料和10cm厚石屑,再满铺一层土工格栅,填筑20cm厚8%预拌灰土。经过综合比较,这种处理方法比抛石挤淤法每公里节约投资近100万元。图4.1.4-2为该方法施工现场。

a)打坝、抽水　b)清淤　c)晾晒后铺土工格栅　d)填石料(混渣)

图4.1.4-2 “打坝+抽水+清淤+加筋垫层”法处理软基

(3)打坝、抽水后不清淤,直接铺设加筋垫层

对于可以打坝抽水清淤,但遇到淤泥特别厚的路段,如果采取打坝抽水清淤+加筋垫层的方法则投资很大,鉴于这种情况,设计采用打坝、抽水后不清淤,直接铺设加筋垫层的方法,即抽水疏干后不清淤,直接铺设一层大拉力的土工格栅,然后再铺设两层荆笆,填筑50cm石料,再满铺一层大拉力的土工格栅,填筑30cm碎石。这种处理方法将土工格栅的强度与荆笆的刚度有机结合,有效提高地基承载力,经现场填筑试验段效果良好。如果淤泥深度为3m,应用上述处理方法要比“打坝抽水清淤+加筋垫层”方法每公里节约投资近300万元。图4.1.4-3为该方法施工现场。

a）打坝、抽水、疏干
b）铺土工格栅、荆笆
c）填石料
d）铺土工格栅、填碎石

图4.1.4-3 “打坝＋抽水＋加筋垫层”法处理软基

4.2 排水固结法处理

4.2.1 排水固结法加固原理

1）排水固结法简介

排水固结法是指给地基预先施加荷载，为加速地基中水分的排出速率，同时在地基中设置竖向和横向的排水通道，使得土体中的孔隙水排出，逐渐固结，地基发生沉降，同时强度逐步提高的方法。

排水固结法常用于解决软黏土地基的沉降和稳定问题，可使地基的沉降在加载预压期间基本完成或大部分完成，使建筑物在使用期间不致产生过大的沉降和沉降差。同时，可增加地基土的抗剪强度，从而提高地基的承载力和稳定性。排水固结法适用于饱和软黏土（如沼泽土、淤泥及淤泥质土、水力冲填土等）、有机质黏土的地基处理，但灵敏度大于5的软土或预压期少于6个月时不宜采用排水固结法，处理深度不宜超过30m。

排水固结法是由排水系统和加载（预压）系统两部分共同组合而成的（图4.2.1-1）。排水系统是一种手段，如没有加压系统，孔隙中的水没有压力差就不会自然排出，地基也就得不到加固。如果只增加固结压力，不缩短土层的排水距离，则不能在预压期间尽快地完成设计所要求的沉降量，强度不能及时提高，加载也不能顺利进行。所以，采用排水固结法处理软基时，排水系统和加载系统在设计时总是需要结合起来考虑。图4.2.1-1中的堆载预压、真空预压、真空堆载联合预压为常用的加载预压方式，其他如电渗法、降低地下水位法等，也可起到加载预压的作用。

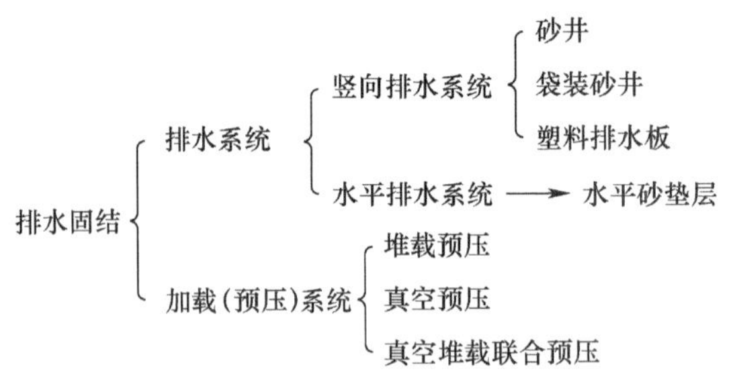

图 4.2.1-1　排水固结法

图 4.2.1-2 为塑料排水板(袋装砂井)处理软基横断面示意图。图中砂垫层为水平排水系统,塑料排水板(袋装砂井)为竖向排水系统,路基填料本身则是堆载预压系统。

采用排水固结法处理软基必须有不小于 6 个月的填土预压期,应通过计算及实测资料的分析确定,以达到严格控制工后沉降的要求。

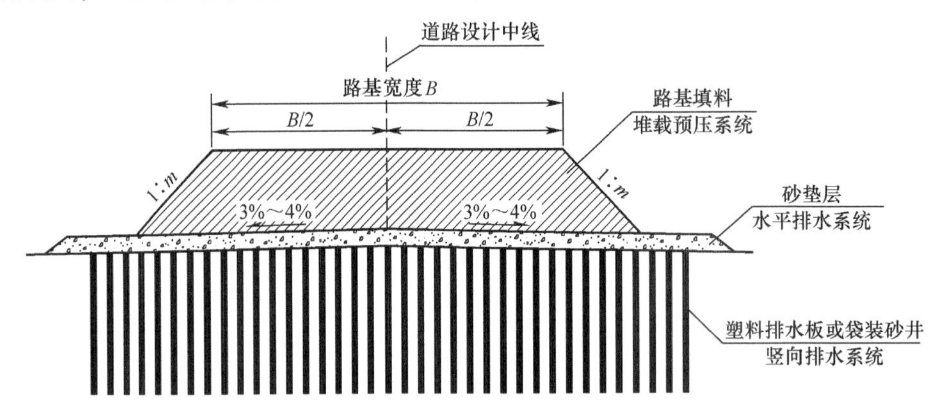

图 4.2.1-2　塑料排水板(袋装砂井)处理软基横断面示意图

2)排水固结法加固原理

饱和软黏土在外部荷载形成的附加应力作用下,产生超静水压力和有效应力,在超静水压力作用下,孔隙水逐渐排出,孔隙体积减小,即地层发生固结。根据太沙基有效应力原理,随着孔隙水的排出,超静水压力不断减小,土颗粒骨架间的有效应力逐渐增大,土的抗剪强度也相应增大。如果采用超载预压,效果会更加明显。

土层的排水固结效果除了和外部荷载有关外,还与排水边界条件密切相关。在外部荷载作用下,土层中的孔隙水向上、下透水层面排出而使土层发生固结[图 4.2.1-3a)],由于天然软黏土的竖向渗透系数很小,因此土层固结所需时间很长,随着土层厚度增加,土层固结时间迅速增加。土层中设置砂井、塑料排水板等竖向排水体后,土层中的孔隙水大部分横向排至竖向排水体,然后通过竖向排水体排出,少部分竖向排出,竖向排水体的设置,极大地缩短了孔隙水的排出距离[图 4.2.1-3b)]。根据太沙基一维固结理论,黏性土固结所需时间和排水距离的平方成正比,排水距离越大,固结时间越长,竖向排水体缩短了孔隙水的排出距离,大大加速了地基的排水固结速率。因此设置竖向排水体增加排水路径、缩短排水距离,是加速地基排水固结行之有效的方法。

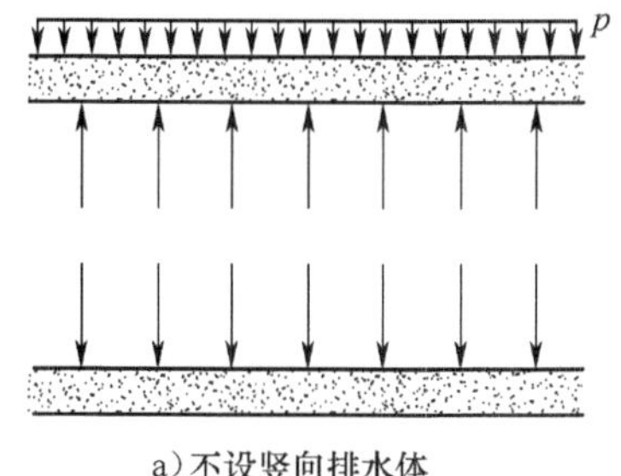

a）不设竖向排水体

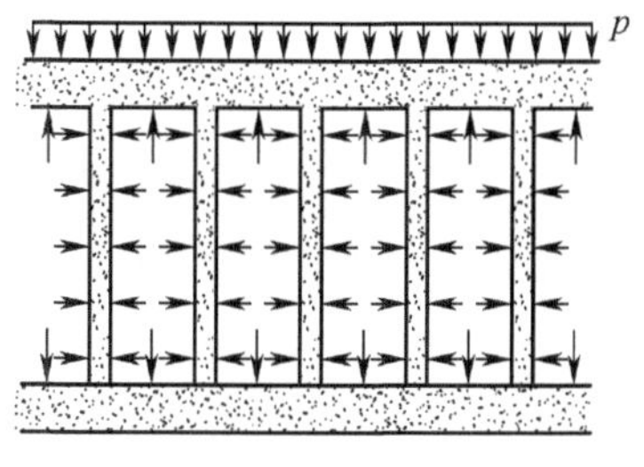

b）设竖向排水体

图4.2.1-3 竖向排水体改善排水边界条件的原理

在加压荷载作用下，土层的排水固结过程，实质上就是孔隙水压力消散和有效应力增加的过程。用填土等外加荷载对地基进行预压，是通过增加总应力使孔隙水压力消散来增加有效应力的方法。降低地下水位和电渗法则是在总应力不变的情况下，通过减小孔隙水压力来增加有效应力的方法。真空预压是通过抽出覆盖于地面的密封膜内的空气形成膜内外气压差，使黏土层产生固结压力。

4.2.2 排水系统

排水固结法的排水系统由水平排水砂垫层和竖向排水体构成，目的是改变软土地基土体中的自由水的排水条件和排水路径，是加速软土地基固结的必要条件。当软土层较薄且靠近地表或土的渗透性较好、施工期较长时，可仅在地面铺设砂垫层而不设置竖向排水体。

1）水平排水系统

水平排水砂垫层一般厚500mm，采用洁净的中砂或粗砂，有机质含量≤1%，不得含有黏土块和其他杂物，含泥量不大于3%，渗透系数大于5×10^{-3}cm/s。水平砂垫层应宽出两侧路基下坡脚各1.0m，为保证排水出路的畅通，水平砂垫层底应设置不小于路拱坡度的横坡，路外设边沟（集水井）排水。

2）竖向排水系统

竖向排水体可选用砂井、袋装砂井或塑料排水板。由于砂井施工受水平力作用易发生缩颈或断颈，目前常用的竖向排水体多为袋装砂井和塑料排水板。

竖向排水体宜优先选用可测深式塑料排水板。塑料排水板应具有足够的抗拉强度和垂直排水能力，采用真空预压处理时，宜选用150mm宽的大通水量塑料排水板。

若当地粗砂料源丰富，宜采用袋装砂井或普通砂井。

3）竖向排水体与砂垫层的连通

竖向排水体施工前应先铺30cm厚砂垫层，并做出3%的横坡，然后施作竖向排水体。对竖向排水体留出的孔口长度沿排水方向弯折50cm，使其与砂垫层贯通，最后铺剩余的砂垫层（图4.2.2-1）。水平砂垫层的横坡要大于路拱横坡，为了保证砂垫层的排水通道，可在砂垫层顶面和底面分别铺设一层土工布。工程量计算时也要考虑砂垫层内的80cm竖向排水体。

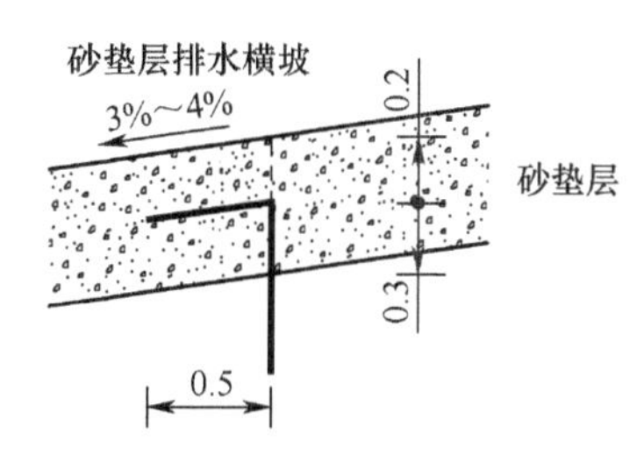

图4.2.2-1 砂垫层内竖向排水体弯折大样（尺寸单位：m）

4.2.3 加载(预压)系统

排水固结法加载(预压)系统,按加载方式的不同,可分为堆载预压、真空预压、真空堆载联合预压等;按加载与设计荷载的关系,可分为欠载预压、等载预压、超载预压。为提高路堤的整体稳定性和垫层的排水性能,可在水平排水垫层中设置土工合成材料;构造物相邻路段宜采用超载预压,超载的高度宜为填高的20%~40%;填方较高且施工期无法满足预压期要求的堆载预压路段可采用真空联合堆载预压。应用真空预压时应注意其适用性,当软土层中有透水夹层,且水源补给充足而进行封堵又十分困难时,由于较难达到要求的负压值,不宜采用真空预压。

1)堆载预压

堆载预压排水固结法以土料、块石、砂料或建筑物本身(如路堤、坝体、房屋等)作为荷载,对被加固的地基进行预压。软土地基在此附加荷载作用下,产生正的超静水压力。经过一段时间后,超静水压力逐渐消散,土中有效应力不断增长,地基土得以固结,产生垂直变形,同时强度也得到了提高。堆载预压时,应采用薄层加载法逐层填筑路堤并加强沉降观测,保证地基的稳定。

2)真空预压

真空预压排水固结法,在地基上施加的不是实际重物,而是把大气作为荷载。在抽气前,薄膜内外都受大气压力作用,土体孔隙中的气体与地下水面以上都是处于大气压力状态。抽气后,薄膜内砂垫层中的气体首先被抽出,其压力逐渐下降,薄膜内外形成一个压差,使薄膜紧贴于砂垫层上,这个压差称为"真空度"。砂垫层中形成的真空度,通过垂直排水通道逐渐向下延伸,同时真空度又由垂直排水通道向其四周的土体传递与扩展,引起土中孔隙水压力降低,形成负的超静孔隙水压力。所谓负的是指形成的孔隙水压力小于原大气状态下的孔隙水压力,其增量值是负的。从而使土体孔隙中的气和水由土体向垂直排水通道的渗流,最后由垂直排水通道汇至地表砂垫层中被泵抽出。真空排水预压法加固的整个过程是在总应力没有增加的情况下发生的,加固中降低的孔隙水压力就等于增加的有效应力,土体就是在该有效应力作用下得到加固的。

真空预压与堆载预压的不同之处有:

(1)堆载排水预压法中,土体中的总应力是增加的;而真空排水预压中总应力是没有增加的。

(2)堆载排水预压法中,土体孔隙中形成的孔隙水压力增量是正值,即超静水压力是正值;而真空排水预压法中,土体孔隙中形成的孔隙水压力增量是负值,即是小于静水压力的值。

(3)堆载排水预压法中,土体有效应力的增长是通过正的超静水压力的消散来实现的,而且随着超静水压力逐步消散为零,有效应力增加达到最大值;而真空排水预压法中,土体有效应力的增长是靠负的超静水压力的形成来实现的,随着负的超静水压力的增大、有效应力也逐渐增大,一旦负的超静水压力发生"消散",则有效应力亦随之降低;当负的超静水压力消散为零时,土体中形成的有效应力亦降为零。

(4)堆载排水预压法中,土体加固后形成的有效应力与上部施加的荷载大小有关,而且在垂直向和水平向的大小一般是不同的。当加固完成后,上部荷载没有移走,则土体中有效应力的增加依然存在,土体总有效应力是增大的;真空排水预压法中土体有效应力的增加具有最大值,理论上最大为一个大气压,一般都低于此值。由于有效应力的增加是依赖于孔隙水压力的降低来实现的,所以土体加固过程中有效应力增加值在垂直、水平及各个方向上具有相向值,并且随着加固过程的结束,“荷载”也即消失,加固过样中形成的有效应力也随之消失,土体中总有效应力恢复到原有水平,所以经真空排水预压加固的土体会处于超固结状态。

真空预压排水固结法的突出特点有:

(1)真空排水预压法是利用大气来加固软土地基的,因此和堆载排水预压法相比,它不需要大量的预压材料及实物,这是该法的突出特点。对于缺少预压材料的地区就显得更为优越,并且也不必为缺少弃渣场地而烦恼,这些都可以节省大量的费用。再者由于不需要预压材料,就使得施工现场能保持文明整洁,不会产生雨雪天施工现场的泥泞不堪,可减少施工干扰。

(2)由于真空排水预压法加固软土地基的过程中,作用于土体的总应力并没增加,降低的仅仅是土中孔隙水压力,而孔隙水压力是中性应力,所以不会产生剪切变形,发生的只是收缩变形,不会产生侧向挤出情况,仅有侧向收缩。因此真空排水预压荷载无须分级施加,可以一次快速施加到80kPa以上而不会引起地基失稳,与堆载排水预压法相比明显地具有加载快的优点,真空排水预压的工期比堆载预压要少三分之一左右。同时,因为其加荷是靠抽气来实现的,所以卸荷时也只要停止抽气就可以了,这比堆载顶压法要简单、容易很多。显然,这又是堆载排水预压法所不能比拟的。

(3)真空排水预压法在加固土体的过程中,在真空吸力的作用下易使土中的封闭气泡排出从而使土的渗透性提高、固结过程加快。

(4)真空排水预压法加固软土地基时,地基周围的土体是向着加固区内移动的;而堆载排水预压法则相反,土体是向着加固区外移动的。所以两者发生同样的垂直变形时,真空排水预压法加固的十体的密实度要高。另外,由于真空排水预压法是通过垂直排水通道向土体传递真空度的,而真空度在整个加固区范围内是均匀分布的,因此加固后的土体,其垂直变形比堆载预压加固的要均匀,而且平均沉降量要大。

(5)真空排水预压法的强度增长是在等向固结过程中实现的,抗剪强度提高的同时不会伴随剪应力的增大,从而不会产生剪切蠕动现象,也就不会导致抗剪强度的衰减,经真空排水预压法加固的地基其抗剪强度增长率,同样情况下比堆载排水预压法的要大。

3)真空堆载联合预压

目前我国工程上真空预压可达80kPa的真空压力,对于一般工程已能满足设计要求。但对于荷载较大、对承载力和沉降要求较高的建(构)筑物,单独真空预压不能满足要求时,可采用真空堆载联合预压,两种预压效果是可以叠加的。

4.2.4 排水固结法计算

1)竖向排水体布置及间距计算

竖向排水体平面布置多采用正三角形或正方形(图4.2.4-1)。

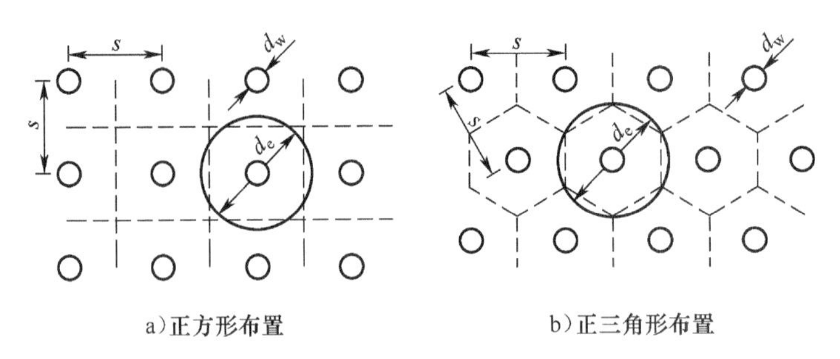

图4.2.4-1　竖向排水体平面布置

假设大面积荷载作用下,竖向排水体为一独立排水系统,则正方形布置时,影响区亦为正方形,正三角形布置时,影响区为正六边形(图4.2.4-1中虚线)。为简化计算,将每一个影响区化作一个等面积圆看待,则等效圆的直径(竖向排水体有效排水直径) d_e 可按下式计算:

正方形布置:

$$d_e = \sqrt{\frac{4}{\pi}}s = 1.128s \tag{4.2.4-1}$$

正三角形布置:

$$d_e = \sqrt{\frac{2\sqrt{3}}{\pi}}s = 1.05s \tag{4.2.4-2}$$

式中: d_e ——竖向排水体有效排水直径;

s——竖向排水体平面布置间距。

竖向排水体有效排水直径和竖向排水体直径的比值,称为井径比,按下式计算:

$$n = \frac{d_e}{d_w} \tag{4.2.4-3}$$

式中:n——井径比;

d_e ——竖向排水体有效排水直径;

d_w ——竖向排水体直径,对于塑料排水板为等效直径,按下式计算:

$$d_w = \frac{2(b+\delta)}{\pi} \tag{4.2.4-4}$$

式中:b、δ ——塑料排水板的宽度和厚度。

竖向排水体的设计间距应满足工程设计对固结度的要求,宜在1.0~2.0m内选用(控制井径比不超过25),可结合工程经验按下式初步确定:

$$s = \left\{\frac{6.5C_H \cdot t_a}{\ln(s/d_w) \cdot \ln[0.8/(1-U_{rz})]}\right\}^{0.5} \tag{4.2.4-5}$$

式中：s——竖向排水体的布置间距（cm）；

C_H——地基土的水平向固结系数（cm^2/s）；

t_a——工程允许的固结时间（s）；

U_{rz}——工程要求达到的固结度（%）；

d_w——竖向排水体的直径（cm）。

竖向排水体的打设深度，应根据工程允许工后沉降量通过计算确定。当软土层厚度小于 20m 时宜打穿软土层；当下卧层有透水层且采用真空预压处理时竖向排水体宜打设到距透水层顶部 1.0m 的软土中。

2）地基固结度计算

（1）瞬时加载竖向平均固结度 U_z

$$U_z = 1 - \frac{8}{\pi^2} e^{-\frac{\pi^2 C_v t}{4H^2}} \tag{4.2.4-6}$$

式中：U_z——竖向平均固结度；

C_v——土的竖向固结系数；

t——固结时间；

H——排水距离，单向排水取土层厚度，双向排水取厚度的一半。

（2）瞬时加载径向平均固结度 U_r

$$U_r = 1 - e^{-\frac{8C_h t}{F_n \cdot d_e^2}} \tag{4.2.4-7}$$

式中：U_r——径向平均固结度；

C_H——土的水平向固结系数；

t——固结时间；

d_e——竖向排水体有效排水直径；

F_n——与井径比 n 有关的系数，按下式计算：

$$F_n = \frac{n^2}{n^2 - 1}\ln n - \frac{3n^2 - 1}{4n^2} \tag{4.2.4-8}$$

（3）瞬时加载总平均固结度 U_{rz}

$$U_{rz} = 1 - (1 - U_z)(1 - U_r) \tag{4.2.4-9}$$

令：

$$\beta = \frac{8C_H}{F_n \cdot d_e^2} + \frac{\pi^2 C_V}{4H^2}$$

将式（4.2.4-6）和式（4.2.4-7）代入式（4.2.4-9），得：

$$U_{rz} = 1 - \frac{8}{\pi^2} e^{-\beta t} \tag{4.2.4-10}$$

(4)多级等速加载固结度的修正

上述固结度计算，都是假设荷载是瞬时施加的，实际上，为了保证地基稳定，荷载都是分级逐渐施加的，需根据加荷进度对固结度进行修正。对多级等速加载，修正公式如下：

$$U_t = \sum_{n=1}^{n_t} U_{rz}\left(t - \frac{t_{n-1} + t_n}{2}\right) \cdot \frac{\Delta p_n}{\sum \Delta p} \tag{4.2.4-11}$$

式中：t_{n-1}、t_n——每级加载的起始和终止时间(从零点算起)；

t——固结时间；

U_t——固结时间为 t 的总平均固结度；

n_t——固结时间为 t 的加载总级数；

$U_{rz}\left(t - \frac{t_{n-1} + t_n}{2}\right)$——时间 $\left(t - \frac{t_{n-1} + t_n}{2}\right)$ 的一次瞬时加载的总平均固结度，按式(4.2.4-10)计算；如果 t 在某一级加载过程中，则该级加载终点时间 t_n 改为 t；

Δp_n——第 n 级荷载的增量。

(5)竖向排水体未打穿软土层时固结度的修正

当软土层很厚，竖向排水体无需或未能打穿整个压缩土层时，不能仅把竖向排水体部分的固结度代替整个压缩层的固结度。此时应分别计算竖向排水体部分的平均固结度和竖向排水体下部土层的平均固结度，再按下式计算整个压缩层的平均固结度。

$$U = \mu U_{rz} + (1 - \mu) U_z \tag{4.2.4-12}$$

式中：U_{rz}——竖向排水体打设深度范围内土层的平均固结度，可按式(4.2.4-10)计算；

U_z——竖向排水体以下压缩层范围土层的平均固结度；

μ——固结度修正系数，按下式计算：

$$\mu = \frac{H_1}{H_1 + H_2}$$

式中：H_1——竖向排水体打设深度范围内的土层厚度；

H_2——竖向排水体以下压缩层范围内土层厚度。

3)抗剪强度计算

排水固结法处理软土地基，预压荷载应该采用分级加载，以适应软土地基抗剪强度在固结过程中的增长。软土地基某时刻 t 的抗剪强度按下式计算：

$$\tau_{\mathrm{ft}} = \alpha(\tau_{\mathrm{f0}} + \Delta \tau_{\mathrm{fc}}) \tag{4.2.4-13}$$

式中：τ_{ft}——t 时刻地基中某点的抗剪强度；

τ_{f0}——地基土的天然抗剪强度；

α——由于剪切蠕变引起的抗剪强度衰减综合折减系数，可取0.75~0.9；

$\Delta\tau_{fc}$——地基土由于固结引起的抗剪强度增量，按下式计算：

$$\Delta\tau_{fc} = \frac{\sin\varphi'\cos\varphi'}{1+\sin\varphi'} \cdot U_t \cdot \Delta\sigma_z \tag{4.2.4-14}$$

式中：U_t——t时刻地基土的固结度，按式(4.2.4-11)或式(4.2.4-12)计算；

φ'——地基土的有效内摩擦角；

$\Delta\sigma_z$——预压荷载引起的附加竖向应力。

4)堆载预压分级荷载确定

(1)根据天然地基的抗剪强度τ_{f0}按下式确定第一级加载p_1：

$$p_1 = \frac{5\tau_{f0}}{K} \tag{4.2.4-15}$$

(2)通常在地基固结度达到70%施加下一级荷载，按式(4.2.4-14)计算在第一级荷载p_1作用下地基固结度达到70%时的抗剪强度增量$\Delta\tau_{f1}$，再按式(4.2.4-13)计算抗剪强度τ_{f1}。

(3)计算在第一级荷载p_1作用下地基固结度达到70%所需的时间，即第二级荷载p_2开始加载的时间。

(4)按式(4.2.4-15)计算第二级荷载p_2，其中τ_{f0}用τ_{f1}代替。

(5)计算第二级荷载p_2作用下固结度达到70%时的抗剪强度增量、抗剪强度及达到70%固结度所需的时间。

(6)如此循环反复，直至确定完整的分级加载计划，计算每级荷载下地基的稳定性，如果稳定性不满足要求，则调整分级加载计划。

4.2.5 排水固结法施工要求

1)材料要求

袋装砂井中的砂料应选用洁净的中砂或粗砂，含泥量≤3%，粒径>0.6m的砂的含量占总重的50%以上，渗透系数≥5×10^{-3}cm/s，其不均匀系数小于4。

砂袋应选用抗拉强度大于40kN/m的聚丙烯编织布，有效孔径D_{95}小于0.075mm，砂袋中灌砂率应大于95%。

塑料排水板应具有足够的抗拉强度和垂直排水能力，塑料排水板芯板应采用聚乙烯或聚丙烯新料制成，不得采用再生塑料；其滤膜应采用高强度和良好渗透性及反滤性的热轧或热熔无纺布。塑料排水板技术指标要求如下：

①塑料排水板抗拉强度：≥13kN/m。

②自由透水面积：≥0.15m^2/m。

③渗透系数：≥5×10^{-3}cm/s。

④排水量：周围土体压力在≤15m范围内≤250kPa，或在>15m范围内≤350kPa时，排水能力≥$3\times10^{-5}m^3/s$。

⑤塑料排水板应有足够的韧性,180°反复弯折不出现龟裂。

2)水平排水砂垫层施工

(1)当地基表层具有一定厚度的硬壳层,承载力较好且能上一般运输机械时,可先用机械刮平并形成双向排水坡,然后采用分堆摊铺法,即先堆成若干砂堆,再用机械或人工摊平。

(2)当硬壳层承载力不足时,一般采用顺序推进摊铺法。

(3)软土地基表面很软时应先改善地基表面的持力条件,以便能承受施工人员和轻型运输设备。

(4)在缺少中、粗砂的地区,可以用洁净的石屑代替砂垫层。

(5)砂垫层外侧应设置边沟或管、井排水。

3)袋装砂井施工

袋装砂井施工流程见图4.2.5-1。

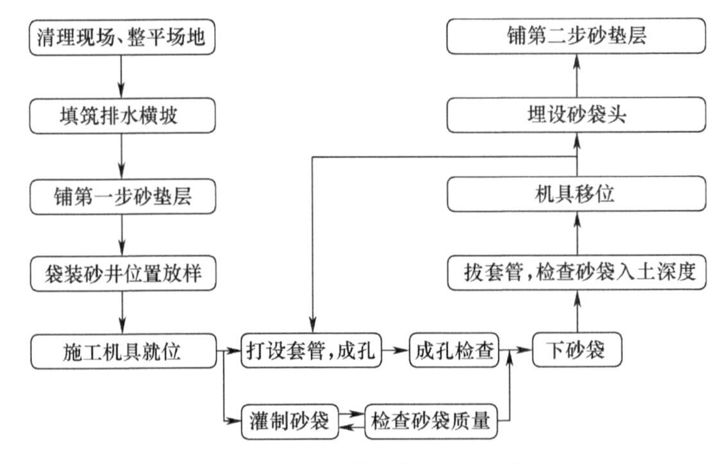

图4.2.5-1 袋装砂井施工流程图

(1)袋装砂井普遍采用轨道门架式振动打桩机(图4.2.5-2)。打桩机就位后,调正套管垂直度,对准桩位,在中心套管下端插入混凝土桩尖,开振动锤将套管沉入土中,达到设计深度后停止,将已装好的砂袋从套管侧孔中徐徐送入管中,达设计深度,然后将套管拔出至砂垫层以上,砂袋留在土孔中,埋砂袋头。

(2)由于砂袋延伸率较大,施工前必须提前试装,以确定合适的砂袋直径。

(3)袋装砂井施工长度应考虑袋内砂体积减小、袋装砂井在井内的弯曲、超深以及伸入水平砂垫层内的长度等因素,通过试验确定,要防止砂井全部沉入孔内,造成顶部与排水垫层不连接,影响排水效果。

(4)砂袋内的砂应采用风干砂,含水率控制在 $<1\%$。

(5)现场存放的砂袋应覆盖,避免阳光曝晒和雨琳,存放期不超过一周。

(6)砂袋入口处的导管应装设滚轮,下放砂袋要仔细,防止砂袋破损漏砂。

(7)施工中要经常检查桩尖与导管口的密封情况,避免管内进泥过多造成井阻,影响加固深度。

(8)袋装砂井灌砂率及施工偏差应符合规范要求。

a)袋装砂井施工机具　　b)砂袋头

图 4.2.5-2　袋装砂井施工

4)塑料排水板施工

塑料排水板施工流程见图 4.2.5-3。

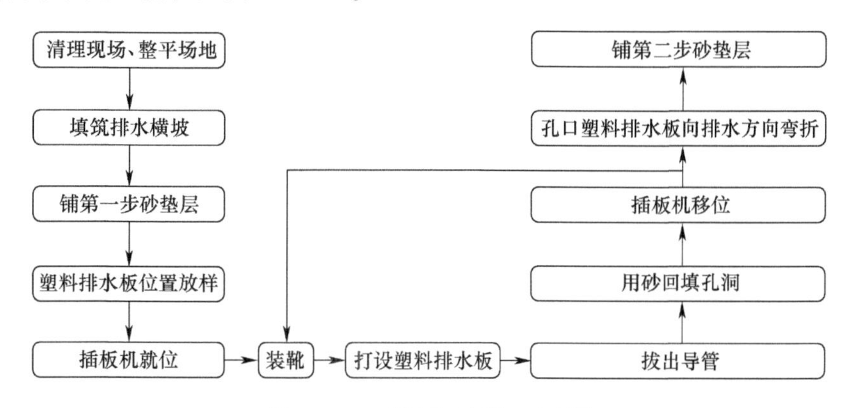

图 4.2.5-3　塑料排水板施工流程图

(1)平整场地后填筑 300mm 厚砂垫层,然后进行塑料排水板施工(图 4.2.5-4)。其施工顺序为:定位、将塑料排水板通过导管从管靴穿出与桩尖连接、贴紧管靴对准桩位、插板至设计深度、拔管并预留出塑料排水板孔口长度后剪断塑料排水板、孔口塑料排水板沿排水方向弯折。

(2)所有塑料排水板施工完毕后,填筑剩余 200mm 砂垫层。

(3)施工现场堆放的塑料排水板盘带应覆盖以防暴露在空气中老化。

(4)塑料排水板在插入过程中导轨应垂直,钢套管不得弯曲,透水滤套不应被撕破和污染。

(5)塑料排水板留出孔口长度应保证伸入砂垫层≥500mm,使其与砂垫层贯通;并将其保护好,以防机械、车辆进出时受损,影响排水效果。

(6)塑料排水板搭接应采用滤套内平接的方法,芯板对扣,凹凸对齐,搭接长度≥200mm,滤套包裹,用可靠措施固定。

(7)塑料排水板施工过程中应防止泥土等杂物进入套管内,一旦发现需及时清除。

(8)塑料排水板与桩尖锚定要牢固,防止拔管时脱离将塑料排水板带出。

a)插板机

b)塑料排水板

图4.2.5-4 塑料排水板施工

5)真空预压施工

真空预压施工流程见图4.2.5-5。

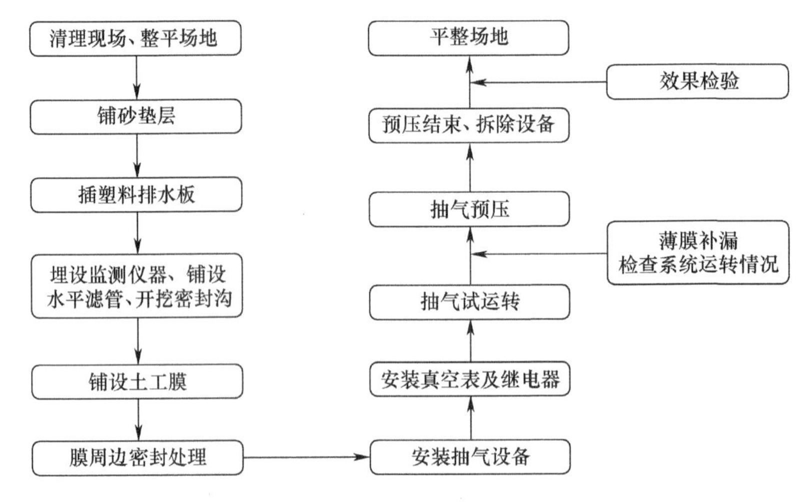

图4.2.5-5 真空预压施工流程图

(1)加固区分区。

为获得良好的气密性及高真空度,单块加固面积应尽可能大,根据现有的材料和工艺设备可达30000m^2。由于现场施工组织和密封材料制作上有一定困难,道路工程一般加固面积在10000m^{2}较为合适。当工程需加固的范围较大时,可分区进行,各区之间可以搭接,也可留2~3m的间距。

(2)密封膜及密封沟。

密封膜应采用抗老化性能好、韧性好、抗穿刺能力强的不透气材料,一般采用聚氯乙烯薄膜。密封膜热合黏接时,宜用两条膜的热合黏接缝水平搭接,搭接宽度应>15mm。密封膜通常铺设2~3层,密封膜的周边应埋入密封沟内。单层密封膜的技术要求应满足表4.2.5-1的规定。

密封膜技术要求 表 4.2.5-1

最小抗拉强度(MPa)		最小断裂延伸率(%)	最小直角撕裂强度(kN/m)	厚度(mm)
纵向	横向			
18.5	16.5	220	40	0.12 ~ 0.16

密封沟布置在加固区的四周,一般宽度为 0.6 ~ 0.8m,深度为 0.8 ~ 1.0m。当加固区表层为透气性大的土层时,密封沟的深度应大于表层土的深度而达到下部透气性小的软土层。当加固区有较厚的有充足水源补给的透水层时,应采用密闭式截水墙(如水泥搅拌桩等)形成防水帷幕,以隔断透气透水层。密封膜及密封沟如图 4.2.5-6 所示。

a)

b)

图 4.2.5-6 密封膜及密封沟

密封膜铺设前要认真清理平整砂垫层,捡除贝壳及带尖角的石子,填平打设竖向排水体时留下的孔洞。为保护密封膜,可在其上铺设土工布,并铺设 10cm 砂垫层(图 4.2.5-7)。

图 4.2.5-7 密封膜上铺设土工布及砂垫层

(3)安装抽气设备及布置抽真空管路。

抽真空设备一般采用真空度高、设备轻便、易于操作的射流真空泵,空抽时必须达到 95% 的真空吸力。真空泵的数量根据加固面积确定,每个加固场地至少设置两个射流真空泵(图 4.2.5-8)。

a)

b)

图 4.2.5-8 抽真空管路埋设及射流真空泵

抽真空管路连接点应严格进行密封,为避免膜下真空度在停泵后降低过快,在抽真空管路中应设置止回阀或闸阀。抽真空管路由主管和滤管组成,水平滤管一般埋设在砂垫层中,最好形成回路,其上应有100~200mm厚砂覆盖层。

(4)为了解膜下真空度的分布情况,需在预压区膜下埋设4~8块真空表;为了解真空度的传递过程和在地基中的情况,需在垂直排水通道和地基土中埋设真空表或孔压仪,数量根据需要确定。

(5)抽气试运转时,要检查系统运行情况,进行薄膜补漏;进入抽真空阶段,当膜下真空等效压力达到80kPa时,需再次检查预压区内有无泄漏。

(6)卸载标准:满足下述条件之一可以停止抽气,进行卸载。

①连续五天实测沉降速率≤2mm/d。

②满足工程对沉降、承载力、有效压力强度的要求。

③固结度>80%。

(7)如果采用真空堆载联合预压,当膜内真空度保持在85kPa以上5~10d后开始填筑堆载,进行真空堆载联合预压;膜内真空度应保持在85kPa以上,当固结度大于70%后可逐步均匀减少抽真空设备,但停泵数不得大于总泵数的1/3。

6)质量检验

(1)对不同来源的砂井和垫层材料,必须取样进行颗粒分析和渗透试验。

(2)对塑料排水板必须现场随机取样进行纵向通水量、复合体抗拉强度、滤膜抗拉强度、滤膜渗透系数和等效孔径等性能指标测试。

(3)对于以抗滑稳定控制的重要工程,应在预压期内选择具有代表性的部位预留孔位,在不同的加载阶段进行原位十字板剪切试验和取土进行室内试验,检验加固效果。

(4)对预压工程应进行表面沉降观测、分层沉降观测、水平位移观测、真空度观测、孔隙水压力观测及地下水位观测。

4.2.6 工程实例

1)山东环胶州湾高速公路软基处理(塑料排水板超载预压)

该工程实例引自青岛市岸滩建设开发公司王秀莲相关文献。

(1)工程概况

环胶州湾公路是连接青岛与黄岛的一条高速公路,它分为陆域段和海域段。环胶州湾公路(海域段)工程是采用围海造地的方式建成的,先在海上修筑大坝形成护岸,然后进行回填形成路基。湖岛段1000m护岸的后方回填是经吹填形成的,于1986年完成,土源是该处外海沉积的淤泥质粉土、粉砂及粉质黏土,吹填厚度5~6m。由于吹填土的性质差,至1992年环胶州湾公路开工时,虽然在自然状态下固结了6年,但强度指标仍然很低,不能满足环海公路路基的要求。要达到路基强度要求,就必须对该段吹填土进行处理。

(2)工程地质情况

第一层:杂填土(A),主要成分为碎石、砾石、砖块、水泥渣等,分布不同,厚度一般为0.8m左右,较硬,上部可行驶汽车,其容许承载力80kPa。

第二层:吹填土(B_1),表层0.3~0.4m为粉砂混土,下部多为淤泥质黏土混砂,靠吹填管口附近的地方粗颗粒和黏性土略多,远的地方多为淤泥质土混粉砂,分布不均匀,横向纵向变化不大,厚度2~5.5m,容许承载力30~40kPa。

第三层:吹填土(B_2),分布在南段,主要成分是粗砂混黏性土,含较多贝壳片,褐黄色,松散状态,无规律性,标贯击数3~4.5击,容许承载力60kPa。

第四层:原地基土的第一层。细砂,粉砂,灰黑,松散状态,有臭味,见贝壳片及残体,标贯击数5~8击,局部为砂混淤泥,厚度1~ 2.4m,容许承载力60~70kPa。

第五层:原地基土中的淤泥质亚黏土层,现为粉质黏土。灰色,高压缩性,含贝壳碎片和砂, 层位稳定,厚度1~3.9m, 标贯击数平均值3.4,粉土,其容许承载力80~100kPa,压缩模量2.7kPa, 淤泥质粉质黏土容许承载力值30~40kPa。

(3)地基处理方案

经过对地质条件和所处环境的分析,本着节省投资、保证工期、便于施工的原则,反复比较后确定采用塑料排水板超载预压的处理方案。

(4)地基加固处理效果

经过6个月压载后固结度达到77.11%,9个月之后达到87.83%。为了检验工程实际处理效果,对比土层变化情况,工程处理前后对B_1土层进行了钻孔取样,两次取样的物理力学指标见表4.2.6-1。

B_1土层处理前后物理力学指标对照表 表4.2.6-1

指标	含水率(%)	孔隙比	标贯击数	内摩擦角(°)	黏聚力(kPa)	压缩系数(MPa^{-1})	压缩模量(MPa)	土质划分
处理前	51.74	1.39	<1.0	4.7	5.7	1.31	2.09	淤泥质粉质黏土
处理后	31.9	0.91	4.5	14.0	12.3	0.48	4.8	粉质黏土

从上表中可以看出,经处理后吹填土的各项物理力学指标都有明显提高。天然含水率降低20%, 小于液限,孔隙比$e<1$,说明在压载过程中土的释水效果明显,土的状态已发生变化。处理前淤泥质黏土层的贯入击数多为1,处理后平均贯入击数提高到4.5击,力学强度提高了4倍。土的压缩系数从1.31MPa^{-1}降低到0.48MPa^{-1},由高压缩性土变为中压缩性土,土的密实度加大,强度提高。

从实测资料看,该段路基经塑料排水板超载预压法处理后,压载9个月后最大沉降量小于3mm,压载10个月后开始卸载修路,经检测,路基强度指标全部达到使用要求,工程处理效果明显。

2)杭宁高速公路二期软基处理(真空堆载联合预压)

该工程实例引自中铁十四局集团第四工程有限公司李善祥有关文献。

(1)工程概况

杭宁高速公路二期工程全长63.7km,其中软基路段长29.2km,占线路总长的45.8%。工程中不少路段软土厚10~22m,呈流塑状,含水率高,渗透性低,黏度大,抗剪强度低,设计预压周期长,原设计基本采用超载预压和粉喷桩方法予以加固。其中K80 + 406 ~ K80 + 507段原设计采用塑料排水板加超载预压处理,加固深度18m,填土高度5m以上,预压期为12个月。考虑到工期紧,经研究决定在该段打塑料排水板后,采用真空堆载联合预压进行软基加固处理试验。试验段长101m,宽57m,塑料排水板穿透软土层,间距1.2m,呈梅花形布置。该试验段软土层厚19 ~ 22m,属淤泥和淤泥质黏土,含水率高,黏性大,具有压缩性高和强度低等特点。据土性指标,把该土层划分为3层:第1层为淤泥,厚2m;第2层为淤泥质黏土(Ⅰ),厚8m;第3层为淤泥质黏土(Ⅱ),厚9 ~ 12m。

各层物理力学指标见表4.2.6-2。

试验段土层物理力学指标　　表4.2.6-2

指标名称			淤泥	淤泥质黏土(Ⅰ)	淤泥质黏土(Ⅱ)
含水率 w (%)			68.1	51.8	42.9
天然孔隙比 e			1.88	1.4	1.19
液限 w_L /塑限 w_p (%)			54.0/31.6	44.1/29.1	37.1/23.9
塑性指数 I_p			22.9	15.1	13.2
先期固结压力 p_c (kPa)			44	58	68
压缩指数 C_c			0.72	0.41	0.33
固结系数	竖向固结系数 C_V ($\times 10^{-4}cm^2/s$)		2.26	3.47	7.32
	水平向固结系数 C_H ($\times 10^{-4}cm^2/s$)		3.32	4.86	10.25
强度指标	不固结不排水剪(UU)	C_u (kPa)	6	9	9
		φ_u (°)	5.1	5.3	2.9
	直接快剪(Q)	C_q (kPa)	6	9	8
		φ_q (°)	2.1	1.1	2.2
	固结不排水剪(CU)	C_{cu} (kPa)	4.6	3.9	0
		φ_{cu} (°)	10	13	13.9
无侧限抗压强度 (kPa)			21.2	22.0	27.5
十字板强度 (kPa)			12.2	20.7	25.8

(2)工程施工

①排水系统

利用塑料排水板作为竖向排水体,间距1.2m,板长19 ~ 22m,砂砾垫层和中粗砂作为水平向排水体。在软基加固区周围开挖临时排水边沟,排干地表水,清除腐殖物,用砂性土找平,形成路拱并碾压,铺设40cm厚砂砾垫层,再铺15cm厚中粗砂,并在四周挖密封沟至不透水土层下50cm,沟内塑料排水板不剪断,沿沟边向上插到砂砾层中至少20cm长。

②抽气抽水系统

利用水平向布置的滤管、真空管路和真空泵作为抽气抽水系统。滤管用40mm硬质塑料管,上钻滤水孔,直径 8mm,孔距 50cm,滤管间用胶管连接,并用铁丝扎紧,外包一层无纺土工布,捆扎结实。真空管路用 10 ~ 15cm 钢管,管间用有筋胶管连接。真空泵用射流泵。滤管接真空管路并与真空泵连接,应密封不漏气。将滤管埋入 15cm 厚的中粗砂层中,间距 6m,与加固区外围的真空管路连接,上铺一层土工布后覆盖聚乙烯闭气薄膜 3 层,闭气薄膜边缘埋入密封沟内,沟内用黏土回填夯实,形成高出闭气薄膜 100cm 的止水“围墙”,围墙以内的闭气膜上加 40 ~ 100cm 深的水。

③真空堆载联合预压

真空试抽 12h 后膜下真空度达到 40kPa,说明闭气情况良好。第 2 天开始正式抽气,抽真空 30d 后,排干膜上覆水,铺设一层土工布,上覆细粒宕渣过渡层,在上面进行正常路基填筑,边填土边抽真空,一直维持到考虑预留沉降的填土完成(填高 6.7m),终止抽气,卸真空装置。该段路基填筑为期 108d。

(3)软基加固观测结果分析

①膜下真空度

在闭气膜下 7 个不同位置实测的真空度平均值:抽气 12h 达到 40kPa,2d 后为 80kPa,到第 5d 达到 85kPa 以上。

②孔压

抽真空初期,在膜下 85kPa 的真空压力作用下,加固范围内不同深度的土体均不同程度地产生负的孔隙水压力。在抽真空 40d 左右时,产生最大的负的孔压,为 -25 ~ -35kPa。随着膜面排水和路堤荷载的增加,土体产生正的孔隙水压力,实测表现为负的孔隙水压力减小。当路堤填筑荷载达 145kPa 时,土层各深度范围内的土体正、负孔隙水压力基本为零,说明 145kPa 的路堤荷载在各土层中产生的正孔隙水压力恰好与膜内 85kPa 的真空压力在土体中产生的负孔隙水压力抵消,路堤地基所承受的 75kPa 的附加应力基本由土体来承受。

当路堤进一步填高,地基土在真空压力和路堤荷载双重作用下开始产生正的孔隙水压力,但其增长速度较慢。当路堤填筑至 6.7m(即相当于荷载 224kPa)左右时,在真空压力作用下不同土层的超静孔隙水压力增长为 15 ~ 58kPa,平均孔隙水压力系数最大值为 0.38,远远小于 0.6 的安全值,经计算此时路基稳定安全系数达 1.8 以上,路堤填筑是稳定的。路堤填筑至设计高度(考虑预留沉降量)后终止抽气,孔压再继续增长约 10kPa、历时 2 星期左右后开始降低。孔压降低速率大致为 0.22 ~ 0.47kPa/d,路基稳定安全系数计算值大于 1.5,路基是稳定的。

③地面沉降与分层沉降

在排水板打设范围内不同深度的土层在联合荷载作用下产生不同程度的压缩变形,且在相同土层厚度时,浅层土的变形要比深层土的变形大,上部 11m 土层的变形量是下部 11m 土层的 2 倍。其最大的地面沉降在路堤填筑前为 50cm 左右,边抽真空边填筑至终止抽气前已完成 178cm 的沉降(此时已填至设计要求的高度)。路堤的平均填筑速率为 5.3cm/d,路基平均沉降速度为 12mm/d。停止抽气后,沉降曲线开始趋缓,最后 20d 的沉降速率为 2.6mm/d,比前一个 20d 的沉降速率 3.2mm/d 小 20% 左右。历时 220d 后,地表沉降累计 204.5cm。最后 3 个 20d 的日均沉降速率分别为 3.2mm/d、2.6mm/d,呈收敛态势。分层沉降与荷载变化时程线如图4.2.6-1所示。

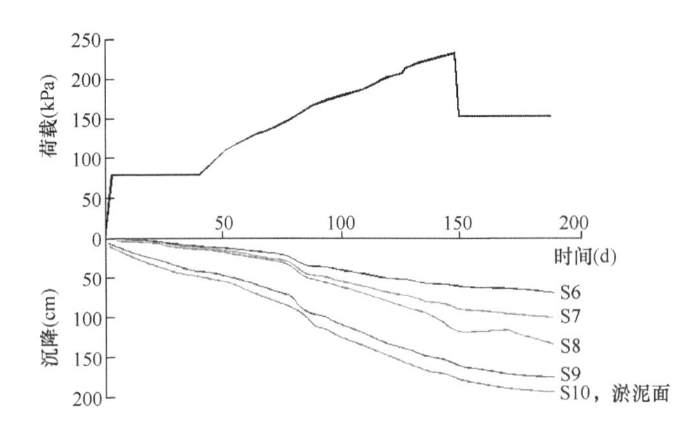

图4.2.6-1　分层沉降与荷载变化时程线

④土体侧向位移

土体水平位移在排水板深度范围内均有发生，但以浅层15m范围为大。在真空荷载作用1个月时，表层土体产生向路中心方向约15cm的最大收缩变形。在真空联合堆载2周内，土体继续发生向路中心方向的收缩变形，其最大值约为25cm，但深度位置却发生变化，已从表面向地下3～10m位置发展。在路堤填筑超过真空荷载后，路堤坡脚土体从地表到深层均产生向坡脚外发展的水平位移，至最大填高时其最大向外挤出量平均达8.3cm。抽气结束即填筑完毕，地表下土体继续向外侧挤出，但发展速率已有减缓。预压65d，最大向外挤出量6.3cm，水平位移速率小于1.0mm/d。路堤填筑基本完成时最大的收缩变形发生在地表，达15cm左右，而最大的挤出位移发生在地表下9～12m，最大亦达12cm左右。

(4)地基加固效果

①地基固结状态

在真空联合堆载双重荷载作用下，地基固结比较快。与堆载预压相比，要达到96%的固结度，真空联合堆载只需220d(其中抽真空140d)，而模拟纯堆载则需445d，即真空联合堆载的预压时间仅为纯堆载预压时间的50%左右(表4.2.6-3)。

真空联合堆载与模拟堆载固结度对比　　表4.2.6-3

加载方式	真空联合堆载	模拟堆载
填筑荷载(kPa)	154	154
加载及预压时间(d)	220	445
实测沉降(cm)	204.5	—
计算最终沉降(cm)	213.0	235.4
考虑路面荷载时计算最终沉降(cm)	220.3	244.8
实测平均固结度(%)	96.0	—
计算平均固结度(%)	—	96.0
预估工后沉降(cm)	15.8	—

②地基强度

加固前后地基土的强度沿深度都有较大的提高,说明加固效果是十分理想的。路中心处的预压效果明显优于坡脚处,而且表层强度增长更为明显,十字板强度加固后平均增长2倍之多(表4.2.6-4)。

加固前后实测十字板强度提高率(%) 表4.2.6-4

土层名称	加固后十字板强度/加固前十字板强度	
	路中心	坡脚
淤泥	517	209
淤泥质黏土(Ⅰ)	240	85
淤泥质黏土(Ⅱ)	311	120

4.3 加固土桩处理

水泥搅拌桩、粉喷桩和高压旋喷桩统称为加固土桩。加固土桩处理软土地基,均形成柔性桩竖向增强体复合地基。从总体施工工艺来说,水泥搅拌桩和粉喷桩属于深层搅拌法,而高压旋喷桩则属于高压喷射注浆法。

4.3.1 水泥搅拌桩和粉喷桩

水泥搅拌桩和粉喷桩均属于深层搅拌法,是用带有回转、翻松、喷粉与搅拌功能的机械,将胶结材料与地基的软土搅拌,使软土地基局部范围内某一深度、某一直径内的软土用胶结材料予以改良、加固,形成加固土桩体。由于石灰产量不多,且多为散装料,运输、计量、粉碎都很困难,因此目前深层搅拌法胶结材料通常都采用水泥。如采用水泥浆作为胶结材料形成的加固土桩体称为水泥搅拌桩;如采用水泥粉作为胶结材料形成的加固土桩体称为粉喷桩。

1)适用范围

水泥搅拌桩和粉喷桩适用于处理正常固结的淤泥、淤泥质土、饱和黏性土地基,地基土十字板抗剪强度不宜小于10kPa。当地基土天然含水率小于30%、大于70%或地下水的pH值小于4时不宜采用粉喷桩。当水泥搅拌桩或粉喷桩用于处理有机质土、塑性指数大于25的黏土、地下水具有腐蚀性时以及无工程经验的地区必须通过现场试验确定其适用性。

2)加固机理

(1)水泥的水解和水化化学反应

当黏土与水泥相接触时,水泥颗粒与黏土中的水发生水解和水化反应,生成氢氧化钙、含水硅酸钙、含水铝酸钙及含水铁酸钙等钙化物。这些钙化物是坚硬的固体,是促使水泥黏土具有一定强度的主要物质。生成的氢氧化钙、含水硅酸钙能迅速溶于水中,促使水泥颗粒表面重新暴露出来,再与水发生反应,从而使得周围的水溶液逐渐达到饱和。当溶液达到饱和后,水分子虽然继续深入颗粒内部,但新生成物已不能再溶解,只能以细分散体状态的胶体析出，悬浮在溶液中，形成胶体。

(2)离子交换和团粒化作用

水泥水化物与土团粒(由于结合水膜薄，黏粒在净引力作用下，结合成团)进行当量吸附交换，结果使较小的土团粒形成较大的土团粒，从而使土体强度增大。水泥水化形成的凝胶粒子产生很大的表面能，具有强烈的吸附活性，能使较大的土团粒进一步结合扩大，形成较大的水泥黏土团粒，并能封闭各土团之间的空隙，形成坚固的水泥黏土。

(3)硬化反应

随着水泥水化反应的进一步发展，溶液中析出了大量的钙离子，当其数量超过上述离子交换所需要的量后，则在碱性的环境中，能使组成黏土矿物的二氧化硅及三氧化二铝的一部分或大部分与钙离子进行化学反应，反应的结果是生成不溶于水的稳定状态的结晶化合物。这些新生成的化合物在水中和空气中会逐渐硬化，这就增大了水泥黏土的强度，而且这些物质的结构比较密实，水分不易浸入，使水泥黏土具有防水性能。

(4)碳酸化作用

水泥水化物中游离的氢氧化钙能吸收水中和空气中的二氧化碳，发生碳酸化反应生成不溶于水的碳酸钙，而其他水化产物继续与二氧化碳反应，使碳酸钙成分增加。这种反应也能使水泥土增加强度，但它增长速度很慢，增长的是后期强度，其增长的幅度也小。

$$3CaO \cdot 2SiO_2 \cdot 3H_2O + CO_2 = CaCO_3 + 2(CaO \cdot SiO_2 \cdot H_2O) + H_2O$$

$$2(CaO \cdot SiO_2 \cdot H_2O) + 2CO_2 = 2CaCO_3 + 2(SiO_2 \cdot H_2O)$$

根据水泥黏土的加固机理，水泥搅拌桩和粉喷桩应该注意以下几点：

第一，由于水泥固化过程中吸纳大量的自由水体，因此这些自由水体必须是无害的，例如 pH 值不能太低，如果太低就会影响加固效果。

第二，为使水泥尽量与软黏土中的自由水增加接触面，促使化学反应充分发生，水泥应与黏土充分拌和，因此水泥搅拌桩或粉喷桩施工时不得少于两次循环搅拌。

第三，为达到水泥吸水固化的效果，要求水泥必须是新鲜的，不能存放太久，一般不超过三周，否则水泥在仓库里存放中吸收空气中的水分，结成小块状，妨害充分搅拌，不利于化学反应。

第四，由于搅拌机械在切削搅拌过程中，不可避免会造成一些黏土没有被粉碎，留下一部分土团，这些土团被拌入的水泥浆或水泥粉所包裹，成为外包水泥浆、内部芯子是黏土的土团，而这些土团之间又被水泥浆胶结起来，所以被加固后的水泥黏土会留有一些微小的水泥浆黏土团，而这种土团由于内部没有水泥，性质改变就很缓慢。由此可见搅拌机械的搅拌功能和搅拌是否充分对水泥搅拌加固法的加固效果起着重要作用。对于粉喷桩能否充分搅拌就是一个值得讨论的问题，这也是有些地区禁止采用粉喷桩的原因。

3)水泥土室内试验的结论性意见

很多的专家学者对深层搅拌形成的水泥土进行了大量的室内试验研究，并形成了得到共识的结论性意见。

(1)加固后的水泥土重度比原地基略有增加,并随水泥掺入比的增大呈微弱的递增关系。

(2)加固水泥土的含水率随水泥掺入比的增大而减小。

(3)水泥土的无侧限抗压强度一般为300~4000kPa。

(4)加固水泥土的强度随水泥掺入比的增大呈递增趋势。

(5)加固水泥土随龄期增加强度亦呈增大趋势,当龄期超过28d后强度仍有较明显增长,龄期超过3个月后强度增长缓慢。

(6)水泥土强度随水泥强度等级的提高而增加,水泥强度等级每提高10MPa,水泥土抗压强度增加20%~30%。

(7)水泥土抗压强度随土的含水率降低而增大。

(8)有机质可使土具有较大的水容量和塑性、膨胀性及低渗透性,并使土的酸性增加,使水泥的水化反应受到抑制。有机质含量小的水泥土强度比有机质含量高的水泥土强度高得多。

(9)水泥土的抗拉强度、抗剪强度随抗压强度的增长而提高。

(10)在负温下制作的水泥土正温后强度可继续增长且接近标准值,因此只要地温不低于-10℃,就可进行深层搅拌法冬季施工。

4)搅拌工艺

根据钻杆上旋转叶片的设置,深层搅拌工艺有单向搅拌和双向搅拌(图4.3.1-1)。

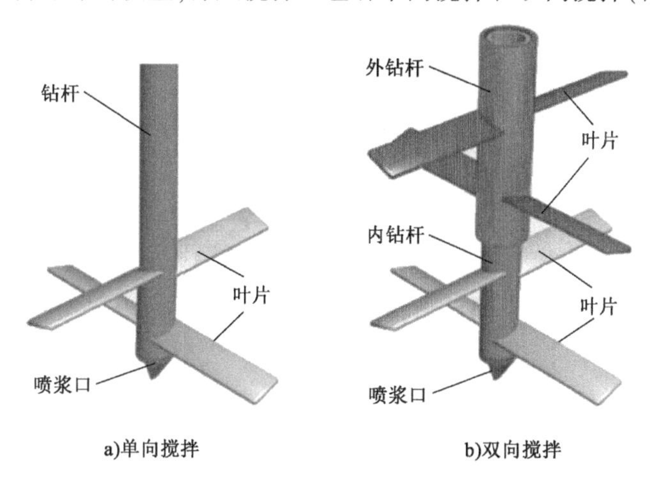

图4.3.1-1　搅拌工艺示意图

(1)单向搅拌

常规水泥搅拌桩采用单向搅拌,即在钻杆上设置旋转叶片并设置喷浆口,施工时通过叶片旋转切削破坏土体,叶片旋转过程中对破坏的土体和注入的水泥浆液进行搅拌,从而形成桩体。常规桩由于搅拌叶片无论正向或反向旋转,均在一个面上切割土体,因而无法充分搅拌土体,形成层状水泥土搅拌体,均匀性差,导致桩身强度不高。另外,在施工过程中,在土压力、孔隙水压力、喷浆压力以及搅拌叶片旋转力相互作用下,造成搅拌桩筒体内压力剧增,水泥浆沿钻杆上冒甚至冒出地面,无法就地搅拌,导致桩身上部水泥含量高及大量水泥浆的浪费。

表4.3.1-1是天津津滨高速加宽工程单向水泥搅拌桩钻芯取样进行抗压强度试验结果。

津滨高速加宽工程水泥搅拌桩钻芯取样抗压强度测试结果 表4.3.1-1

取样深度范围(m)	龄期	取样位置(m)	无侧限抗压强度(MPa)
0.0~1.0	28d	0.7~0.9	1.25
1.0~2.0		1.5~1.7	1.14
2.0~3.0		2.6~2.8	1.07
3.0~4.0		3.1~3.3	1.05
4.0~5.0		4.1~4.3	1.06
5.0~6.0		5.8~6.0	0.91
6.0~7.0		6.5~6.7	0.93
7.0~8.0		7.1~7.3	0.83

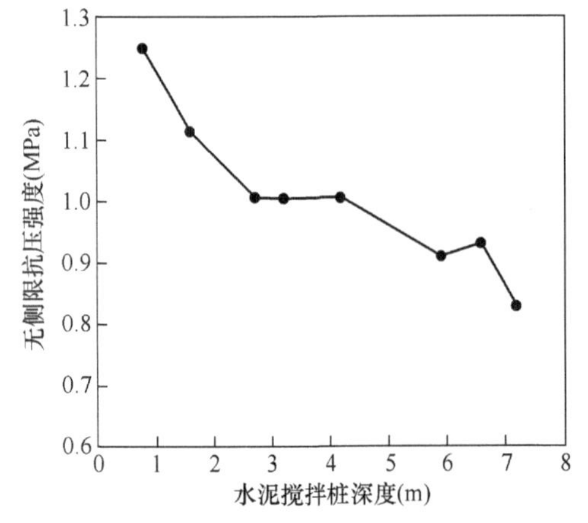

图4.3.1-2 水泥搅拌桩芯样抗压强度随深度变化关系曲线

水泥掺灰量15%,水泥土搅拌桩在深度0~8m内抽芯作抗压强度试验结果表明,试件强度随深度增加而减小,如图4.3.1-2所示。这与天津市大量的水泥土搅拌桩抽芯检测所得的规律一致,尤其是桩端附近的水泥土强度更低。

表4.3.1-2是天津大道水泥搅拌桩钻芯取样结果。

由表4.3.1-2可以看出,水泥搅拌桩搅拌不均匀,上部含灰量较多,而下部含灰量很少,芯样不成型,因此单向水泥搅拌桩施工时要注意不同深度的喷浆量。

天津大道双港高架桥头水泥搅拌桩钻芯取样结果表 表4.3.1-2

取芯深度范围(m)	回次进尺(m)	深度(m)	芯样描述
0.0~1.0	1.0	1.0	灰色,含灰量较多,搅拌均匀,芯样呈柱状,较硬
1.0~2.0	1.0	2.0	灰色,含灰量较多,搅拌均匀,芯样呈柱状,较硬
2.0~3.0	1.0	3.0	灰色,含灰量较多,搅拌均匀,芯样呈柱状,较硬
3.0~4.0	1.0	4.0	灰色,含灰量较多,搅拌均匀,芯样呈柱状,较硬

续上表

取芯深度范围(m)	回次进尺(m)	深度(m)	芯样描述
4.0~5.0	1.0	5.0	灰色,含灰量较多,搅拌基本均匀,芯样呈柱状,较硬
5.0~6.0	1.0	6.0	灰色,含灰量较多,搅拌均匀,芯样呈柱状,较硬
6.0~7.0	1.0	7.0	灰色,含灰量正常,搅拌均匀,芯样呈柱状,较硬
7.0~8.0	1.0	8.0	灰色,含灰量偏少,搅拌均匀,芯样呈柱状,偏软
8.0~9.0	1.0	9.0	灰色,含灰量偏少,搅拌欠均匀,芯样局部夹块状结核
9.0~10.0	1.0	10.0	灰色,含灰量很少,芯样不成型
10.0~11.0	1.0	11.0	灰色,含灰量很少,芯样不成型
11.0~12.0	1.0	12.0	灰色,含灰量很少,芯样不成型
12.0~13.0	1.0	13.0	灰色,含灰量很少,芯样不成型

(2)双向搅拌

采用同心双轴钻杆,在内钻杆上设置正向旋转叶片并设置喷浆口,在外钻杆上安装反向旋转叶片,通过外杆上叶片反向旋转过程中的压浆作用和正反向旋转叶片同时双向搅拌水泥土的作用,阻断水泥浆上冒途径,把水泥浆控制在两组叶片之间,保证水泥浆在桩体中均匀分布和搅拌均匀,确保成桩质量的施工方法。

双向搅拌具有以下优点:一是由于实现了正反向同时旋转,使水泥浆与土体得到充分搅拌,再无层状的水泥土搅拌体,成桩质量好,桩身强度较高;二是通过上层叶片的同时反向旋转,阻断了水泥浆上冒途径,强制对水泥浆就地搅拌,冒浆现象得以解决;三是同心双轴的正反向旋转,使土体对叶片产生的水平旋转力相互抵消,降低了钻杆的左右摇动,桩周土扰动小。

天津大道示范工程中,对双向水泥搅拌桩与常规水泥搅拌桩标贯试验进行对比(图4.3.1-3),可以看出,对于双向水泥搅拌桩,不同深度标贯击数基本相同,在20~25击之间,而对于常规水泥搅拌桩随深度的增加,标贯击数减小,变化在8~17击之间,从总体强度和深度范围看,均匀性较双向水泥搅拌桩相差很大。

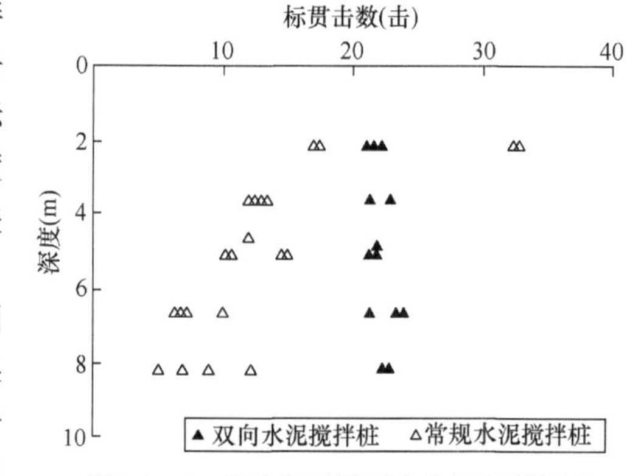

图4.3.1-3 双向水泥搅拌桩与常规水泥搅拌桩标贯试验成果对比

对双向水泥搅拌桩与常规水泥搅拌桩不同深度抽芯结果见表4.3.1-3、图4.3.1-4。结果表明,双向水泥搅拌桩各深度抽芯强度远大于相应深度常规水泥搅拌桩抽芯强度,且双向水泥搅拌桩抽芯强度随深度变化不大,说明其均匀性较好。

双向水泥搅拌桩与常规水泥搅拌桩抽芯检测对比表　　表 4.3.1-3

取样深度范围(m)	龄　期	取样位置(m)	常规水泥搅拌桩无侧限抗压强度(MPa)		双向水泥搅拌桩无侧限抗压强度(MPa)	
1	28d	0.5~0.8	1.25	1.17	1.56	1.62
2		1.3~1.8	1.14	1.12	1.45	1.58
3		2.4~3.0	1.07	1.04	1.52	1.57
4		3.3~3.6	1.05	0.98	1.55	1.52
5		4.4~4.6	1.06	0.92	1.61	1.62
6		5.4~5.7	0.91	0.85	1.58	1.64
7		6.2~6.4	0.93	0.83	1.66	1.61
8		7.3~7.5	0.83	0.72	1.49	1.65
9		8.5~8.8	0.74	0.53	1.52	1.64
10		9.6~9.8	0.63	0.51	1.53	1.57

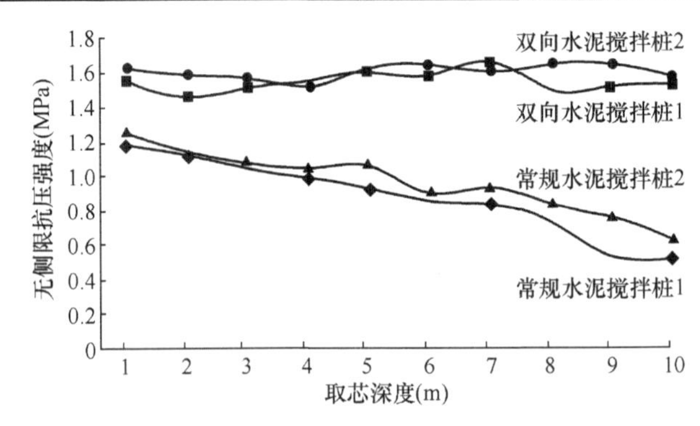

图 4.3.1-4　双向水泥搅拌桩与常规水泥桩抽芯检测对比图

4.3.2　高压旋喷桩

高压旋喷桩属于高压喷射注浆法，是利用钻机把带有喷嘴的注浆管钻进至土层的预定位置后，以高压设备使浆液或水成为不小于 20MPa 的高压流从喷嘴中喷射出来，冲击破坏土体，一部分细小土粒随浆液冒出水面，其余土粒在喷射流的冲击力、离心力和重力作用下与浆液搅拌混合，按一定的浆土比例和质量大小有规律地重新排列，浆液凝固后在土中形成固结体，从而改善土的性质，提高地基承载力。固结体形状与浆液喷射移动方向有关，如果喷嘴一面喷射一面旋转和提升，固结体呈圆柱状，称之为高压旋喷桩。

1)适用范围

高压旋喷桩适用于处理淤泥、淤泥质土、流塑、软塑或可塑饱和黏性土地基，特别适宜在施工场地狭窄、净空低、上部土质较硬而下部软弱时采用。当用于处理有机质土、地下水具有腐蚀性时以及无工程经验的地区，必须通过现场试验确定其适用性。

2)高压喷射流对土体的破坏作用

水泥搅拌桩(粉喷桩)对土体的破坏主要是利用钻头叶片的机械切削作用,而高压旋喷桩则是利用高压喷射流集中和连续地作用在土体上产生的喷射流动压力、喷射流脉动负荷、水锤冲击力、空穴现象、水楔效应、挤压力及气流搅动等七种作用力共同作用,使土体破坏,其中以喷射流动压力作用为主。

(1)喷射流动压力

高压喷射流具有很高的流速,向土体喷射时会在一个很小的冲击面上产生很大的压应力作用。当这压应力超过土颗粒结构的临界破坏压力时,土体便发生破坏。当喷嘴面积一定时,喷射流要取得更大的破坏力,就要增加平均流速,也就是要增加喷射压力。一般要求高压泵的压力在20MPa以上,以使喷射流有足够的冲击力破坏土体。

(2)喷射流的脉动负荷

当喷射流不停地脉冲式冲击土体时,土颗粒表面受到脉动负荷的影响逐渐积累起残余变形,使土粒失去平衡从而促使了土体的破坏。

(3)水锤冲击力

由于喷射流继续锤击土体,产生冲击力,促进破坏的进一步发展。

(4)空穴现象

当土体没有被射出孔洞时喷射流冲击土体以冲击面上的大气压力为基础,产生压力变动,在压力差大的部位产生孔洞,呈现出类似空穴的现象。在冲击面上的土体被气泡的破坏力所腐蚀,使冲击面破坏。此外,在空穴中由于喷射流的激烈紊流,也会把较弱土体掏空,造成空穴扩大,使更多的土粒遭破坏。

(5)水楔效应

当喷射流充满土层时,由于喷射流的反作用力,产生水楔。喷射流在垂直喷射流轴线的方向上,楔入土体的裂隙或薄弱部分中,这时喷射流的动压变为静压,使土粒发生剥落,加宽裂隙。

(6)挤压力

喷射流在终期区域,能量衰减很大,不能直接冲击土体使土粒剥落,但能对有效射程的边界土产生挤压力,对四周土有压密作用,并使部分浆液进入土粒之间的空隙里,使固结体与四周土紧密相依,不产生脱离现象。

(7)气流搅动

在使用双相高压喷射流时,空气流使高压喷射流从破坏的土体上将土粒迅速吹散,使高压喷射流的喷射破坏条件得到改善,阻力大大减小,能量消耗降低,因而增大了高压喷射流的破坏能力。

3)高压旋喷桩的成桩机理

水泥搅拌桩(粉喷桩)的成桩主要是靠钻头叶片对土颗粒与水泥浆或水泥粉的机械搅拌作用而成桩,高压旋喷桩则是上述七种作用力在喷射流的冲击立体点上同时对土体产生作用,当这些外力超过土体结构临界值后,土体便遭到破坏,由整体变成松散状。松散的土颗粒在喷射流的搅拌混合作用下,形成水泥与土的混合浆液。随着喷射流的连续冲切和移动,土体破坏的范围不断扩大,水泥土混合浆液的体积也不断增大,经一定时间的固化后,形成具有一定形状和尺寸的固结体。

4)水泥与土的固化机理

(1)水泥水化物的形成

水泥与水拌和后发生水解和水化反应,生成氢氧化钙、含水硅酸钙、含水铝酸钙及含水铁酸钙等化合物。这些化合物可溶于水,使水泥颗粒表面重新露出来,再与水发生反应,这样水溶液很快会达到饱和,析出一种胶质物体。此后不断地进行水化反应,不断地硬化,最后形成水泥结石。

(2)黏土颗粒与水泥水化物的作用

当水泥的各种水化物生成后,有的继续硬化形成水泥石骨架,有的则与周围具有一定活性的黏土颗粒发生反应。

①离子交换和团粒化作用

土中含量最高的二氧化硅遇水后,形成硅酸胶体微粒,其表面带有钠离子或钾离子,它们能和水泥水化生成的氢氧化钙中的钙离子进行当量吸附交换,使较小的土颗粒形成较大的团粒,从而使土的强度提高。水泥水化物的凝胶粒子的比表面积比原来水泥颗粒大1000倍左右,因而产生很大的表面能,有强烈的吸附活性,能使较大的土团粒进一步结合起来,形成水泥土的团粒结构,并封闭各土团之间的空隙,形成坚固的连接。从宏观上看,离子交换和团粒化作用可使水泥土的强度进一步提高。

②凝硬反应

随着水泥水化反应的深入,溶液中析出大量的钙离子,当其数量超过上述离子交换的需要量后,在碱性环境中,能使组成黏土矿物的氧化硅、氧化铝的一部分或大部分与钙离子进行化学反应。随着反应深入,逐渐生成不溶于水的稳定结晶化合物,这些新生的化合物在水中和空气中逐渐硬化,与水泥石、土颗粒相搭接,形成空间网络结构,增大了水泥土的强度。而且由于其结构致密,水分不易侵入,从而使水泥土具有足够的水稳定性。

(3)水泥土网络结构的形成

在高压喷射注浆过程中,土体被破坏粉碎成各种粒径的颗粒或各种大小的土团,它们之间被水泥浆所填满,所以,在水泥土中形成一些水泥及细土颗粒较多的微区,而在大小土团内部则没有水泥。水泥的水解水化作用及其与土颗粒之间的作用,开始主要在微区内进行,不断在水泥和土颗粒的周围形成各种结晶体,不断地生成、延伸并交织在一起形成空间网络结构。大小土团被分割包围在这些骨架中间。随着土体逐渐被挤密,自由水也逐渐减少消失,形成一种特殊的水泥土骨架结构。

5)高压喷射注浆法固结体形状

固结体形状与浆液喷射移动方向有关,不同现状的固结体可以发挥不同的作用。

(1)旋喷:喷嘴一面喷射一面旋转和提升,固结体呈圆柱状(即所谓的旋喷桩),主要用于加固地基、提高地基抗剪强度、改善土的变形性质,使其在上部结构荷载作用下不产生破坏或过大变形,也可以组成闭合的帷幕,用于截阻地下水流和治理流沙。

(2)定喷:喷嘴一面喷射一面提升,喷射方向固定不变,固结体形如壁状或板状,通常用于基础防渗、改善地基土的水流性质和稳定边坡等。

(3)摆喷:喷嘴一面喷射一面提升,喷射方向呈较小角度来回摆动,固结体形如较厚墙状,通常用于基础防渗、改善地基土的水流性质和稳定边坡等。

6)高压旋喷桩的固结体性质及成桩直径

根据注浆管的类型,高压旋喷桩可以采用单管旋喷、二重管旋喷和三重管旋喷。

单管旋喷:单层喷射管,仅喷射水泥浆。

二重管旋喷:用二重注浆管同时将高压水泥浆和空气两种介质喷射流横向喷射出,冲击破坏土体。在高压浆液和它外圈环绕气流的共同作用下,破坏土体的能量显著增大,最后在土中形成较大的固结体。

三重管旋喷:用分别输送水、气、浆液三种介质的三重注浆管,在以高压泵等高压发生装置产生高压水流的周围环绕一股圆筒状气流,进行高压水流喷射流和气流同轴喷射冲切土体,形成较大的空隙,再由泥浆泵将水泥浆以较低压力注入到被切割、破碎的地基中,喷嘴作旋转和提升运动,使水泥浆与土混合,在土中凝固,形成较大的固结体,其加固体直径可达2m。高压旋喷桩注浆工艺见图4.3.2-1。

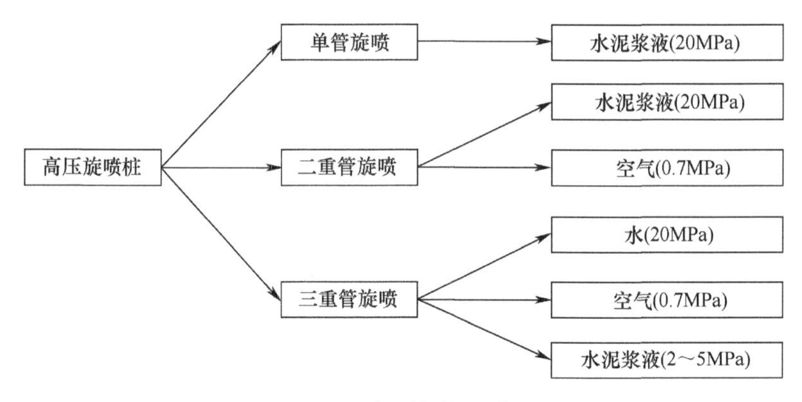

图4.3.2-1 高压旋喷桩注浆工艺

旋喷桩成桩直径和许多因素有关,其中包括注浆工艺、喷射压力、提升速度、被加固土的抗剪强度、喷嘴直径和浆液稠度等。不同注浆工艺下的成桩直径见表4.3.2-1,工程上最常用的是单管旋喷,桩径一般取0.6m。

不同注浆下旋喷桩直径(m) 表4.3.2-1

土 性	标 贯 值	单 管 旋 喷	二重管旋喷	三重管旋喷
黏性土	$0<N<5$	0.5～0.8	0.8～1.2	1.2～1.8
	$6<N<10$	0.4～0.7	0.7～1.1	1.0～1.6
	$11<N<20$	0.3～0.5	0.6～0.9	0.7～1.2
砂土	$2<N<10$	0.6～1.0	1.0～1.5	1.5～2.0
	$11<N<20$	0.5～0.8	0.9～1.3	1.2～1.8
	$21<N<30$	0.4～0.6	0.8～1.2	0.9～1.5

4.3.3 加固土桩设计计算

1)加固土桩布置形式及置换率

图4.3.3-1为加固土桩处理软土地基横断面布置示意图。

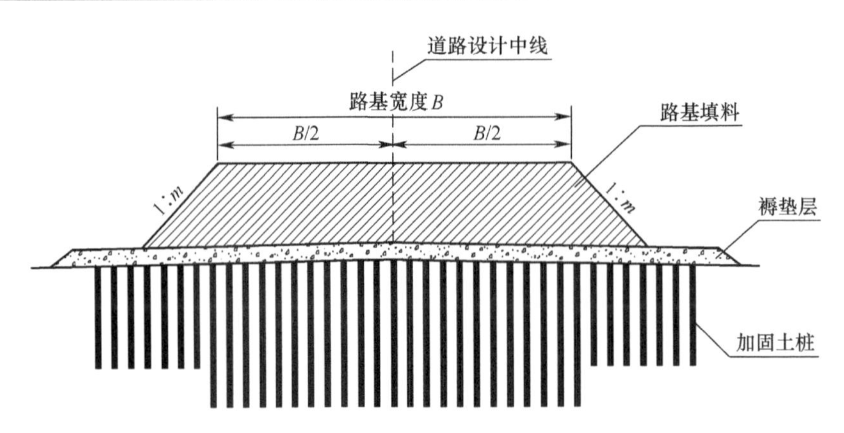

图 4.3.3-1 加固土桩处理软土地基横断面布置示意图

(1)一般布置

水泥搅拌桩和粉喷桩桩径一般取 50cm,采用正三角形或正方形布置,桩长及桩间距通过计算确定。桩长一般为 8 ~ 12m,最大不超过 15m,相邻桩净距不超过 4 倍桩径。

高压旋喷桩桩径一般取 60cm,采用正三角形或正方形布置,桩长及桩间距通过计算确定。桩长一般为 10 ~ 18m,最大不宜超过 20m,相邻桩净距不超过 4 倍桩径。

(2)复合地基置换率

竖向增强体复合地基中,桩的截面积与一根桩所承担的复合地基面积之比,称为复合地基置换率,按下式计算:

$$m = \frac{d^2}{d_e^2} \tag{4.3.3-1}$$

式中:m ——复合地基置换率;

d ——桩的直径;

d_e ——等效圆直径,正方形布置时 $d_e = 1.13s$,正三角形布置时 $d_e = 1.05s$,矩形布置时 $d_e = 1.13\sqrt{s_1 \cdot s_2}$,s、s_1、s_2 为不同布置形式的桩间距。

表 4.3.3-1 给出了不同桩径、不同桩间距下正方形布置和正三角形布置时的复合地基置换率。

复合地基置换率 表 4.3.3-1

桩间距(m)	正三角形布置					正方形布置				
	桩径(m)					桩径(m)				
	0.4	0.5	0.6	0.7	0.8	0.4	0.5	0.6	0.7	0.8
1.0	0.145	0.227	0.327	0.444	0.580	0.135	0.211	0.303	0.413	0.539
1.1	0.120	0.187	0.270	0.367	0.480	0.111	0.174	0.251	0.341	0.446
1.2	0.101	0.157	0.227	0.309	0.403	0.094	0.146	0.211	0.287	0.375
1.3	0.086	0.134	0.193	0.263	0.343	0.080	0.125	0.180	0.244	0.319
1.4	0.074	0.116	0.167	0.227	0.296	0.069	0.108	0.155	0.211	0.275
1.5	0.064	0.101	0.145	0.198	0.258	0.060	0.094	0.135	0.184	0.240

续上表

桩间距(m)	正三角形布置					正方形布置				
	桩径(m)					桩径(m)				
	0.4	0.5	0.6	0.7	0.8	0.4	0.5	0.6	0.7	0.8
1.6	0.057	0.089	0.128	0.174	0.227	0.053	0.082	0.119	0.161	0.211
1.7	0.050	0.078	0.113	0.154	0.201	0.047	0.073	0.105	0.143	0.187
1.8	0.045	0.070	0.101	0.137	0.179	0.042	0.065	0.094	0.127	0.166
1.9	0.040	0.063	0.090	0.123	0.161	0.037	0.058	0.084	0.114	0.149
2.0	0.036	0.057	0.082	0.111	0.145	0.034	0.053	0.076	0.103	0.135
2.1	—	0.051	0.074	0.101	0.132	—	0.048	0.069	0.094	0.122
2.2	—	0.047	0.067	0.092	0.120	—	0.044	0.063	0.085	0.111
2.3	—	0.043	0.062	0.084	0.110	—	0.040	0.057	0.078	0.102
2.4	—	0.039	0.057	0.077	0.101	—	0.037	0.053	0.072	0.094
2.5	—	0.036	0.052	0.071	0.093	—	0.034	0.049	0.066	0.086
2.6	—	—	0.048	0.066	0.086	—	—	0.045	0.061	0.080
2.7	—	—	0.045	0.061	0.080	—	—	0.042	0.057	0.074
2.8	—	—	0.042	0.057	0.074	—	—	0.039	0.053	0.069
2.9	—	—	0.039	0.053	0.069	—	—	0.036	0.049	0.064
3.0	—	—	0.036	0.049	0.064	—	—	0.034	0.046	0.060
3.1	—	—	—	0.046	0.060	—	—	—	0.043	0.056
3.2	—	—	—	0.043	0.057	—	—	—	0.040	0.053
3.3	—	—	—	0.041	0.053	—	—	—	0.038	0.050
3.4	—	—	—	0.038	0.050	—	—	—	0.036	0.047
3.5	—	—	—	0.036	0.047	—	—	—	0.034	0.044
3.6	—	—	—	—	0.045	—	—	—	—	0.042
3.7	—	—	—	—	0.042	—	—	—	—	0.039
3.8	—	—	—	—	0.040	—	—	—	—	0.037
3.9	—	—	—	—	0.038	—	—	—	—	0.035
4.0	—	—	—	—	0.036	—	—	—	—	0.034

(3)桩顶褥垫层

路基为柔性基础,目前复合地基设计都是采用刚性基础下复合地基的研究成果。常用的做法是在桩顶设置30~50cm的粒料垫层(在荷载作用下桩可以部分刺入到垫层中,以充分发挥桩土的共同作用),即“桩+桩间土+桩顶柔性垫层”构成复合地基。

实际上,刚性基础与柔性基础下的复合地基是不同的:

一是桩土荷载集中系数、桩土荷载比、桩土应力比等无论发展规律还是量值都有很大差异。浙江大学吴惠民、龚晓南等的试验成果表明：

桩土荷载集中系数：在荷载作用下，刚性基础下由0.674逐渐上升至0.733后下降至复合地基破坏时的0.518；柔性基础下由0.225持续下降到0.162然后回升。

桩土荷载比：在荷载作用下，刚性基础下由2.065上升至2.750后下降至复合地基破坏时的1.075；柔性基础下由0.290下降至0.193后回升。

桩土应力比：在荷载作用下，刚性基础下由11.708上升至15.592后降至复合地基破坏时的6.095；柔性基础下由1.644下降至1.094后回升。

桩对复合地基承载力的贡献，刚性基础下的要大于柔性基础下的。

二是柔性基础与刚性基础下的复合地基的破坏机理不同。刚性基础下桩土变形一致，在相同的变形时，桩首先承受较大荷载，并首先进入极限状态，随总荷载的增加，桩土应力比先增大再减小；柔性基础下桩土变形可相对自由发展，土首先承担较大荷载，并随荷载增加率先进入极限状态，桩土应力比呈现先递减后上升的趋势。

随着研究的不断深入，许多专家学者都认为刚性基础下"桩 + 桩间土 + 桩顶柔性垫层"构成复合地基的理论应用到柔性基础（如道路路基）下应扩展为"桩 + 桩间土 + 桩顶柔性垫层 + 刚性垫层"构成复合地基。柔性垫层上的刚性垫层并非是绝对的刚性材料（如水泥混凝土），为了节省投资常常采用水泥土垫层或加筋碎石垫层。

国标图集15MR301《城市道路——软土地基处理》吸收了这一研究成果，对桩顶褥垫层的设置进行了改进，褥垫层厚度采用60cm，在褥垫层中部加设土工格栅加筋材料，土工格栅和其上部的垫层作为加筋垫层，使之发挥类似于刚性垫层的作用，与其下的褥垫层、桩及桩间土构成复合地基，见图4.3.3-2。

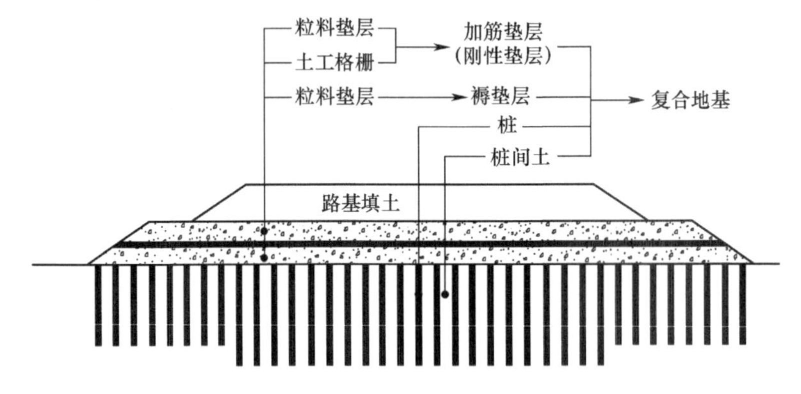

图4.3.3-2　改进后的桩顶褥垫层设置

（4）水泥掺入量

水泥搅拌桩或粉喷桩水泥掺入量一般在12% ~15%，高压旋喷桩最小水泥用量不小于130kg/m（桩径600mm）。具体掺入量应通过室内水泥土试验和试桩确定。

2）加固土桩复合地基承载力特征值计算

加固土桩处理软基形成的柔性桩竖向增强体复合地基承载力按下式计算：

$$f_{psk} = m \cdot \frac{R_p}{A_p} + \alpha \cdot (1 - m) \cdot f_{sk} \tag{4.3.3-2}$$

式中：R_p——加固土桩单桩竖向承载力特征值(kN)；

f_{psk}——复合地基承载力(kPa)；

f_{sk}——处理后桩间土承载力特征值(kPa)，无当地经验时可取天然地基承载力特征值；

m——加固土桩的置换率；

A_p——加固土桩的截面积(m^2)；

α——桩间土承载力折减系数，当桩端未经修正的承载力特征值大于桩周土的承载力特征值的平均值时，可取0.1～0.4，差值大时取低值；当桩端未修正的承载力特征值小于或等于桩周土的承载力特征值的平均值时，可取0.5～0.9，差值大时或设置垫层时均取高值。

3)加固土桩单桩承载力计算

加固土桩的单桩承载力根据需要可以采用不同的计算方法。

(1)根据所要达到的复合地基承载力及置换率等反算所需的单桩承载力特征值 R_{p1}

$$R_{p1}=\frac{f_{psk}-\alpha\cdot(1-m)\cdot f_{sk}}{m}\cdot A_p \tag{4.3.3-3}$$

式中：R_{p1}——加固土桩单桩承载力(kN)；

其余符号意义同前。

(2)根据桩长、桩径、桩侧壁摩阻力及桩端阻力等估算单桩承载力特征值 R_{p2}

计算公式为：

$$R_{p2}=\frac{1}{2}(u\cdot\sum q_{si}l_i+\alpha_1\cdot f_p\cdot A_p) \tag{4.3.3-4}$$

式中：R_{p2}——加固土桩单桩承载力(kN)；

q_{si}——桩周第 i 层土的侧壁摩阻力标准值(kPa)，无试验数据时，对淤泥可取4～7kPa；对淤泥质土可取6～12kPa；对软塑状态的黏性土可取10～15kPa；对可塑状态的黏性土可取12～18kPa；

f_p——桩端土未修正的承载力标准(kPa)；

l_i——桩周第 i 层土的厚度(m)；

u——桩的周长(m)；

α_1——桩端天然地基土承载力折减系数，可取0.4～0.6，承载力高时取低值；

其余符号意义同前。

(3)由桩身材料强度(即截面轴压承载力)所确定的单桩承载力特征值 R_{p3}

计算公式为：

$$R_{p3}=\beta\cdot q_u\cdot A_p \tag{4.3.3-5}$$

式中：R_{p3}——加固土桩单桩承载力(kN)；

q_u——与桩身水泥土配比相同的室内水泥土试块(边长70.7mm或50mm的立方体)标准养护90d龄期的抗压强度平均值(kPa)；

β——强度折减系数，水泥搅拌桩可取0.25～0.33，粉喷桩可取0.2～0.3，旋喷桩可取0.33；

其余符号意义同前。

(4)临界桩长

①临界桩长的概念

根据桩侧壁摩阻力及端头阻力计算单桩承载力，首先要确定桩是摩擦支承型桩还是纯摩擦型桩。在竖向荷载作用下桩侧壁摩阻力沿桩长递减，当桩身足够长且具有足够的截面承载力时，桩侧壁摩阻力可在一定深度处衰减至零。桩侧壁摩阻力为零处对应的桩长称为临界桩长 L_s。

当设计桩长 $L<L_s$ 时，按摩擦支承桩考虑；当设计桩长 $L \geqslant L_s$ 时，由于超长部分不参与荷载传递，桩端阻力为零，故为摩擦桩，这时按式(4.3.3-4)计算单桩承载力时应附加两个条件：一是不考虑桩端阻力，二是计算桩长不得大于临界桩长。

②临界桩长计算

临界桩长按下式计算：

$$L_s = 1.5D \cdot \sqrt{\frac{E_p}{E_s}} \cdot \sqrt{\frac{3a(1+\mu)}{a+2}} \tag{4.3.3-6}$$

式中：E_p——桩的变形模量(MPa)；

E_s——土的变形模量(MPa)；

D——桩径(m)；

L_s——临界桩长(m)；

μ——桩间土的泊松比；

a——桩发生位移时带动四周土体的影响区范围，若桩的半径为 R_1，影响区半径为 R_2，则 $a=\frac{R_2-R_1}{2R_2}$。

加固土桩单桩承载力具体按哪种方法计算取决于加固土桩处理地基的目的。如果加固土桩仅为减小沉降，则单桩承载力只需按式(4.3.3-4)和式(4.3.3-5)计算取其低值即可；如果是地基承载力不足而采用加固土桩进行处理，则单桩承载力应首先按式(4.3.3-3)计算，然后用式(4.3.3-4)和式(4.3.3-5)校核。

4)加固土桩复合地基沉降计算

加固土桩复合地基沉降由加固区沉降 S_1 和加固区下卧层沉降 S_2 组成。

(1)加固区沉降 S_1 计算

根据有些著作中的论述，水泥搅拌桩加固区的沉降很小，一般不超过3cm，因此，工程设计中有部分人都假定水泥搅拌桩加固区的沉降为3cm，通过控制下卧层沉降不超过7cm(规范规定桥头工后沉降不超过10cm)来确定水泥搅拌桩桩长和桩径，这样做显然是不合理的。

加固土桩加固区沉降与桩长、置换率、桩及土的压缩模量、荷载大小等因素有关，可以采用复合地基模量法、应力修正法和桩身压缩模量法三种方法计算，应用较为广泛的是复合地基模量法，即将桩与桩间土视为一复合体，根据复合体的压缩模量，利用分层沉降法计算最终沉降。

①复合地基模量法

$$S_1 = \sum_{i=1}^{k} \frac{\Delta p_i}{E_{csi}} \cdot h_i \tag{4.3.3-7}$$

$$E_{sci} = m \cdot E_p + (1-m) \cdot E_{si} \tag{4.3.3-8}$$

式中：S_1——加固区沉降；

k——加固区总的土层数；

Δp_i——加固区土层 i 的平均附加压力(取土层 i 顶面和地面附加压力的平均值)；

h_i——加固区土层 i 的厚度

E_{csi}——加固区土层 i 的复合模量；

m——复合地基置换率；

E_p——加固土桩的压缩模量；

E_{si}——加固区 i 土层的压缩模量。

复合地基模量法理论上是合理的，但关键问题是复合地基压缩模量的取值。目前都是按复合材料力学的方法，简单地将桩的压缩模量和桩间土的压缩模量按面积加权平均来计算，这种方法并没有考虑土体及桩体材料的非线性特性，特别是没有考虑桩土间的共同作用。

②应力修正法

$$S_1 = \frac{1}{1+m(n-1)} \cdot \sum_{i=1}^{k} \frac{\Delta p_i}{E_{si}} \cdot h_i \tag{4.3.3-9}$$

式中：n——加固土桩的桩土应力比，对于水泥搅拌桩和粉喷桩 $n=3\sim6$，对于高压旋喷桩 $n=6\sim10$；

其他符号意义同前。

(2)加固区下卧层沉降 S_2 计算

加固区下卧层的沉降采用分层总和法计算，计算中作用在下卧层土体顶面的荷载或土体中附加应力是难以精确计算的，目前工程上通常采用应力扩散法或等效实体法计算。

①应力扩散法(图4.3.3-3)

$$P_b = \frac{B \cdot P}{B + 2h\tan\beta} \tag{4.3.3-10}$$

式中：P——作用在加固区顶面的附加应力；

B——加固区宽度；

h——加固区深度；

β——应力扩散角；

P_b——作用在下卧层顶面的附加应力。

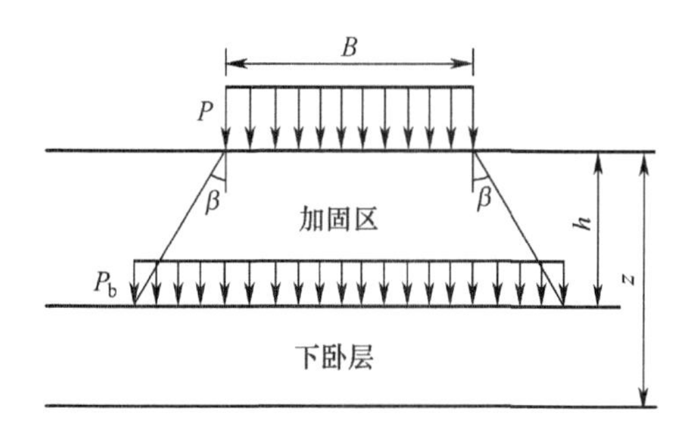

图4.3.3-3 应力扩散法

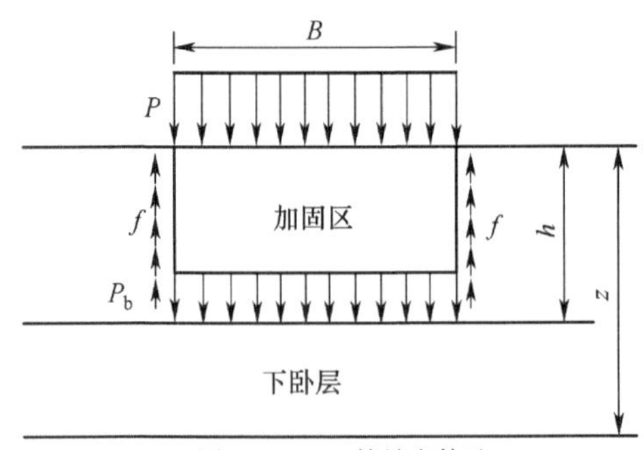

图4.3.3-4　等效实体法

②等效实体法(图4.3.3-4)

$$P_b = P - \frac{2h}{B} \cdot f \qquad (4.3.3\text{-}11)$$

式中：f——侧壁摩阻力；

其他符号意义同前。

计算出作用在下卧层顶面的附加应力，就可以按照分层总和法计算下卧层的沉降。

5)加固土桩设计流程

加固土桩设计应先明确处治目的(是针对稳定处治还是针对沉降处治)。如果针对稳定处治，则处理后的稳定安全系数应大于表4.3.3-2的规定；如果针对沉降处理，则处理后的工后沉降应小于表2.2.2-1和表2.2.2-2的规定。

稳定安全系数容许值表　　　　表4.3.3-2

指　　标	有效固结应力法		改进总强度法		简化毕肖普法 简布普遍条分法
	不考虑固结	考虑固结	不考虑固结	考虑固结	
直接快剪	1.1	1.2	—	—	—
静力触探、十字板剪切	—	—	1.2	1.3	—
三轴有效剪切指标	—	—	—	—	1.4

注：考虑地震力作用是表中稳定安全系数减小0.1。

(1)针对稳定处治的加固土桩设计流程见图4.3.3-5。

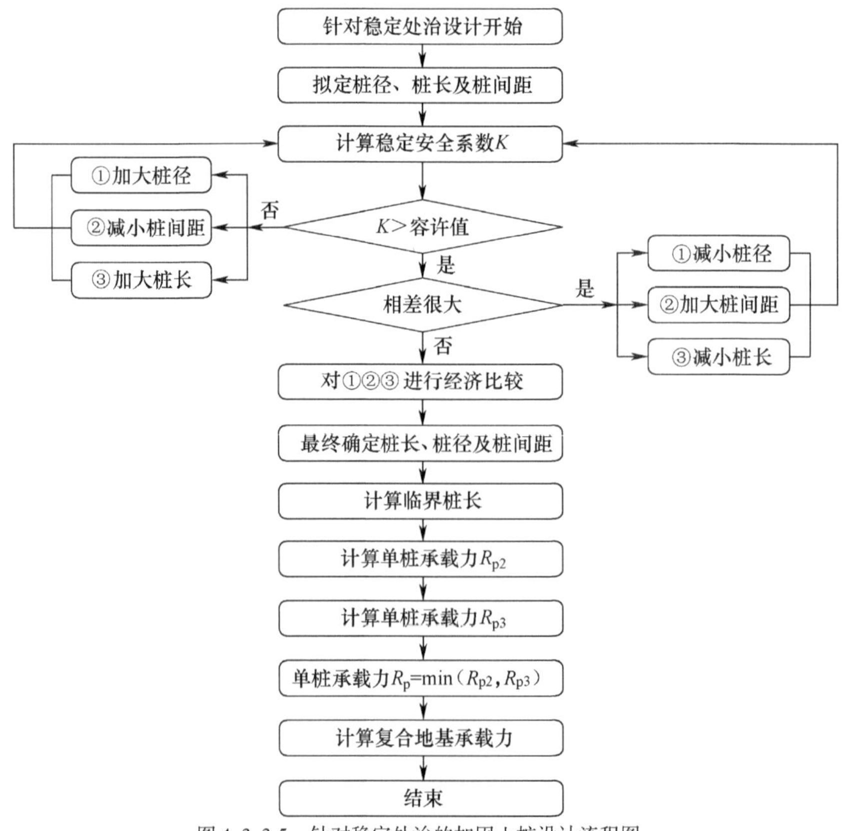

图4.3.3-5　针对稳定处治的加固土桩设计流程图

(2)针对沉降处治的加固土桩设计流程见图4.3.3-6。

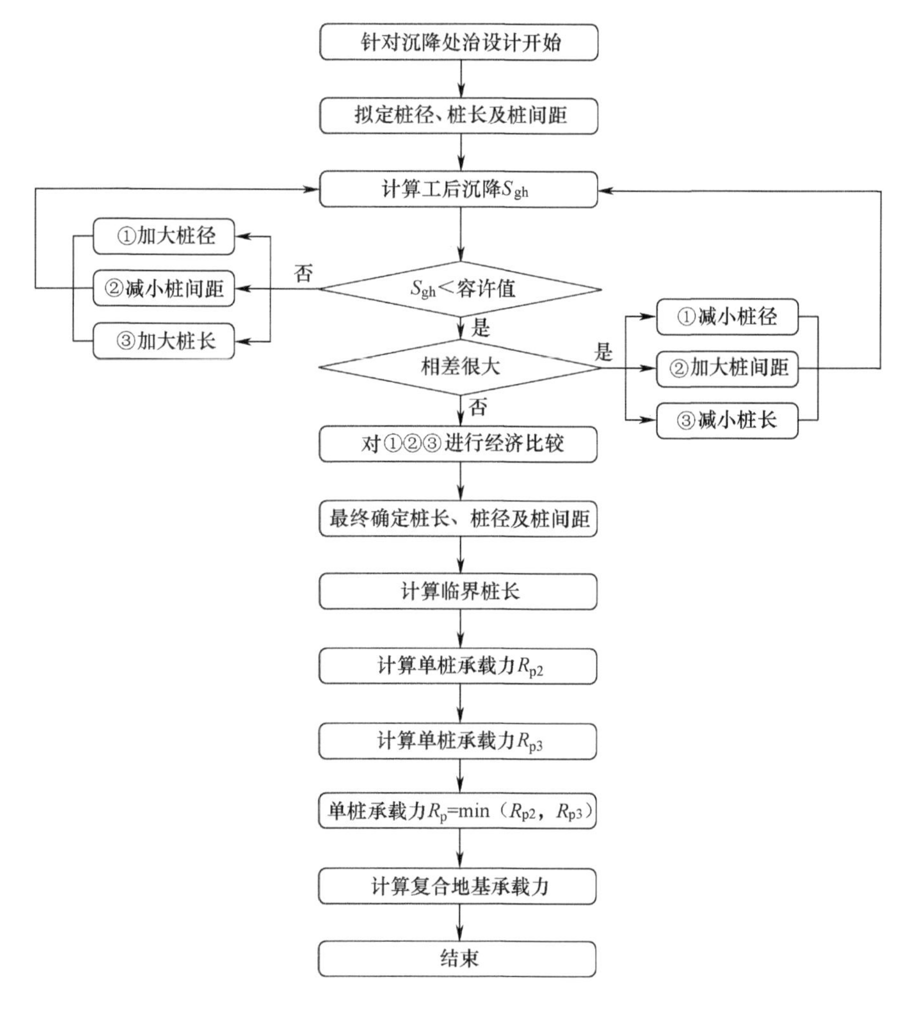

图4.3.3-6　针对沉降处治的加固土桩设计流程图

(3)为单纯提高地基承载力而采用加固土桩进行处理,其设计流程见图4.3.3-7。

6)加固土桩桩长与桩间距的经济组合

在软土地基上修建高等级公路,工后沉降不能满足要求时,加固土桩(水泥搅拌桩和旋喷桩)是常用的一种深层处理方法。在设计计算中,一般都是先拟定桩长、桩间距及桩径,计算工后沉降,如果工后沉降不能满足要求或小于规范容许值很多,则调整桩长或桩间距,直至计算工后沉降合适为止。计算步骤见图4.3.3-8。

软土地基处理最基本的一条原则就是经济合理。通过上述计算确定的桩长与桩间距,可以保证处理后的工后沉降满足规范要求,但地基处理费用是否最省呢?

假定地基处理面积为A,桩长为L,置换率为m,桩径为D,桩间距为S,处理后的工后沉降刚好满足规范要求,如果每延米桩长造价为C,则地基处理费用F可按下式计算:

$$F=\frac{C\cdot L\cdot A\cdot m}{\pi D^2/4}\tag{4.3.3-12}$$

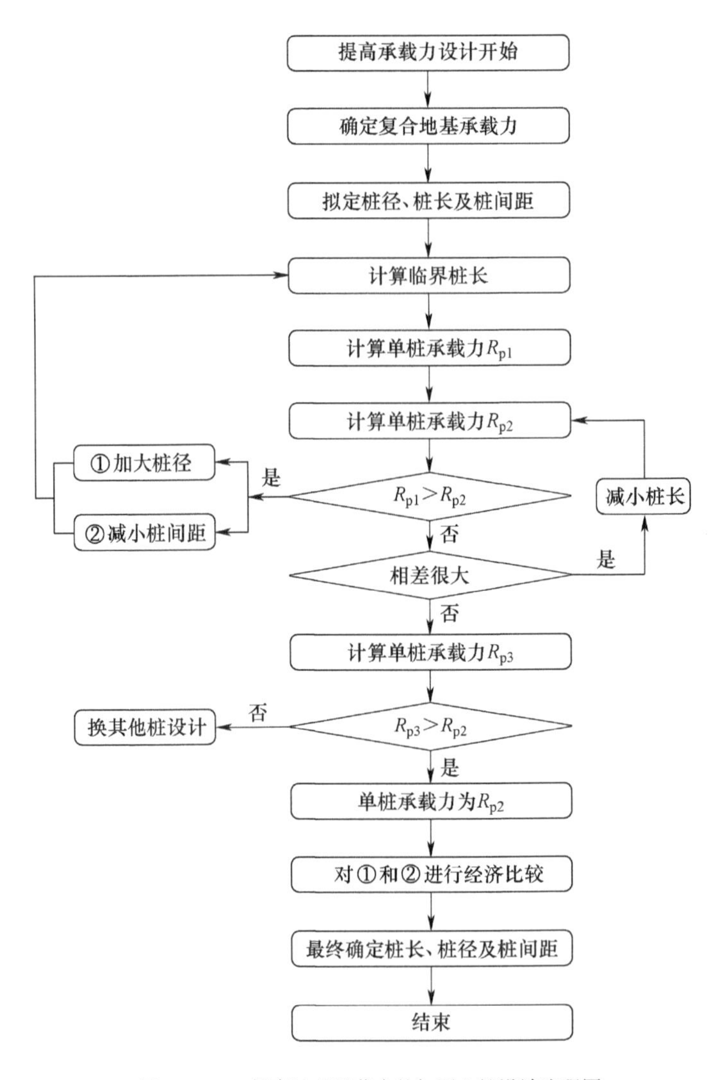

图4.3.3-7 提高地基承载力的加固土桩设计流程图

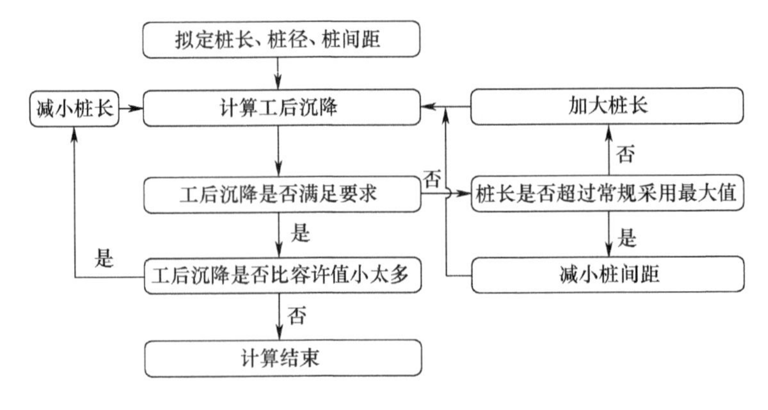

图4.3.3-8 加固土桩处理软基常规计算框图

假定桩采用正三角形布置,把置换率 $m=0.907\times D^2/S^2$ 代入式(4.3.3-12)得:

$$F=1.155A\cdot C\cdot\frac{L}{S^2} \tag{4.3.3-13}$$

桩的形式一旦确定,则 C 为定值,要想使地基处理费用最省,L/S^2 必须最小。

满足工后沉降要求、桩长与桩间距平方的比值最小的桩长与桩间距的组合称为经济组合。但 L/S^2 是否有最小值,为此,通过对津汕高速公路的几个钻孔进行分析计算,验证 L/S^2 是否存在最小值。为此,对津汕高速公路的几个钻孔进行分析计算。

(1)分析计算 1

津汕高速公路 ZK46 处,桥头填土高度 $H=6.0$m,不处理的工后沉降 0.181m,总沉降 0.656m,采用旋喷桩进行处理。按照目前常规计算方法,最后采用桩长 13m,桩间距 1.5m。进行多次计算,满足工后沉降不同的桩长与桩间距的组合见表 4.3.3-3(地基处理范围为 52m×25m)。对应曲线图如图 4.3.3-9 所示。

旋喷桩桩长与桩间距组合表 表 4.3.3-3

桩间距 S(m)	1.0	1.1	1.2	1.3	1.4	1.5	1.6
桩长 L(m)	7.25	7.75	8.75	9.75	10.75	12.75	16.25
L/S^2	7.25	6.4	6.07	5.77	5.48	5.67	6.37
桩数量(根)	1504	1242	1043	888	768	667	733
桩总长(m)	10904	9626	9126	8658	8256	8504	11911

(2)分析计算 2

津汕高速公路 ZK48 处,桥头填土高度 $H=4.0$m,不处理的工后沉降0.128m,总沉降 0.404m,采用水泥搅拌桩进行处理。按照目前常规计算方法,最后采用结果为桩长 12m,桩间距 1.3m。如果进行多次计算,满足工后沉降的不同的桩长与桩间距的组合见表 4.3.3-4(地基处理范围为 48m×25m)。对应曲线图如图 4.3.3-10 所示。

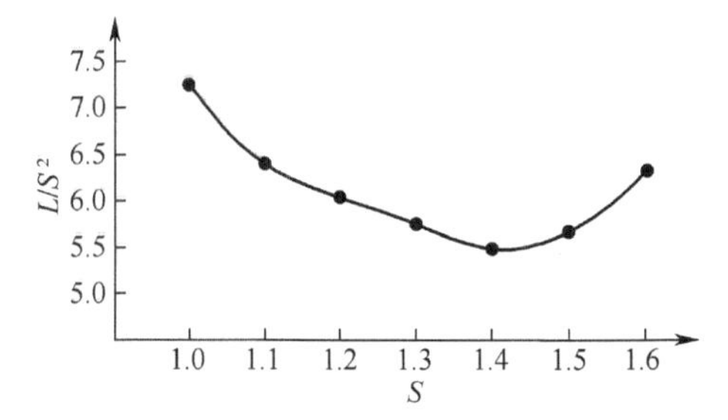

图 4.3.3-9 表 4.3.3-2 对应的 L/S^2-S 曲线图

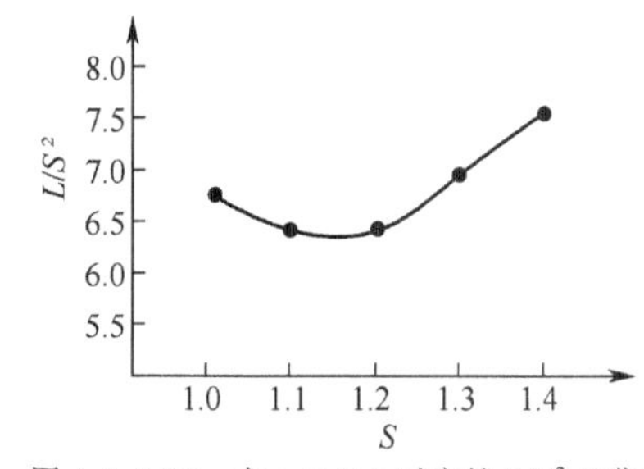

图 4.3.3-10 表 4.3.3-3 对应的 L/S^2-S 曲线图

水泥搅拌桩桩长与桩间距组合表 表 4.3.3-4

桩间距 S(m)	桩长 L(m)	L/S^2	桩数量(根)	桩总长(m)
1.0	6.75	6.75	1470	9922
1.1	7.75	6.40	1215	9416
1.2	9.25	6.42	1025	9481
1.3	11.75	6.95	874	10270
1.4	14.75	7.53	770	11358

由图4.3.3-9和图4.3.3-10可以非常直观地看出，加固土桩处理软基时的确存在一种桩长与桩间距的经济组合，使得桩长与桩间距平方的比值最小，地基处理费用最少。

4.3.4 加固处理段分区设计

路基的沉降呈现出路中大、路边小的特点，即沉降盆，因此复合地基设计时边坡范围内置换率可小于路基下面的置换率，另外桥头复合地基处理主要用于减小桥头工后沉降，由于桥头容许工后沉降与路段容许工后沉降相差较大，必须设置过渡段来实现工后沉降的渐变。从适应路基应力分布特性、实现工后沉降渐变以及节约工程造价角度出发，在桥头高填土路堤复合地基设计时应对复合地基加固处理段进行分区设计。

国标图集15MR301《城市道路——软土地基处理》中给出了桥头采用放坡或挡土墙时加固处理段的分区示意图：

1）桥头路基采用放坡形式时加固处理段分区设计

桥头路基采用放坡形式时复合地基加固处理分区见图4.3.4-1。

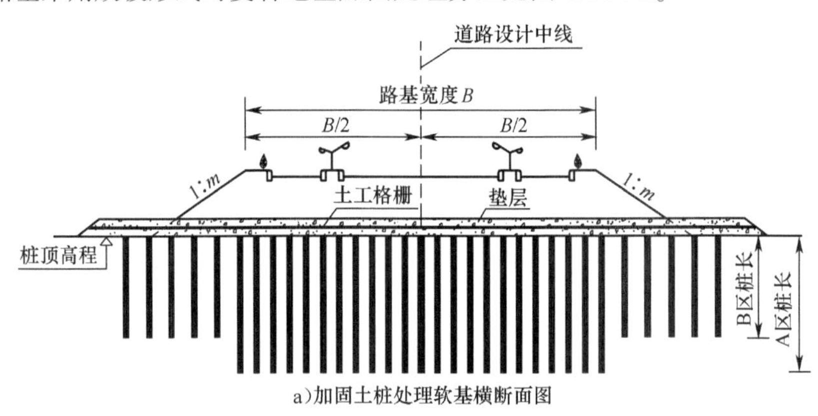

a）加固土桩处理软基横断面图

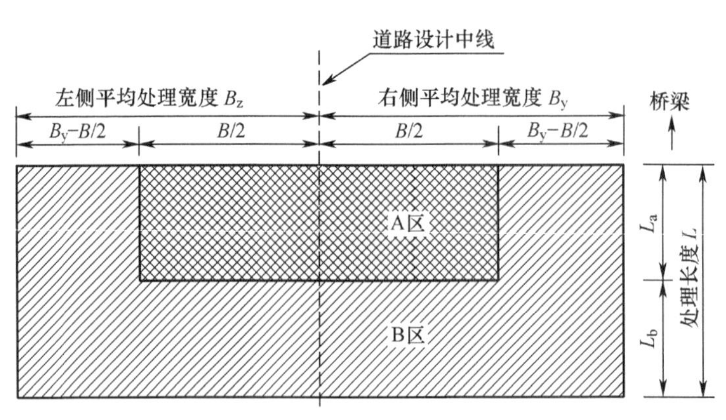

b）加固土桩处理软基平面分区示意图

图4.3.4-1 桥头路基采用放坡形式时复合地基平面分区示意图

2）桥头路基采用挡墙形式时加固处理段分区设计

桥头路基采用挡墙形式时复合地基处理加固段分区见图4.3.4-2。

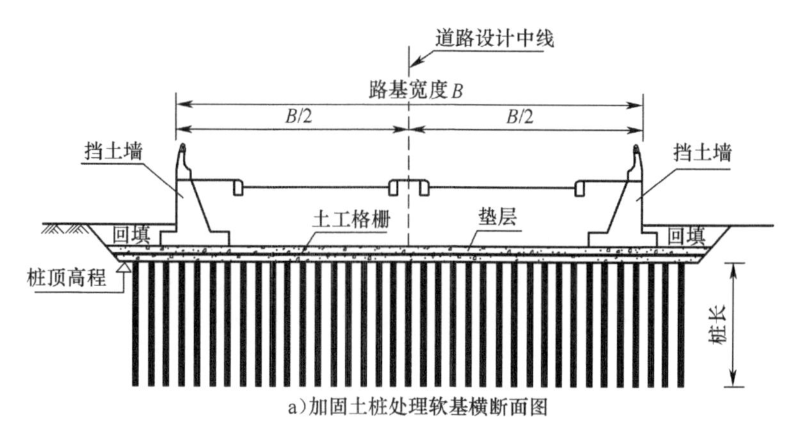

a）加固土桩处理软基横断面图

b）加固土桩处理软基平面分区示意图

图4.3.4-2　桥头路基采用挡墙形式时复合地基平面分区示意图

3）加固段长度L及分区桩长、桩间距确定

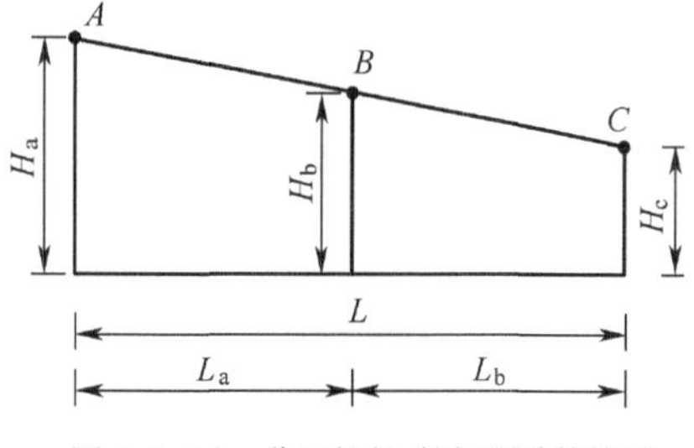

图4.3.4-3　分区桩长、桩间距计算简图

图4.3.4-3中：L为桥头加固处理段长度，H_a、H_b、H_c分别为A、B、C三点对应的填土高度（A点对应桥头，B点对应A区和B区分界处，C点接路段），A、B、C三点处的计算工后沉降分别用S_{GHa}、S_{GHb}、S_{GHc}表示。

（1）如果按H_a计算的工后沉降小于路段容许工后沉降，则L一般取30～50m（填土高度较高时可取长一些），反之，加固段长度L可结合桥头填土高度事先拟定。如果按L计算的S_{GHc}不满足路段容许工后沉降，应加大L至S_{GHc}满足要求，如果按L计算的S_{GHc}比路段容许工后沉降小很多，可缩短L再重新计算。计算确定的L一般不应小于30m。

（2）加固处理段A区长度一般取（1/2～2/3）L，B区长度一般取（1/3～1/2）L。

（3）A区加固土桩桩长及桩间距以S_{GHa}满足桥头容许工后沉降控制并通过计算确定。

（4）B区加固土桩桩长及桩间距以$S_{GHb} \leq (S_{GHa} + S_{GHc})/2$控制并通过计算确定。

4.3.5　加固土桩施工要求

加固土桩施工前应进行水泥加固土的室内试验，根据被加固土的性质及单桩承载力要求，确定每延米水泥用量。每个工点加固土桩施工前必须先施作不少于5根的工艺试验桩（其中3根用于单桩承载力检验，2根用于复合地基承载力检验），以检验机具性能及施工工艺中的各项技术参数。

1)材料要求

(1)水泥

水泥采用强度等级为32.5级及以上的硅酸盐水泥或普通硅酸盐水泥,其性能必须符合现行《硅酸盐水泥、普通硅酸盐水泥》(GB 175)的规定。水泥储存时间超过3个月时应重新取样试验,并按其检验结果使用,使用前报监理工程师批准。

(2)水

宜使用饮用水。使用非饮用水时须经过化验,并符合下列规定:

①硫酸盐(以三氧化硫计)含量不得超过2700mg/L;

②含盐量不得超过5000mg/L;

③pH值不得小于4。

(3)垫层

桩顶垫层应采用级配良好的碎石或砂砾,最大粒径不超过30mm,不含植物残体、垃圾等杂质。在碎石或砂砾缺乏地区,也可以采用12%石灰土或5%水泥加固土。

(4)加筋材料

加筋材料技术指标应符合设计要求。

2)施工前准备工作

(1)搞好施工现场的三通(路通、水通、电通)一平(清除施工场区内的障碍物,根据设计桩顶高程平整好施工场地),查清地下管线位置及确定架空电线的位置、净空。

(2)按设计图纸放线,准确定出各搅拌桩位置。如需改动原设计桩位,应取得设计、监理等单位的同意后方可执行。

(3)做好包括供水供电线路、机械设备施工线路、机械设备放置位置、材料堆放位置、运输通道等施工布置规划。

3)水泥搅拌桩施工工艺流程

水泥搅拌桩施工流程见图4.3.5-1,具体如下:

(1)定位。搅拌机到达施工的桩位后对中,并抄平塔架平台,使搅拌钻杆垂直于地面。

(2)预搅拌将搅拌头下沉。待搅拌机的冷却水循环正常后启动搅拌机,搅拌头运转正常后放松起重钢绳,搅拌杆沿导向架切土徐徐下沉。下沉时电机的工作电流不得超过60A。如果下沉速度太慢,阻力太大,可通过输浆管适当送水稀释土体以利钻进。

(3)制备水泥浆。按试桩确定的配比制备水泥浆,并存放在集料斗中。水泥浆的水灰比宜为0.45~0.55。

(4)提升搅拌喷浆。当搅拌头抵达设计深度时将搅拌头反转,同时喷浆提升搅拌,严格控制搅拌速度,边喷浆边搅拌边提升,将水泥浆液充分与黏土拌和均匀。施工中应采用流量泵控制喷浆速度,注浆泵出口压力应保持在0.4~0.6MPa。

(5)重复搅拌下沉、搅拌提升。如果采用“少量多次喷浆”,在重复搅拌下沉和提升过程中应按第4条要求喷浆。

为保证施工质量,施工中必须严格按设计及有关施工规范、规程进行。水泥搅拌桩施工注意事项如下:

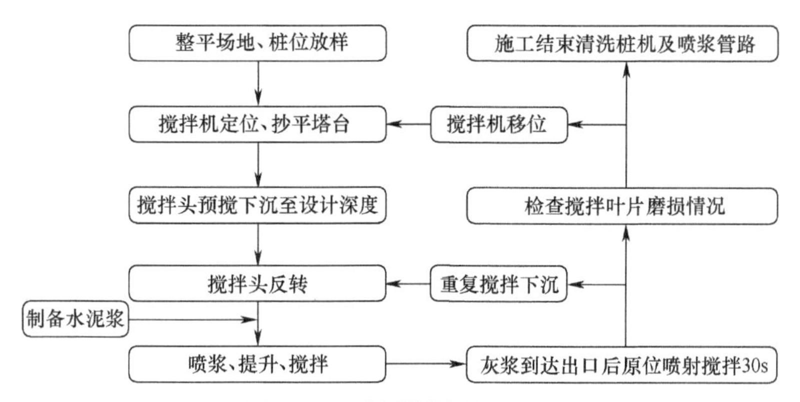

图4.3.5-1 水泥搅拌桩施工流程图

(1)设备就位后必须平整,确保施工过程中不发生倾斜和移动,机架和钻杆的垂直度偏差不得大于1.0%,施工中采用吊锤观测钻杆的垂直度,如发现偏差过大,必须及时调整。

(2)桩机桩位对中偏差不得大于20mm。

(3)制备好的水泥浆不得有离析现象,停置时间不得超过2h,若停置时间过长,不得使用。

(4)严格按照试桩确定的参数控制喷浆量和搅拌提升速度。为保证施工质量、提高工作效率、减少水泥浪费,应尽量连续施工。输浆阶段必须保证足够的输浆压力,连续供浆。如因故短时间停浆,应将搅拌头下沉到停浆点0.5m以下,待恢复供浆后再喷浆搅拌。如停工40min以上,必须对输浆管路全面清洗,防止水泥浆在管路中凝结影响施工。

(5)严格控制搅拌机的下沉和提升速度,提升和下沉速度不得超过1.0m/min,水泥搅拌桩桩顶接近设计高程时,搅拌机自地面以下1m喷浆搅拌提升出地面时应采用慢速以保证桩头施工质量。当灰浆到达出口后应原位喷射搅拌30s。

(6)应定期检查搅拌叶片的直径大小,如因磨损使叶片直径小于设计桩径时应更换叶片。

4)粉喷桩施工工艺流程

粉喷桩施工流程见图4.3.5-2,具体如下:

(1)定位。搅拌机到达施工的桩位后对中,并抄平塔架平台,使搅拌钻杆垂直于地面。

(2)预搅拌将搅拌头下沉。以1、2、3档逐级加速,将钻头顺转至设计深度,如遇硬土难以钻进时可以降档钻进,放慢速度。

(3)提升钻杆喷粉搅拌。当搅拌头抵达设计深度时将搅拌头反转,同时喷粉提升搅拌,严格控制搅拌速度,边喷粉边搅拌边提升,将水泥粉充分与黏土拌和均匀。提升速度控制在0.5m/min,喷粉压力一般控制在0.5~0.8MPa。钻头提升至设计停灰面(粉喷桩桩顶高程以上0.5m)时,停止喷粉,并慢速原地搅拌2~3min。

(4)重复搅拌下沉、搅拌提升。速度控制在0.5~0.8m/min。

为保证施工质量,施工中必须严格按设计及有关施工规范、规程进行。粉喷桩施工注意事项如下:

(1)设备就位后必须平整,确保施工过程中不发生倾斜和移动,机架和钻杆的垂直度偏差不得大于1.0%,施工中采用吊锤观测钻杆的垂直度,如发现偏差过大,必须及时调整。

(2)桩机桩位对中偏差不得大于20mm。

(3)预搅下沉过程中,在钻进时始终保持连续送压缩空气,以保证喷灰口不被堵塞,钻杆内不进水，保证下一道工序送灰时顺利通畅。

(4)严格按照试桩确定的参数控制喷粉量和搅拌提升速度。

(5)严禁在尚未喷粉的情况下进行钻杆提升作业。

(6)施工中如因地下障碍物等原因使钻杆无法钻进时应及时通知监理及设计人员，以便及时采取补桩措施。

(7)应定期检查搅拌叶片的直径大小，如因磨损使叶片直径小于设计桩径时应更换叶片。

(8)粉喷桩施工机具应有专门的自动计量装置，自动记录沿深度的喷粉量和时间。

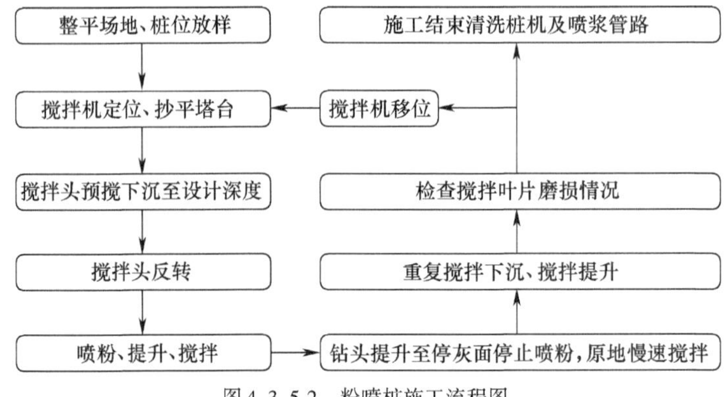

图4.3.5-2　粉喷桩施工流程图

5)旋喷桩单管旋喷施工工艺流程

单管旋喷桩施工流程见图4.3.5-3，具体如下：

(1)定位。钻机到达施工的桩位后对中，并抄平塔架平台，使钻杆垂直于地面。

(2)钻孔下沉至设计高程。

(3)制备水泥浆。按试桩确定的配比制备水泥浆，水泥浆的水灰比宜为1∶1～1.5∶1。

(4)高压喷射注浆。钻头抵达设计深度后钻杆旋转的同时缓慢提升，同时利用高压泵将制备好的水泥浆液通过钻杆下边的喷射装置向四周高速水平喷入土体，借助喷射流的冲击力切削土层，使喷射流射程内的土体遭受破坏，并与水泥浆搅拌混合。钻杆的旋转速度一般控制在10～20r/min，钻杆提升速度一般为100～250mm/min。

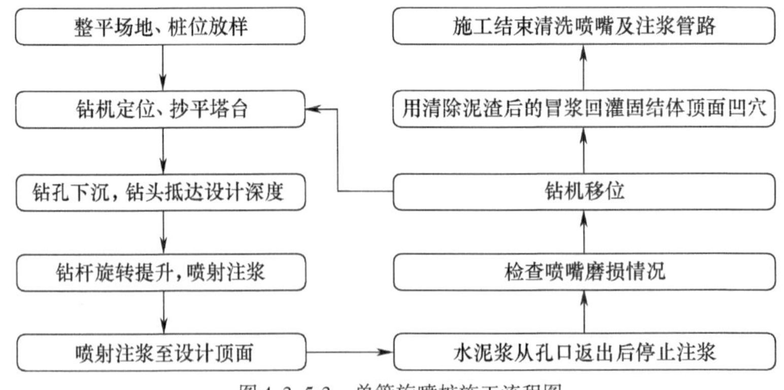

图4.3.5-3　单管旋喷桩施工流程图

为保证施工质量，施工中必须严格按设计及有关施工规范、规程进行。旋喷桩施工注意事项如下：

①设备就位后必须平整,确保施工过程中不发生倾斜和移动,机架和钻杆的垂直度偏差不得大于1.0%,施工中采用吊锤观测钻杆的垂直度,如发现偏差过大,必须及时调整。

②钻机桩位对中偏差不得大于20mm。

③制备好的水泥浆不得有离析现象,停置时间不得超过2h,若停置时间过长,不得使用。

④严格按照试桩确定的旋喷参数控制钻杆的旋转和提升速度,喷射注浆前要检查高压设备和管路系统。施工过程中要采取措施防止喷嘴和管路被堵塞。

⑤施工中如因地下障碍物等原因使钻杆无法钻进时应及时通知监理及设计人员,以便及时采取补桩措施。

⑥应定期检查喷嘴的磨损情况,磨损过度的喷嘴应及时更换。

⑦喷射注浆过程中应观察冒浆情况,冒浆量超过注浆量的20%或完全不冒浆时应查明原因并采取相应的措施。

⑧喷射注浆至设计顶面后,需待水泥浆从孔口返出后方可停止送浆。

⑨冒浆及时清除沉淀的泥渣后可用来回灌已施工桩固结体顶部凹穴。

⑩高压泵离喷射注浆孔不宜过远,以防止高压软管过长,沿程损失增大,造成实际喷射压力过低。

6)加固土桩质量检验

加固土桩必须由专门的检测单位进行质量检测,加固土桩质量检验主要包括以下内容:

(1)N_{10}检测

水泥搅拌桩、粉喷桩在成桩龄期7d内(高压旋喷桩在成桩龄期3d内)用轻便触探器进行N_{10}检测,检测频率为总桩数的10%。1d龄期成桩的N_{10}击数>15击时为满足要求;7d龄期成桩的N_{10}击数大于原天然地基N_{10}击数一倍以上者为满足要求。

(2)抽芯检验

抽芯检验主要用于评价加固土桩的桩身质量,如抗压强度、含灰量、坚硬程度、搅拌均匀性等。抽芯检验的加固土桩数量为总桩数的1%,且每个施工工点不少于6根。一般应按比例随机抽取,且分布基本均匀,对怀疑有问题的桩及结构设计为关键部位的桩应重点抽取。

根据抽芯结果,可将桩分为四类:

①Ⅰ类桩

芯样连续、完整、表面光滑、胶结好、呈长柱状、断口吻合,芯样侧面仅见少量气孔,芯样有代表性且抗压强度值不小于设计值。

②Ⅱ类桩

芯样连续、完整、胶结较好、水泥分布基本均匀、呈柱状、断口基本吻合,芯样侧面局部见蜂窝麻面、沟槽,芯样有代表性且抗压强度值不小于设计值。

③Ⅲ类桩

大部分芯样胶结较好,无松散、夹泥或分层现象,但有下列情况之一:芯样局部破碎且破碎长度≤100mm;芯样多呈短柱状或块状;芯样侧面蜂窝麻面、沟槽连续。芯样有代表性,抗压强度值小于设计值。

④Ⅳ类桩

钻进容易,芯样任一段松散、夹泥或分层;芯样局部破碎且破碎长度>100mm;代表性芯样抗压强度值远小于设计值。

Ⅰ、Ⅱ类桩可判定为合格桩，Ⅲ、Ⅳ类桩为不合格桩。

(3)载荷试验

载荷试验分为单桩载荷试验和复合地基载荷试验。

用于单桩载荷试验的加固土桩数量不低于总桩数的0.3%，且每个施工工点不少于3根。一般应按比例随机抽取，且分布基本均匀，试验得到的单桩承载力基本值不得低于设计要求。用于复合地基载荷试验的加固土桩数量不低于总桩数的0.3%，且每个施工工点不少于3根。一般应按比例随机抽取，且分布基本均匀，试验得到的复合地基承载力基本值不得低于设计要求。

载荷试验一般采用静力载荷测试仪。

①加载应分级加载，每级荷载可取最大加载的10%左右。如设计单桩承载力为100kN，最大加载为200kN，每级加载可取20kN。

②采样测读时间在每级加载后，可按5min、10min、15min、30min、45min、60min、90min、120min测读试桩沉降量。每小时沉降不大于0.1mm、并连续出现两次时可认为沉降达到相对稳定，即可施加下一级荷载。

③终止加载条件。

a.某级荷载作用下桩顶沉降量大于前一级荷载作用下沉降量的5倍。

b.某级荷载作用下桩顶沉降量大于前一级荷载作用下沉降量的2倍，且经24h尚未达到相对稳定标准。

c.已达到设计要求的最大加载量。

d.荷载沉降曲线呈缓变型时可加载至桩顶总沉降量60~80mm。

④单桩竖向极限承载力的确定。

a.根据沉降随荷载的变化特征确定：对于陡降型 Q-S 曲线，取 Q-S 曲线发生明显陡降的起始点。

b.根据沉降量确定：对于缓变型 Q-S 曲线，取 $S=40\text{mm}$ 对应的荷载。

c.根据沉降随时间的变化特征确定：S-lg$t$ 曲线尾部出现明显向下弯曲的前一级荷载。

⑤单桩承载力=单桩极限承载力/2。

上述抽芯检验、单桩及复合地基载荷试验必须在加固土桩龄期达到28d后进行，试验前需凿除桩顶0.5m软桩头。

4.3.6 工程实例

1)天津大道葛万路主线桥头地基处理

天津大道葛万路主线桥头路基位于第四标，场区位于天津市津南区葛万公路，西侧桥头引路起点桩号为K19+555.065，终点桩号为K19+696.000，东侧桥头引路起点桩号为K20+150.660，终点桩号为K20+293.671。

(1)地质情况及地基处理方案

该处地势较为平坦，部分场地为农田。该主线双跨桥处地层在勘察深度范围主要为全新统及上更新统部分地层，自上而下有八个成因类型。有关各层具体情况分述如下：

①第一层：人工填土层(Qml)

本层为人工堆积，主要包括杂填土、素填土和路基填土。层厚 0.60～1.50m，层底高程 2.20～0.65m。

①-素填土：黄褐黏性土，可塑，松散，含铁质、植根、石子、少量砖渣、白灰。

②第二层：第Ⅰ陆相层（Q_4^3al）

本层为河床～河漫滩相沉积，该层厚度 1.00～2.10m，层底高程 0.30～－1.41m，主要由黏土、粉质黏土组成。

②-黏土、粉质黏土：黄褐～褐灰色，可塑～软塑状态，含铁质、云母、有机质，中～高压缩性。

③第三层：第Ⅰ海相层（Q_4^2m）

本层为浅海相沉积，该层厚度 12.30～13.50m，层底高程－12.80～－14.07m，主要由粉土、粉质黏土、淤泥质土、黏土组成，可分为 3 个亚层。

③-1 粉土、粉质黏土：褐灰～灰色，稍密～密实状态，含云母、有机质、贝壳，砂黏交互，中～高压缩性。

③-2 淤泥质土：灰色，流塑状态，含云母、有机质、贝壳，夹黏块，高压缩性。该层土含水率大，孔隙比高，承载力低，工程性质很差。

③-3 粉质黏土、黏土：灰色，可塑～流塑状态，厚度在 1.00～2.00m 左右，灰色，流塑状态，含云母、有机质、大量贝壳，中～高压缩性。

④第四层：第Ⅱ～Ⅲ陆相层（Q_4^1al～Q_3^eal）

本层土为河床～河滩相沉积，该层厚度 13.10～14.40m，层底高程－26.70～－28.11m。主要由粉质黏土、粉土、粉、细砂组成，可分为 2 个亚层：

④-1 粉质黏土、粉土：浅灰～黄褐色，可塑状态，含铁质、云母、有机质、腐殖质、贝壳，中压缩性。

④-2 粉、细砂、粉土：灰黄～黄褐色，中密～密实状态，含铁质、云母、有机质、贝壳，砂质纯净，低～中压缩性。

⑤第五层：第Ⅱ海相层（Q_3^dmc）

本层为滨海～潮汐相沉积，该层厚度 3.80～4.00m，层底高程－30.70～－31.91m，本层主要由粉、细砂组成。

⑤-粉、细砂：灰褐～灰色，中密～密实状态，含云母、有机质、贝壳，砂质纯净，低～中压缩性。

⑥第六层：第Ⅳ陆相层（Q_3^cal）

本层为河床～河滩相沉积，该层厚度 12.00～12.50m，层底高程－42.57～－43.91m。主要由粉、细砂、粉土组成。

⑥-1 粉、细砂、粉土：灰～褐黄色，密实状态，含云母、有机质、贝，砂质纯净，中压缩性。

⑥-2 夹粉质黏土：灰黄～深灰色，硬塑～可塑状态，含铁质、云母、有机质、贝壳，中压缩性。

⑦第七层：第Ⅲ海相层（Q_3^bm）

本层为浅海～滨海相沉积，层厚 20.00～20.7m，层底高程－62.70～－63.84m，主要由粉、细砂、粉土组成。

⑦-1 粉、细砂、粉土：灰褐～灰色，密实状态，含云母、有机质、贝壳，砂质纯净，中压缩性。

⑦-2 夹粉质黏土、黏土：青灰～浅灰色，硬塑～可塑状态，含云母、有机质、腐殖质、姜石，

中压缩性。

⑧第八层:第Ⅴ陆相层($Q_3{}^a al$)

本层为河流相沉积,未揭穿,最大揭示厚度为9.80m,主要由粉质黏土、黏土、粉细砂、粉土组成,可分为2个亚层:

⑧-1 粉质黏土、黏土:青黄~黄褐色,硬塑~可塑状态,含铁质、云母、有机质、姜石。

⑧-2 粉、细砂、粉土:浅灰~黄褐色,密实状态,含铁质、云母,中压缩性。

根据计算确定对该桥头路基采用水泥搅拌桩处理,处理范围为桥头两侧各50m,50m范围内靠近桥头25m为处理段、远离桥头25m为过渡段,并对西侧桥头采用双向水泥搅拌桩,东侧桥头采用常规的水泥搅拌桩进行处理。

具体处理范围及处理形式见表4.3.6-1。

葛万路主线上跨桥桥头处理形式一览表 表4.3.6-1

起讫桩号	主要处理措施	平均处理长度(m)	平均处理高度(m)	平均处理宽度(m)	主要尺寸说明				
					桩长(m)	桩径(m)	间距 a/b(m)	桩顶高程(m)	碎石垫层厚度(m)
K19+646.000~K19+671.000	双向水泥搅拌桩	25.0	2.41	56.22	13	0.5	1.5/1.3	1.30	0.6
K19+671.000~K19+696.000	双向水泥搅拌桩	25.0	3.18	58.53	13	0.5	1.0/0.87	1.30	0.6
K20+150.660~K20+175.660	常规水泥搅拌桩	25.0	3.33	58.98	13	0.5	1.0/0.87	1.50	0.6
K20+175.660~K20+200.660	常规水泥搅拌桩	25.0	2.57	56.71	13	0.5	1.5/1.3	1.50	0.6

(2)沉降特性分析

①计算沉降

桥头填土高度3.5m,分三级填土:0~3个月填土至高度1.5m,然后预压4个月,7~10个月填土至高度2.78m,然后预压8个月,18~22个月继续施作路面结构至填土高度3.5m。按照该填筑流程计算不处理和采用水泥搅拌桩处理两种情况下桥头路基沉降值,见表4.3.6-2。

天津大道葛万路桥头路基沉降计算结果一览表 表4.3.6-2

时间(个月)	设计填土高度(m)	水泥搅拌桩处理沉降(m)	不处理沉降(m)
0	0	0	0
0.3	0.15	0.001	0
0.6	0.3	0.003	0.001
0.9	0.45	0.006	0.005
1.2	0.6	0.01	0.008
1.5	0.75	0.015	0.011
1.8	0.9	0.019	0.015
2.1	1.05	0.025	0.019
2.4	1.2	0.03	0.024
2.7	1.35	0.037	0.029

续上表

时间(个月)	设计填土高度(m)	水泥搅拌桩处理沉降(m)	不处理沉降(m)
3	1.5	0.043	0.035
3.4	1.5	0.043	0.035
3.8	1.5	0.044	0.035
4.2	1.5	0.044	0.036
4.6	1.5	0.044	0.036
5	1.5	0.044	0.036
5.4	1.5	0.044	0.037
5.8	1.5	0.044	0.037
6.2	1.5	0.045	0.037
6.6	1.5	0.045	0.037
7	1.5	0.045	0.038
7.3	1.628	0.05	0.044
7.6	1.756	0.055	0.052
7.9	1.884	0.061	0.06
8.2	2.012	0.066	0.068
8.5	2.14	0.072	0.075
8.8	2.268	0.077	0.083
9.1	2.396	0.083	0.092
9.4	2.524	0.089	0.1
9.7	2.652	0.094	0.109
10	2.78	0.1	0.119
10.8	2.78	0.101	0.121
11.6	2.78	0.102	0.123
12.4	2.78	0.103	0.125
13.2	2.78	0.104	0.127
14	2.78	0.104	0.129
14.8	2.78	0.105	0.13
15.6	2.78	0.106	0.132
16.4	2.78	0.107	0.133
17.2	2.78	0.107	0.134
18	2.78	0.108	0.136
18.4	2.852	0.112	0.143
18.8	2.924	0.117	0.15
19.2	2.996	0.121	0.158
19.6	3.068	0.126	0.165
20	3.14	0.13	0.173
20.4	3.212	0.135	0.18
20.8	3.284	0.14	0.188
21.2	3.356	0.145	0.196

续上表

时间(个月)	设计填土高度(m)	水泥搅拌桩处理沉降(m)	不处理沉降(m)
21.6	3.428	0.149	0.204
22	3.5	0.154	0.245
40	3.5	0.175	0.29
58	3.5	0.189	0.317
76	3.5	0.2	0.337
94	3.5	0.21	0.354
112	3.5	0.219	0.368
130	3.5	0.227	0.38
148	3.5	0.234	0.391
166	3.5	0.241	0.4
184	3.5	0.247	0.407
202	3.5	0.252	0.414

从沉降计算结果可看出,沉降曲线较圆滑,填土时沉降较大,而在两次填土间隔时沉降趋于稳定,不处理时基准期内(竣工后15年)路基沉降为0.414m,路面完成后的工后沉降为0.169m;采用水泥搅拌桩处理时基准期内路基沉降为0.252m,路面完成后的工后沉降为0.098m,满足桥头工后沉降小于10cm的要求。计算沉降和填土高度时程线如图4.3.6-1所示。

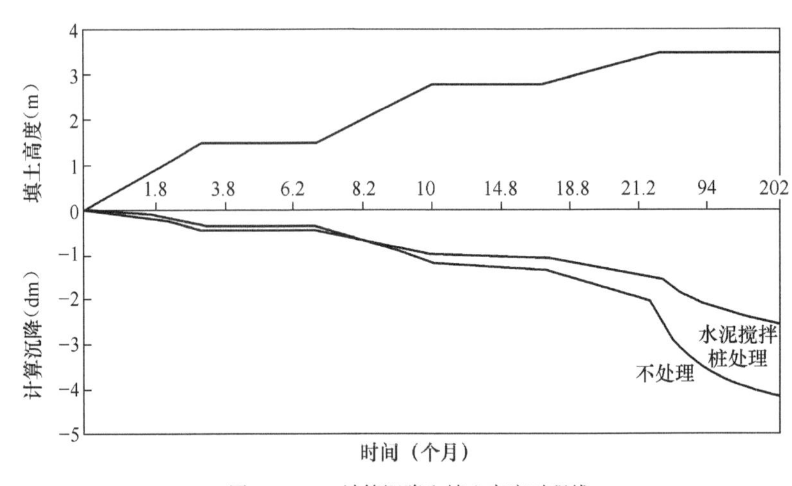

图4.3.6-1 计算沉降和填土高度时程线

②实测沉降

实际填筑时由于缺乏预压期,填土时间由原计划的22个月压缩至12个月。西侧桥头最大填土高度3.18m,采用双向水泥搅拌桩进行处理,路基实际填筑时间如下:0~5个月,填筑至高度2.46m,预压1个月,6~12个月修筑路面,填筑实际高度3.18m。东侧桥头最大填土高度3.30m,采用常规水泥搅拌桩进行处理,路基实际填筑时间如下:0~5个月,填筑至高度2.58m,预压1个月,6~12个月修筑路面,填筑实际高度3.30m。各阶段累计沉降观测结果见表4.3.6-3。

葛万路桥头搅拌桩处理路基沉降实测结果一览表　　表4.3.6-3

时间（个月）	西侧桥头（双向搅拌桩）		东侧桥头（常规搅拌桩）	
	高程（m）	累计沉降（m）	高程（m）	累计沉降（m）
0.00	0	0.00	0	0.00
0.10	0	0.01	0	0.01
0.20	0	0.01	0	0.01
0.27	0	0.01	0	0.01
0.37	0	0.01	0	0.02
0.47	0	0.01	0	0.02
0.57	0	0.02	0	0.02
0.63	0	0.02	0	0.02
0.73	0	0.02	0	0.02
0.80	0.51	0.02	0.476	0.02
0.90	0.51	0.02	0.476	0.02
1.00	0.508	0.02	0.468	0.02
1.10	0.508	0.02	0.473	0.02
1.20	0.5	0.02	0.464	0.03
1.30	0.5	0.02	0.464	0.03
1.47	0.5	0.02	0.463	0.03
1.57	0.493	0.03	0.456	0.03
1.77	0.493	0.03	0.456	0.03
1.87	0.484	0.03	0.447	0.04
1.97	0.484	0.03	0.447	0.04
2.07	0.472	0.04	0.436	0.05
2.17	0.472	0.04	0.436	0.05
2.27	0.472	0.04	0.431	0.05
2.37	0.472	0.04	0.431	0.05
2.47	0.471	0.04	0.423	0.05
2.57	0.471	0.04	0.42	0.06
3.33	0.465	0.04	0.407	0.07
3.43	0.463	0.05	0.407	0.07
3.53	0.462	0.05	0.407	0.07
3.53	1.043	0.05	0.999	0.07
3.63	1.034	0.05	0.993	0.07

续上表

时间（个月）	西侧桥头（双向搅拌桩）		东侧桥头（常规搅拌桩）	
	高程（m）	累计沉降（m）	高程（m）	累计沉降（m）
3.73	1.027	0.06	0.988	0.07
3.83	1.022	0.06	0.984	0.08
3.93	1.019	0.06	0.981	0.08
4.03	1.017	0.06	0.98	0.08
4.13	1.016	0.06	0.98	0.08
4.23	1.016	0.06	0.979	0.08
4.33	1.015	0.07	0.979	0.08
4.33	1.596	0.07	1.571	0.08
4.43	1.587	0.07	1.562	0.09
4.53	1.58	0.08	1.558	0.09
4.63	1.574	0.08	1.555	0.09
4.73	1.57	0.08	1.552	0.09
4.83	1.567	0.08	1.551	0.10
4.93	1.565	0.09	1.551	0.10
5.03	1.564	0.09	1.551	0.10
5.13	1.564	0.09	2.58	0.10
5.23	1.564	0.09	2.58	0.10
5.23	2.46	0.09	2.58	0.11
5.30	2.46	0.09	2.58	0.11
5.40	2.46	0.10	2.58	0.12
5.50	2.46	0.10	2.58	0.12
5.60	2.46	0.10	2.58	0.12
5.70	2.46	0.10	2.58	0.12
5.80	2.46	0.10	2.58	0.12
5.90	2.46	0.10	2.58	0.12
6.00	2.46	0.10	2.58	0.12
6.10	2.46	0.10	2.76	0.13
6.10	2.64	0.10	2.76	0.13
6.20	2.64	0.11	2.76	0.13
6.33	2.64	0.11	2.94	0.13
6.43	2.64	0.12	2.94	0.13
6.53	2.82	0.12	2.94	0.13
6.63	2.82	0.12	3.12	0.14
6.87	2.82	0.12	3.12	0.16

续上表

时间（个月）	西侧桥头（双向搅拌桩）		东侧桥头（常规搅拌桩）	
	高程（m）	累计沉降（m）	高程（m）	累计沉降（m）
7.10	2.82	0.14	3.12	0.19
7.33	2.82	0.16	3.12	0.20
7.57	2.82	0.17	3.12	0.20
7.80	2.82	0.17	3.12	0.20
8.03	2.82	0.17	3.2	0.21
8.27	2.82	0.17	3.2	0.21
8.53	2.82	0.17	3.2	0.21
8.77	2.82	0.17	3.2	0.21
9.00	2.82	0.18	3.26	0.22
9.23	2.82	0.18	3.26	0.22
9.70	2.82	0.19	3.26	0.23
10.23	3	0.20	3.26	0.24
10.77	3	0.20	3.26	0.25
11.00	3.08	0.20	3.3	0.25
11.17	3.08	0.21	3.3	0.25
11.50	3.08	0.21	3.3	0.25
11.73	3.14	0.21	3.3	0.25
11.97	3.14	0.21	3.3	0.25
12.20	3.18	0.21	3.3	0.261
12.43	3.18	0.21	3.3	0.261
12.70	3.18	0.211	3.3	0.261
12.93	3.18	0.211	3.3	0.261
18	3.18	0.211	3.3	0.261
18.4	3.18	0.211	3.3	0.262
18.8	3.18	0.211	3.3	0.262
19.2	3.18	0.211	3.3	0.262
19.6	3.18	0.211	3.3	0.262
20	3.18	0.211	3.3	0.262
20.4	3.18	0.211	3.3	0.262
20.8	3.18	0.211	3.3	0.262
21.2	3.18	0.211	3.3	0.262
21.6	3.18	0.211	3.3	0.262
22	3.18	0.211	3.3	0.262

图4.3.6-2是西侧桥头双向水泥搅拌桩处理后路基沉降、填筑高度—时间曲线。

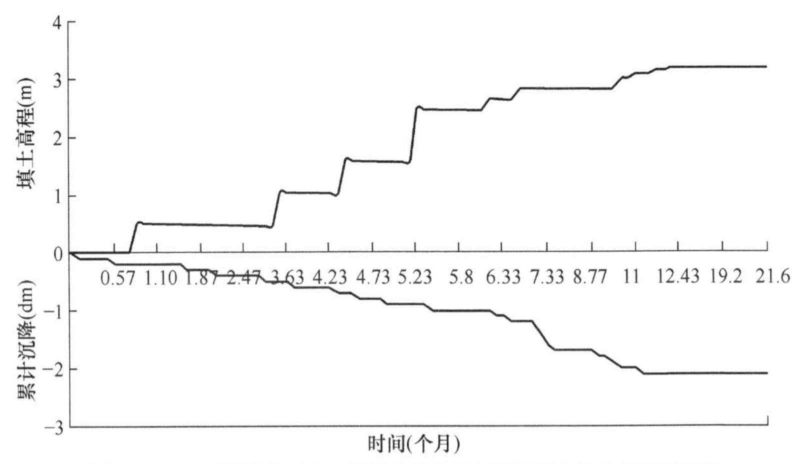

图 4.3.6-2　西侧桥头双向水泥搅拌桩处理实测沉降和填土高度时程线

图 4.3.6-3 是东侧桥头常规水泥搅拌桩处理后路基沉降、填筑高度—时间曲线。

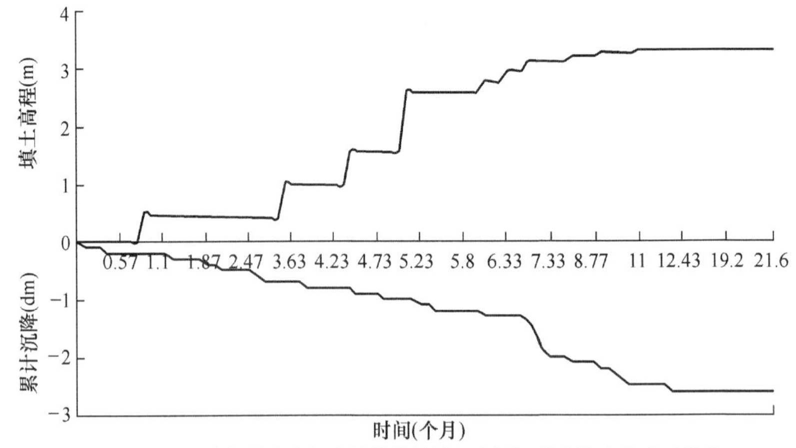

图 4.3.6-3　东侧桥头常规水泥搅拌桩处理实测沉降和填土高度时程线

双向水泥搅拌桩和常规水泥搅拌桩实测沉降对比如图 4.3.6-4 所示。

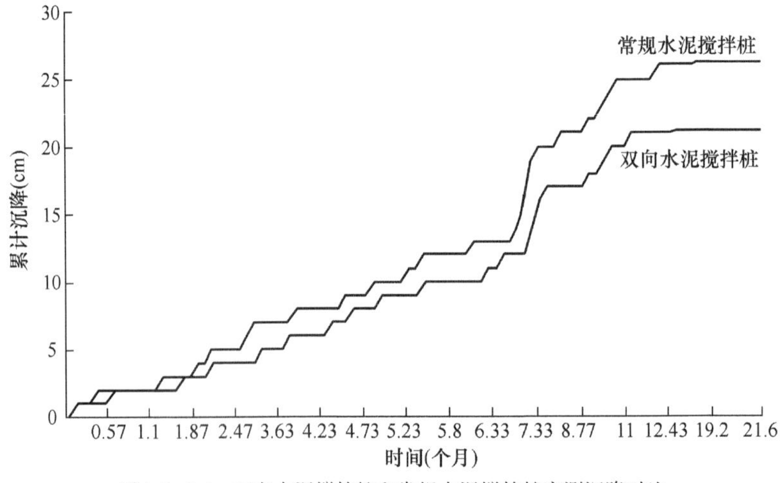

图 4.3.6-4　双向水泥搅拌桩和常规水泥搅拌桩实测沉降对比

从实际沉降观测结果看,22 个月后路基沉降已趋于稳定。

两侧桥头填土高度相差仅 0.12m,尽管分级填土稍有差别,但最终结束时间一样,因此,从理论上讲,两种地基处理方案实测沉降应该相差不大(常规水泥搅拌桩处理侧由于填土稍高,会略大一些)。但从图 4.3.6-4 可以看出,常规水泥搅拌桩处理侧实测沉降比双向水泥搅拌桩处理侧大 5cm,这说明双向水泥搅拌桩处理效果要好于常规水泥搅拌桩处理效果。

(3)单桩载荷试验

单桩静载试验按照《建筑基桩检测技术规范》(JGJ 106—2014)、《建筑地基处理技术规范》(JGJ 79—2012)要求进行,试验采用油压千斤顶加载,千斤顶的加载反力装置为压重平台反力装置(图 4.3.6-5)。荷载由联于千斤顶的精密压力表测定油压,根据千斤顶率定曲线换算荷载,压力表精度级别 0.4 级,桩顶沉降由大量程位移传感器测量。

图 4.3.6-5 单桩承载力测试现场图

本次检测单桩试验最大荷载均为 600kN,不同荷载下桩的沉降见表 4.3.6-4。水泥搅拌桩单桩承载力测试中荷载—沉降关系曲线见图 4.3.6-6。

葛万路桥头水泥搅拌桩单桩承载力实测一览表 表 4.3.6-4

序　　号	荷载(kN)	累计沉降(mm)	
		双向水泥搅拌桩	常规水泥搅拌桩
0	0	0	0
1	40	0	1.055
2	60	0.25	2.12
3	80	0.405	3.31
4	100	0.68	4.65
5	120	0.9	6.22
6	140	1.185	8.095
7	160	1.45	10.48
8	180	1.745	13.305
9	200	2.05	16.52
10	220	2.4	18.4

续上表

序号	荷载(kN)	累计沉降(mm)	
		双向水泥搅拌桩	常规水泥搅拌桩
11	240	2.725	19.29
12	260	3.11	21.29
13	280	3.395	22.345
14	300	3.89	24.505
15	320	3.975	26.56
16	340	4.625	28.35
17	360	5.31	35.505
18	380	5.995	66.23
19	400	6.56	139.23
20	420	7.23	209.23
21	440	7.985	284.73
22	460	8.62	357.73
23	480	9.675	435.23
24	500	10.145	—
25	520	11.55	—
26	540	12.875	—
27	560	14.505	—
28	580	15.73	—
29	600	17.37	—

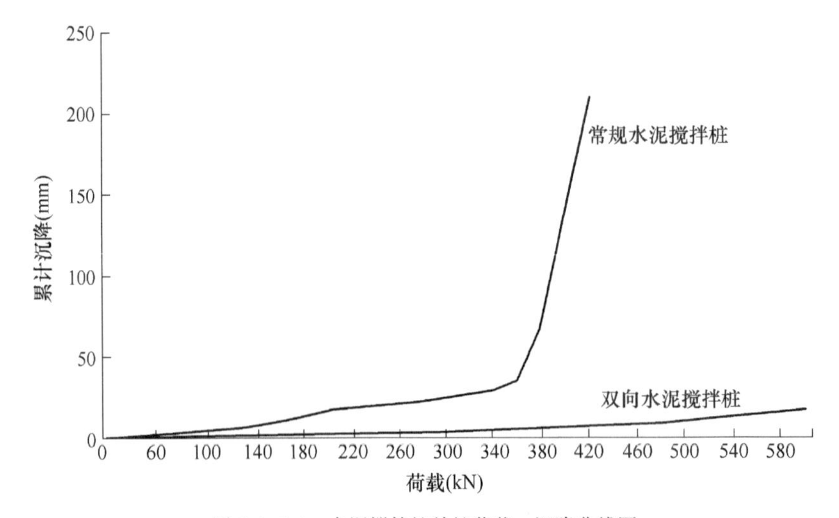

图4.3.6-6 水泥搅拌桩单桩荷载—沉降曲线图

从图4.3.6-6可看出,常规水泥搅拌桩荷载—沉降曲线斜率较大,而双向水泥搅拌桩荷载—沉降曲线斜率较小,在相同荷载作用下常规水泥搅拌桩桩顶沉降比双向水泥搅拌桩大

6～10倍，在0～360kN范围内，常规水泥搅拌桩荷载—沉降曲线呈线性变化，而在360kN之后，沉降急剧增大，说明常规水泥搅拌桩在此荷载下趋于破坏，可作为其极限荷载；而双向水泥搅拌桩即使荷载大于600kN，荷载—沉降曲线仍然趋于线性变化，说明其极限承载力较该值还要大，也说明双向水泥搅拌桩承载力较常规水泥搅拌桩显著增大。

依据《建筑基桩检测技术规范》(JGJ 106—2014)规定，常规水泥搅拌桩极限承载力取360kN，双向水泥搅拌桩可取600kN。单桩竖向抗压承载力特征值按单桩竖向抗压极限承载力的50%取值，故常规水泥搅拌桩单桩承载力特征值为180kN，双向水泥搅拌桩单桩竖向抗压承载力特征值为300kN，均满足设计要求。

(4)复合地基载荷试验

复合地基载荷试验按照《建筑地基处理技术规范》(JGJ 79—2012)及设计要求进行，承压板底面高程应与桩顶设计高程相适应。试验采用油压千斤顶加载，千斤顶的加载装置为压重平台反力系统。千斤顶将荷载反力作用于承压板上，经承压板将力传递给测点。荷载由联于千斤顶的精密压力表测定油压，压力表精度级别0.4级。承压板的沉降量由大量程位移传感器测量。检测复合地基试验最大荷载均为262kPa，共分十级加载。

不同荷载下的沉降见表4.3.6-5，荷载—沉降关系曲线见图4.3.6-7。

葛万路桥头水泥搅拌桩复合地基承载力实测一览表 表4.3.6-5

序　号	荷载(kPa)	累计沉降(mm)	
		双向水泥搅拌桩	常规水泥搅拌桩
0	0	0	0
1	24	0.405	0.775
2	48	0.81	1.635
3	78	1.6	2.585
4	97	2.025	3.605
5	104	2.51	4.095
6	121	2.91	4.74
7	131	3.575	5.34
8	145	3.995	5.995
9	157	4.83	6.66
10	170	5.64	7.48
11	183	6.36	8.275
12	194	7.08	9.195
13	218	8.41	11.38
14	243	11.165	14.15
15	262	14.79	—

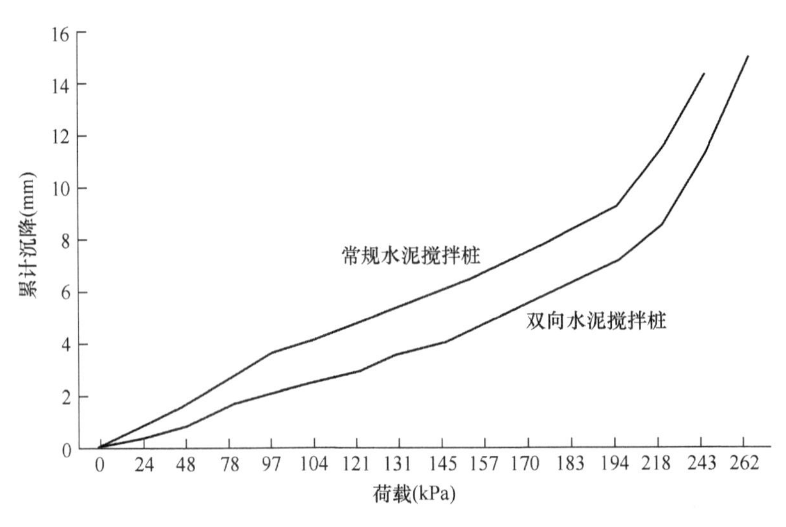

图4.3.6-7　水泥搅拌桩复合地基荷载—沉降曲线图

从图4.3.6-7可看出,荷载在0～200kPa范围内,不论是常规水泥搅拌桩还是双向水泥搅拌桩,其荷载—沉降曲线基本呈线性变化,但在相同荷载作用下常规水泥搅拌桩沉降较双向水泥搅拌桩明显增加,增加了1.3～1.6倍;当荷载增加至200kPa以上时,常规水泥搅拌桩荷载—沉降曲线斜率明显增大,但变化和缓,无急剧变化点。复合地基沉降与承载板半径之比也小于0.06,说明在测试范围内无极限承载力变化点,说明水泥搅拌桩复合地基的极限承载力均大于243kPa,两种水泥搅拌桩复合地基承载力相差不大的原因是桩体之间土基承载力较大(天然土基承载力为100kPa)。

(5)抽芯检验

对葛万路东西两侧桥头各种水泥搅拌桩进行抽芯检测,抽芯检测采用全液压X－100型钻机,钻芯深度段自孔口下有效桩头,然后全程钻进取芯样,观察水泥土的深搅均匀程度,观察水泥含量及赋存状态。对所抽芯桩沿桩身选取代表性芯样进行无侧限抗压强度试验,得出水泥土芯样的无侧限抗压强度值。

钻芯取样结果见表4.3.6-6和表4.3.6-7。

葛万路东侧桥头常规水泥搅拌桩桩体抽芯检测结果一览表　　表4.3.6-6

样品编号	取样深度(m)	取芯率(%)	水泥土芯样描述					无侧限抗压强度(MPa)
			颜色	硬度	含灰量	均匀性	状况	
1	0.0～1.0	90	灰色	较硬	正常	均匀	柱状	—
2	1.0～2.0	90	灰色	较硬	正常	均匀	柱状	—
3	2.0～3.0	80	灰色	较硬	正常	均匀	柱状	1.3
4	3.0～4.0	85	灰色	较硬	正常	均匀	柱状	—
5	4.0～5.0	85	灰色	较硬	正常	基本均匀	柱状	—
6	5.0～6.0	80	灰色	较硬	正常	基本均匀	柱状	—

续上表

样品编号	取样深度(m)	取芯率(%)	水泥土芯样描述					无侧限抗压强度(MPa)
			颜色	硬度	含灰量	均匀性	状况	
7	6.0~7.0	80	灰色	较硬	正常	基本均匀	柱状夹结核	1.0
8	7.0~8.0	80	灰色	较硬	正常	基本均匀	柱状夹结核	—
9	8.0~9.0	80	灰色	较硬	正常	基本均匀	柱状夹结核	—
10	9.0~10.0	80	灰色	较软	较正常	含灰量很少	芯样不成型	0.6
11	10.0~11.0	80	灰色	较软	非正常	含灰量很少	芯样不成型	—
12	11.0~12.0	80	灰色	较软	非正常	含灰量很少	芯样不成型	—
13	12.0~13.0	80	灰色	较软	非正常	含灰量很少	芯样不成型	—

葛万路西侧桥头双向水泥搅拌桩桩体抽芯检测结果一览表 表4.3.6-7

样品编号	取样深度(m)	取芯率(%)	水泥土芯样描述					无侧限抗压强度(MPa)
			颜色	硬度	含灰量	均匀性	状况	
1	0.0~1.0	98	灰色	较硬	正常	基本均匀	柱状	1.8
2	1.0~2.0	98	灰色	较硬	正常	基本均匀	柱状	—
3	2.0~3.0	96	灰色	较硬	正常	基本均匀	柱状	—
4	3.0~4.0	96	灰色	较硬	正常	基本均匀	柱状	—
5	4.0~5.0	95	灰色	较硬	正常	基本均匀	柱状	—
6	5.0~6.0	96	灰色	较硬	正常	基本均匀	柱状	1.4
7	6.0~7.0	96	灰色	较硬	正常	基本均匀	柱状	—
8	7.0~8.0	95	灰色	较硬	正常	基本均匀	柱状	1.4
9	8.0~9.0	95	灰褐色	较硬	正常	基本均匀	短柱状	—
10	9.0~10.0	90	灰褐色	较硬	正常	基本均匀	短柱状	—
11	10.0~11.0	90	灰色	较硬	正常	基本均匀	柱状	—
12	11.0~12.0	85	灰褐色	较硬	正常	基本均匀	短柱状	1.1
13	12.0~13.0	90	灰色	较硬	正常	基本均匀	柱状	—

从表4.3.6-6和表4.3.6-7可看出：对于常规水泥搅拌桩，在深度9~13m范围内，成桩质量较差，大部分桩体不成型，含灰量小，无法形成正常的桩体，钻芯取样后的无侧限抗压强度较小，一般在0.6~1.2MPa之间，且随着桩体深度的增加，无侧限抗压强度逐渐减小，甚至降至接近土体的强度；而双向水泥搅拌桩在桩体深度0~13m范围内，含灰量正常，成桩质量好，搅拌均匀，钻芯取样后的无侧限抗压强度较大，一般在1.1~1.8MPa之间，说明双向水泥

搅拌桩较常规水泥搅拌桩成桩质量好,均匀性好,强度高。

2)天津港南疆公路复线桥和津沽一线跨海滨大道互通立交桥头地基处理

天津港南疆公路复线桥和津沽一线跨海滨大道互通立交均位于南疆港区的同一块场地,场地以饱和软黏土为主;2005 年在南疆公路复线桥引路中采用了塑料排水板排水固结法深层处理,2006 年在津沽一线互通立交中采用了高压旋喷桩深层处理,并对两种处理方案进行现场观测,利用实测数据推算桥头地基的固结度、工后沉降、桥头工后沉降和加固效果,最后对两种方案的加固效果进行综合比较。工程地理位置示意图如图 4.3.6-8 所示。

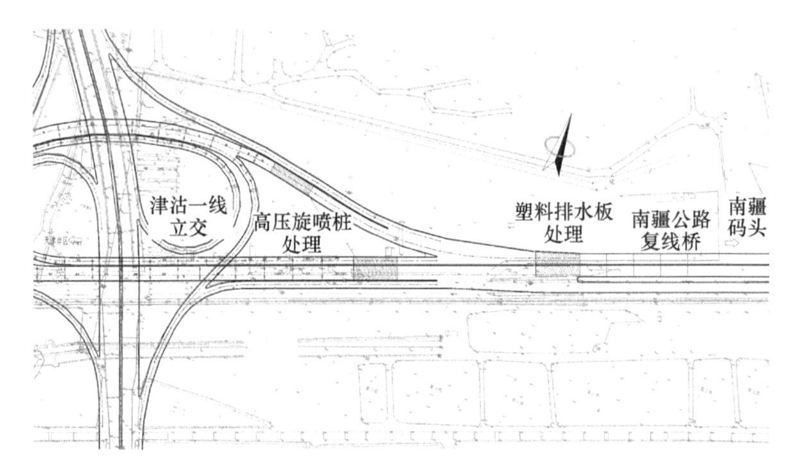

图 4.3.6-8 工程地理位置示意图

(1)工程地质条件

该区域的地基土由 Q_4 后期沉积土和地基表层回填土构成,主要土层为黏土、淤泥质黏土及淤泥,具有渗透系数小、沉积历史短的特点,地基土在自重作用下未达到完全固结,属于欠固结状态。地面以下 20m 的地质情况如下:

第一层:人工回填土层(Qml)

厚度为 1.50 ~ 3.50m,主要由杂填土、部分素填土和吹填土组成,褐黄色、含铁质、云母、石屑等。

第二层:新近沉积层($Q_1{}^2al$)

主要成分为淤泥,黑色到黑灰色,絮状结构,无层理,含大量的有机质,含水率高,一般能达到 56% 左右,高压缩性,压缩系数大于 1,工程性质极差。

第三层:第 1 陆相层($Q_1{}^3al$)

本层土层底高程为 -1.86 ~ 1.80m,厚度为 0.70 ~ 4.40m,由黏土和淤泥组成,灰褐色到灰黑色,饱和,含云母铁质,普遍含有大量的黑色腐烂质,流塑状态,含水率为 56%,工程性质差,高压缩性。

第四层:第 1 陆相层($Q_1{}^2m$)

本层土层底高程为 -15.90 ~ -12.90m,层厚一般为 13.00 ~ 15.00m,由黏土、淤泥和淤泥质土组成,呈黑灰色到灰褐色,含有云母有机质,腐烂质,孔隙比大于 1.50,流塑状态,高压缩性。

(2)地基处理设计

南疆公路复线桥的西引路和津沽一线跨海滨大道立交的东引路均位于海河西岸的同一块场地内,两桥头相距仅250m;南疆公路桥采取塑料排水板深层处理,津沽一线跨海滨大道互通立交采取了高压旋喷桩深层处理。

南疆公路复线桥西引路路基宽度26.5m,最大填土高度约3m,采用塑料排水板超载预压法处理,处理长度50m。塑料排水板长20m,密集区间距0.7m,过渡区间距1.0m,先填土至路面设计高程,然后填筑2.0m山皮土,预压期7个月。

津沽一线跨海滨大道立交东引路路基宽度18m,最大填土高约3m,采用高压旋喷桩处理,处理长度50m。旋喷桩桩长20m。密集区桩间距1.5m,过渡期桩间距2.0m,桩径0.6m,填土至路面设计高程以上1m开始预压,预压期5个月。

(3)现场观测成果分析

①塑料排水板处理方案

南疆公路复线桥西引路的塑料排水板的观测内容包括:地表沉降观测、分层沉降观测、侧向位移观测。

a.地表沉降分析。

地表沉降为打设塑料排水板期间的沉降和在预压荷载作用下产生的沉降之和。通过分析地表沉降,可以推算地基土的固结度,反映地基的总体加固效果;同时也可以利用预压期内的平均沉降量,推算最终沉降量和残余沉降量。

塑料排水板处理段地表沉降分析见表4.3.6-8和图4.3.6-9。

塑料排水板处理段地表沉降分析表 表4.3.6-8

观测点	预压期沉降量(cm)	预压期末的沉降速率(mm/d)	计算最终沉降量(cm)	固结度(%)	残余沉降量(cm)
沉降盘1号	48.9	0.17	53	92	4.1
沉降盘2号	49.9	0.17	54.8	91	4.9

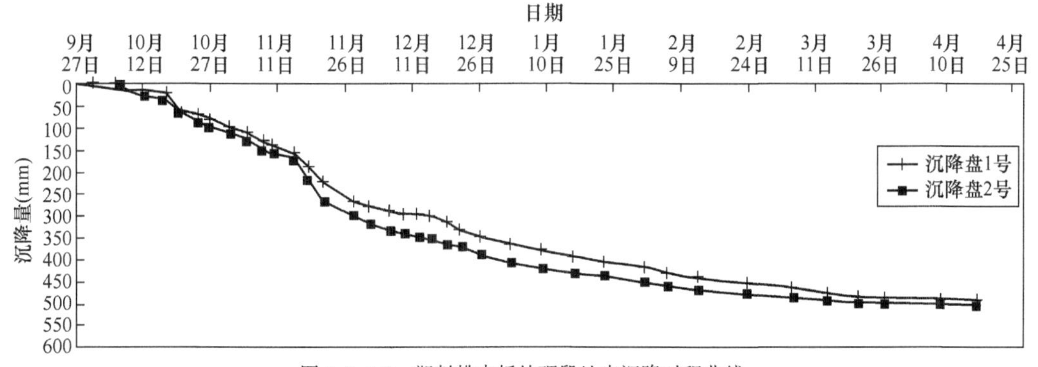

图4.3.6-9 塑料排水板处理段地表沉降时程曲线

根据地表沉降观测和分析结果,西引路残余沉降均小于5cm,满足设计要求的工后沉降要求;预压6个月时的沉降速率最大0.17mm/d,满足连续两周实测地表沉降不大于2.5mm(即0.18mm/d)的要求;固结度达到90%以上,固结效果显著。

b. 深层分层沉降分析。

打设塑料排水板后，在西引路加固区的中心点附近埋设了 1 组深层分层沉降仪，以便推算地基的综合固结度和处理深度范围内的各层土的固结度（表 4.3.6-9）。

塑料排水板分层沉降固结度分析表 表 4.3.6-9

序号	土层高程（m）	土质	预压沉降量（mm）	层厚（m）	每米沉降量（mm/m）	最终沉降量（mm）	固结度（%）
1	+6.7 ~ +3.71	杂填土	59.3	3.0	19.8	62.4	95.06
2	+3.71 ~ +1.71	淤泥	132.3	2.0	66.2	141.4	93.58
3	+1.71 ~ +0.71	淤泥质黏土	52.0	1.0	52.0	55.0	94.55
4	+0.71 ~ -1.29	黏土	51.0	2.0	25.5	54.5	93.58
5	-1.29 ~ -5.29	亚黏土	40.1	4.0	10.0	43.1	93.02
6	-5.29 ~ -7.29	淤泥质亚黏土	33.4	2.0	16.7	35.4	94.24
7	-7.29 ~ -8.29	淤泥质黏土	25.0	1.0	25.0	26.3	95.24
8	-8.29 ~ -11.29	亚黏土	16.5	3.0	5.5	18.1	91.01
9	-11.29 ~ -13.29	黏土	5.7	2.0	2.9	6.2	92.60
10	-13.29 以下	黏土	2.8	—	—	3.0	93.46
合计			418.1	20.0		445.4	综合固结度 93.9%

根据分层沉降观测，表层杂填土下的淤泥及淤泥质黏土每米的沉降量达到了 50 ~ 60mm。沉降量主要集中在杂填土以下部分的淤泥和淤泥质黏土层内。

地面下 16m 以下为黏土层，其沉降量明显减少，处理效果已不明显，说明原设计的 20m 的处理深度偏于保守，可减至 18m。

c. 侧向位移分析。

在西引路埋设 2 组测斜仪，加固区外土体的最大侧向位移观测分别为 5.38cm 及 4.17cm，位移方向均朝向加固区外侧。观测结果表明：在堆载预压过程中，土体逐渐向加固区外移动，预压前期位移较大，而后期逐渐趋于稳定。

②高压旋喷桩处理方案

a. 地表沉降观测。

高压旋喷桩地表沉降数据如表 4.3.6-10、图 4.3.6-10、图 4.3.3-11 所示。

高压旋喷桩地表沉降分析表 表 4.3.6-10

观测点	预压期沉降量（cm）	预压期末的沉降速率（mm/d）	计算最终沉降量（cm）	固结度（%）	残余沉降量（cm）
C 匝道	13.4	0.15	16.9	96	3.5
B 匝道	10.9	0.12	13.4	97	2.5

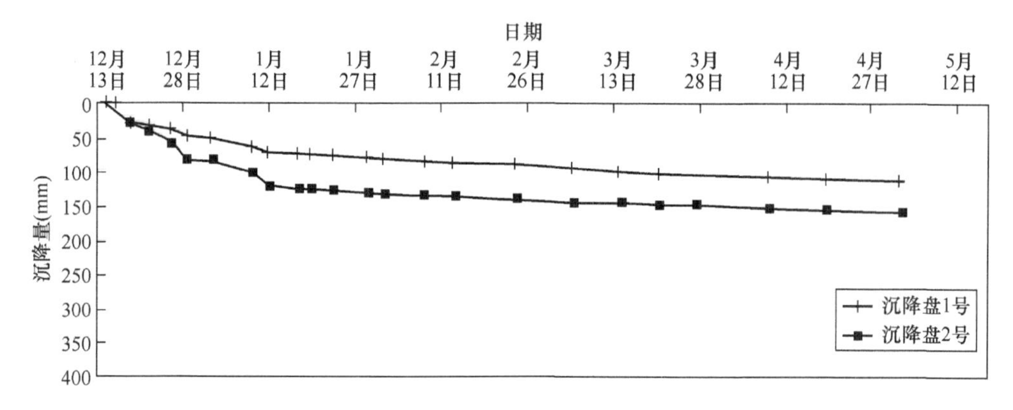

图4.3.6-10　高压旋喷桩(C匝道)处理地表沉降时程曲线

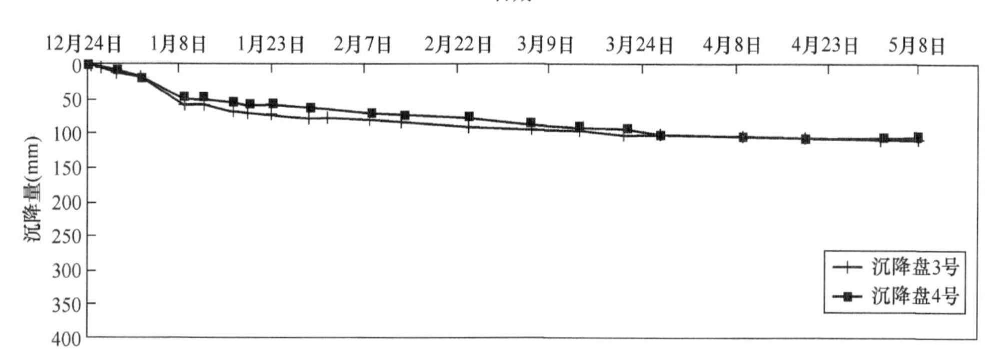

图4.3.6-11　高压旋喷桩(B匝道)处理地表沉降时程曲线

根据地表沉降观测,预压期末的沉降速率为0.12~0.15mm/d,满足连续两周实测地表沉降不大于2.5mm(即0.18mm/d)的要求,固结度达到95%以上,加固效果显著。

b.侧向位移。

在预压过程中,C匝道的侧向位移为3.6cm,B匝道的侧向位移为3.5cm,平均日侧向位移量均为0.08mm/d。观测结果表明,堆载过程和预压过程中路基稳定。

(4)两种处理方案的对比(表4.3.6-11)

塑料排水板和高压旋喷桩加固效果对比分析表　　　表4.3.6-11

预　压　期	预压期沉降量(cm)	预压期末的沉降速率(mm/d)	推算总沉降量(cm)	工后沉降(cm)	固　结　度
7个月	48.9~49.9	0.17	53~54.8	4.1~4.9	91%~92%
5个月	10.9~13.4	0.12~0.15	13.4~16.9	2.5~3.5	96%~97%

两种处理方案对比分析表明,尽管两种方案的原理不一样,但是预压期末的沉降速率均小于连续两周实测地表沉降不大于2.5mm(即0.18mm/d)的规范要求,推算的工后沉降均小于规范要求的10cm,因此,这两种处理方案达到的地基加固效果均满足设计要求,处理方案均是有效的。

此外,塑料排水板预压期前六个月沉降速率较大,可见塑料排水板对预压期的要求严格,必须保证足够的预压期才能保证加固效果;高压旋喷桩处理尽管改变了地基土的物理性能,但是预压期内的沉降仍然达到了10cm以上,且初期的沉降速率较大,仍然需要一定的预压期才能达到设计要求。通过两种方案的比较,预压期对于桥头地基处理效果至关重要,且在有条件的情况下尽量采取超载预压。

4.3.7 钉形水泥土双向搅拌桩简介

在水泥土搅拌桩成桩过程中,由动力系统分别带动安装在同心钻杆上的内、外两组搅拌叶片同时正、反向旋转搅拌,通过搅拌叶片的伸缩使桩身上部截面扩大而形成的类似钉子形状的水泥搅拌桩,称为钉形水泥土双向搅拌桩(图4.3.7-1)。

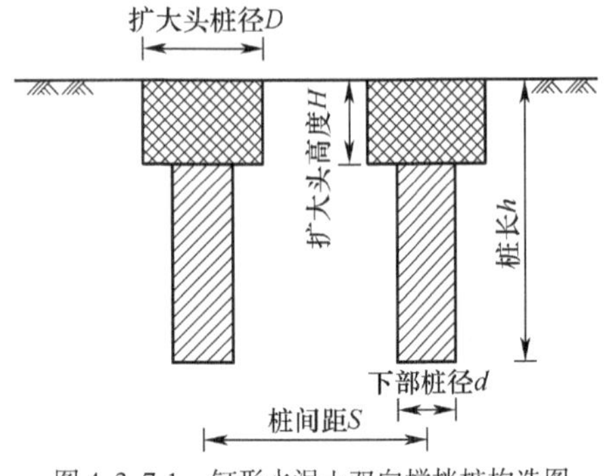

图4.3.7-1 钉形水泥土双向搅拌桩构造图

1)钉形水泥土双向搅拌桩一般规定

钉形水泥土双向搅拌桩适用于处理淤泥、淤泥质土、粉土、软黏性土及无流动地下水的松散砂土等软弱地基,处理泥炭土、有机质土、塑性指数大于25的黏性土和地下水具有腐蚀性时必须通过现场试验确定其实用性后,方可采用。

钉形水泥土双向搅拌桩桩长应根据变形要求确定,宜穿透软土层。处理深度不宜超过25m。钉形水泥土双向搅拌桩所用水泥种类需要和加固的土质相适应,一般情况下,当水泥土搅拌桩的桩体强度大于1.5MPa时,应选用强度等级在42.5以上的水泥;当桩体强度小于1.5MPa时,选用强度等级32.5以上水泥;当需要水泥土搅拌桩桩体有较高的早期强度时,宜选用普通硅酸盐水泥和波特兰水泥。钉形水泥土双向搅拌桩水泥土强度标准值,宜采用90d龄期的无侧限抗压强度平均值。

钉形水泥土双向搅拌桩的扩大头高度宜不大于桩长的1/3,下部桩径不宜小于500mm,上、下桩径比(D/d)宜在1.8~2.4之间。

钉形水泥土双向搅拌桩复合地基的桩间距应根据复合地基的承载力、建(构)筑物允许沉降量、土性、施工工艺等确定,宜取1.8~2.4m。

钉形水泥土双向搅拌桩复合地基在路堤荷载下可不设置褥垫层,在刚性基础下建议设置褥垫层,褥垫层厚度宜取300~500mm。褥垫层宜选用中砂、粗砂、级配砂石或碎石等,碎石最大粒径不大于20mm。

钉形水泥土双向搅拌桩桩身水泥掺入比应根据单桩承载力,通过室内配比确定,水泥掺入量宜为被加固湿土质量的12%~18%。水灰比可选用0.50~0.60,地基含水率高者取小值。根据土质条件可适当选用添加剂,添加剂的选用应先进行室内配比试验。

2)钉形水泥土双向搅拌桩复合地基承载力

钉形水泥土双向搅拌桩复合地基承载力特征值,应通过现场复合地基载荷试验确定,也可按下式估算:

$$f_{sp}=m_1\cdot\frac{R_p^k}{A_{p1}}+\beta\cdot(1-m_1)\cdot f_s \tag{4.3.7-1}$$

式中：f_{sp}——复合地基承载力特征值(kPa)；

f_s——处理后桩间土承载力特征值(kPa)，宜按当地经验取值，如无经验时可取天然地基承载力特征值；

β——桩间土承载力折减系数，宜按当地经验取值，如无经验时可取0.75~1.0；

m_1——扩大头部分面积置换率；

A_{p1}——扩大头部分截面积(m^2)；

R_p^k——单桩承载力特征值(kN)。

3)钉形水泥土双向搅拌桩单桩承载力

钉形水泥土双向搅拌桩单桩承载力可按下式估算：

$$R_p^k = \min\{R_{p1}^k, R_{p2}^k, R_{p3}^k\} \tag{4.3.7-2}$$

$$R_{p1}^k = u_{p1}\sum_{i=1}^{n_1} q_{si}h_i + u_{p2}\sum_{j=1}^{n_2} q_{sj}h_j + \alpha_2 A_{p2} q_{pb} + \alpha_1 (A_{p1} - A_{p2}) q_{pa} \tag{4.3.7-3}$$

$$R_{p2}^k = u_{p1}\sum_{i=1}^{n_1} q_{si}h_i + \mu_2 A_{p2} f_{cu} + \alpha_1 (A_{p1} - A_{p2}) q_{pa} \tag{4.3.7-4}$$

$$R_{p3}^k = \mu_1 A_{p1} f_{cu} \tag{4.3.7-5}$$

式中：R_p^k——单桩竖向承载力特征值(kN)；

f_{cu}——与搅拌桩桩身加固土配比相同的室内加固土试块的90d龄期的无侧限抗压强度平均值(kPa)；

μ_2——扩大头部分桩身强度折减系数，依据现有工程统计数据分析，可取0.6~0.8；

μ_1——扩大头以下部分桩身强度折减系数，依据现有工程统计数据分析，可取0.5~0.65；

q_{pa}——变截面处地基土承载力特征值(kPa)；

q_{pb}——桩端地基土承载力特征值(kPa)；

q_{si}——扩大头深度范围内第i层桩周土的摩阻力特征值(kPa)；

q_{sj}——下部桩体范围内第j层桩周土的摩阻力特征值(kPa)；

u_{p1}——扩大头部分桩体周长(m)；

u_{p2}——下部桩体周长(m)；

A_{p1}——扩大头部分桩体横截面积(m^2)；

A_{p2}——下部桩体横截面积(m^2)；

h_i——扩大头深度范围内第i层桩周土厚度(m)；

h_j——下部桩体范围内第j层桩周土厚度(m)；

n_1、n_2——分别为扩大头和下部桩体深度范围内，桩周土体的分层数。

μ_1——变截面处天然地基土承载力折减系数，可取0.8~0.9；

μ_2——桩端天然地基土承载力折减系数，可取0.4~0.6。

4)加固区沉降计算

钉形水泥土双向搅拌桩加固区沉降可按式(4.3.3-7)和式(4.3.3-8)计算，需要说明的是，桩截面变化处应作为土层分界面，分界面以上按扩大头桩径D计算复合地基置换率，分界面以下按下部桩径 d 计算复合地基置换率。

5)加固区下卧层沉降计算

钉形水泥土双向搅拌桩加固区下卧层沉降可参照本章4.3.3节,按应力扩散法进行计算。

4.4 刚性桩处理

竖向增强体复合地基中,碎石桩、砂桩为散体材料,本身没有黏结力,加固土桩通过水泥和土发生作用,形成具有一定强度的水泥土桩,但是强度较低,属于柔性桩的范畴。CFG桩实际上是低强度等级混凝土桩,桩体强度高,CFG桩复合地基体现出部分刚性桩的特性,但与刚性桩又不完全相同,可归为半刚性桩。本节主要介绍刚性桩处理软土地基,目前软土地基处理采用较多的有振动沉模现浇混凝土薄壁管桩、预应力混凝土管桩和塑料套管混凝土桩。

4.4.1 预应力混凝土管桩处理

1)预应力混凝土管桩适用范围和分类

(1)适用范围

预应力混凝土管桩是采用离心成型的先张法预应力管桩(图4.4.1-1),适用于一般黏性土、粉土、粉质黏土、人工填土以及饱和软黏土地基处理。用于软土地基处理时,PTC桩适用于软土厚度<20m时的地基处理,静压施工时要求静压桩机的最大压力≥180t;PHC桩适用于双层软土且中间有硬土夹层、软土厚度≥20m时的地基处理,静压施工时要求静压桩机的最大压力≥280t。

图4.4.1-1 预应力混凝土管桩制作及成品

(2)管桩分类

①管桩按混凝土强度等级和壁厚分为预应力混凝土管桩、预应力高强混凝土管桩和预应力混凝土薄壁管桩。

预应力混凝土管桩(简称PC桩)是指离心混凝土强度<C80且≥C60的管桩。

预应力高强混凝土管桩(简称PHC桩)是指离心混凝土强度≥C80的管桩。

预应力混凝土薄壁管桩(简称PTC桩)是指壁厚小于《先张法预应力混凝土管桩》(GB/T 13476—2009)规定最小厚度的管桩。

②PC 桩和 PHC 桩按抗弯性能或混凝土有效预压应力值分为 A 型、AB 型、B 型和 C 型。《先张法预应力混凝土管桩》(GB/T 13476—2009)规定的 PC 桩、PHC 桩基本尺寸见表 4.4.1-1。

管桩的基本尺寸　　表 4.4.1-1

外径 D (mm)	型号	壁厚 t (mm) PC/PHC	长度 L (m)	预应力钢筋最小配筋面积 (mm^2)	外径 D (mm)	型号	壁厚 t (mm) PC/PHC	长度 L (m)	预应力钢筋最小配筋面积 (mm^2)
300	A	70	7～11	240	700	A	130	7～15	1170
	AB			384		AB			1664
	B			512		B			2340
	C			720		C			3250
400	A	95	7～12	400	800	A	110	7～30	1350
	AB			640		AB			1875
	B		7～13	900		B			2700
	C			1170		C			3750
500	A	100	7～14	704		A	130	7～30	1440
	AB		7～15	990		AB			2000
	B			1375		B			2880
	C			1625		C			4000
	A	125	7～14	768	1000	A	130	7～30	2048
	AB		7～15	1080		AB			2880
	B			1500		B			4000
	C			1875		C			4928
600	A	110	7～15	896	1200	A	150	7～30	2700
	AB			1296		AB			3750
	B			1750		B			5625
	C			2125		C			6930
	A	130	7～15	1024	1300	A	150	7～30	3000
	AB			1440		AB			4320
	B			2000		B			6000
	C			2500		C			7392
700	A	110	7～15	1080	1400	A	150	7～30	3125
	AB			1536		AB			4500
	B			2160		B			6250
	C			3000		C			7700

天津市《先张法预应力混凝土薄壁管桩图集》给出了 PTC 桩的选用表，见表 4.4.1-2。

先张法预应力混凝土薄壁管桩(PTC 桩)选用表 表 4.4.1-2

管桩编号	PTC300(55)Ⅰ	PTC300(55)Ⅱ	PTC350(55)Ⅰ	PTC350(55)Ⅱ
外径(mm)	300	300	350	350
壁厚(mm)	55	55	55	55
桩节长度(m)	7～12	7～12	7～14	7～14
预应力钢筋规格和数量	6 $\phi^D 7.1$	7 $\phi^D 7.1$	6 $\phi^D 7.1$	7 $\phi^D 7.1$
预应力钢筋总张拉力(kN)	239	278	239	278
螺旋箍筋	$\phi^b 4.0$	$\phi^b 4.0$	$\phi^b 4.0$	$\phi^b 4.0$
混凝土有效预压应力(N/mm^2)	4.63	5.35	3.89	4.50
抗裂弯矩检测值(kN·m)	19	19	27	27
极限弯矩检测值(kN·m)	26	26	38	38
桩身竖向承载力设计值(kN)	703	694	858	849
预应力钢筋配筋率(%)	0.55	0.64	0.46	0.54

管桩编号	PTC400(60)Ⅰ	PTC400(60)Ⅱ	PTC450(60)Ⅰ	PTC450(60)Ⅱ
外径(mm)	400	400	450	45350
壁厚(mm)	60	60	60	60
桩节长度(m)	7～14	7～14	7～14	7～14
预应力钢筋规格和数量	8 $\phi^D 7.1$	9 $\phi^D 7.1$	8 $\phi^D 7.1$	10 $\phi^D 7.1$
预应力钢筋总张拉力(kN)	318	358	318	398
螺旋箍筋	$\phi^b 4.0$	$\phi^b 4.0$	$\phi^b 4.0$	$\phi^b 4.0$
混凝土有效预压应力(N/mm^2)	4.11	4.59	3.61	4.46
抗裂弯矩检测值(kN·m)	39	39	55	55
极限弯矩检测值(kN·m)	55	55	77	77
桩身竖向承载力设计值(kN)	1075	1065	1244	1225
预应力钢筋配筋率(%)	0.49	0.55	0.43	0.53

管桩编号	PTC500(70)Ⅰ	PTC500(70)Ⅱ	PTC550(70)Ⅰ	PTC550(70)Ⅱ
外径(mm)	500	500	550	550
壁厚(mm)	70	70	70	70
桩节长度(m)	7～14	7～14	7～14	7～14
预应力钢筋规格和数量	10 $\phi^D 7.1$	12 $\phi^D 7.1$	12 $\phi^D 7.1$	14 $\phi^D 7.1$
预应力钢筋总张拉力(kN)	398	477	477	557
螺旋箍筋	$\phi^b 4.0$	$\phi^b 5.0$	$\phi^b 5.0$	$\phi^b 5.0$
混凝土有效预压应力(N/mm^2)	3.51	4.18	3.76	4.35
抗裂弯矩检测值(kN·m)	71	71	97	97
极限弯矩检测值(kN·m)	99	99	136	136
桩身竖向承载力设计值(kN)	1603	1584	1781	1762
预应力钢筋配筋率(%)	0.42	0.50	0.45	0.52

注:标准管桩编号中Ⅰ代表压入桩,Ⅱ代表锤击桩;所有 PTC 桩混凝土强度等级均为 C60。

2)预应力混凝土管桩设计

(1)一般规定。

①管桩作为一种刚性桩,与桩周围土一起组成复合地基,桩土共同作用。当桩根数较多时,可在基础平面内布桩,但周围建筑物对其有影响时,在基础外侧应设置隔离桩。

②管桩可采用摩擦型或端承型,其长度应根据地基承载力和变形要求,结合地层情况合理选用。原则上桩体应穿透软弱土层到达强度相对较高的土层(简称硬土层)。对于间隔硬土存在双层以上的软土层,桩体穿过部分层次软土层后,已能满足稳定和变形要求者,也可不打穿软土。若兼作提高抗滑稳定功能的带帽控沉疏桩基础,其桩长还应满足达到危险滑弧面以下1m的深度,由以上原则可初步确定桩长。

③管桩的最小中心距应不小于3倍桩径。桩端持力层宜选用较硬土层,桩端全断面进入持力层的深度,对于黏性土,粉土宜不小于2倍桩径,砂土宜不小于1.5倍桩径。当存在软弱下卧层时桩端以下较硬土层厚度宜不小于4倍桩径。

④当需贯穿较厚(>4m)的密实砂层或卵石层时,宜先做沉桩试验,确认其可打(压)入以后方能采用,密实砂层较厚经沉降复核满足设计要求者,允许将该砂层作为持力层考虑。

⑤管桩用作摩擦型桩且穿越坚硬土层较薄时可选PTC桩或PC桩的A型、AB型桩,其长径比宜小于或等于100;管桩用作端承型桩且穿越坚硬土层较厚时可选PHC桩的AB型、B型桩,其长径比宜小于或等于80。对一些特殊地质工程,其长径比可作适当调整。

⑥在桩基设计中,如遇桩身穿过新近沉积或人工填筑且仍未固结稳定的土层、桩台附近地面有大面积堆载以及存在有其他会引起桩入土范围内的土层产生压缩的因素等情况,宜考虑负摩阻力的影响。

(2)垫层设计。

①垫层能有效改善复合地基桩土整体工作性状,充分发挥桩体和桩间土的作用,提高复合地基的承载力,减小复合地基的沉降量。

②垫层类型可分为碎石排水层加8%灰土垫层、碎石加筋垫层和碎石垫层等三种形式,三种不同垫层所形成的复合地基的沉降量基本相当,均能起到应力扩散作用。

③垫层厚度主要由不同填料压力扩散角决定,一般不小于500mm,应根据下卧土层的承载能力确定。

(3)预应力混凝土管桩与桩顶混凝土帽的连接一般按固接设计,并符合下述规定:

①管桩伸入混凝土桩帽的长度≥50mm,且小于或等于100mm。

②在管桩顶内部应浇筑桩芯混凝土,桩芯混凝土伸入混凝土桩帽底面以下≥1倍桩径,混凝土的强度等级不应低于桩帽混凝土强度等级。

③桩芯纵向钢筋应通过计算确定,其配筋率应≥1%,钢筋应采用HRB335钢筋。桩芯箍筋宜采用直径为7~10mm的HPB235钢筋,间距可取200~250mm。纵向钢筋伸出桩顶的长度应满足锚固要求。

④混凝土桩帽的外包宽度宜大于或等于0.4倍桩径,并应考虑打桩偏位的影响。混凝土桩帽顶面配筋不宜小于最小配筋率0.15%,钢筋应作成封闭式。

预应力混凝土管桩复合地基承载力及单桩承载力可采用与CFG桩相同的方法计算。

3)预应力混凝土管桩材料要求

(1)混凝土应符合规定

①PHC桩混凝土强度等级采用C80,PC桩及PTC桩混凝土强度等级采用C60,并应符合《混凝土质量控制标准》(GB 50164—2011)的有关规定。

②应采用强度等级≥42.5级的硅酸盐水泥、普通硅酸盐水泥、矿渣硅酸盐水泥、粉煤灰硅酸盐水泥,其质量应符合《通用硅酸盐水泥》(GB 175—2007)的规定。

③细骨料应采用洁净的天然硬质中粗砂,细度模数为2.3~3.4,其质量应符合《建筑用砂》(GB/T 14684—2011)的有关规定。

④粗骨料应采用碎石,其最大粒径应小于或等于25mm(PHC桩、PC桩),对于PTC桩其最大粒径宜小于或等于20mm,且均不应超过钢筋净距的3/4。

⑤混凝土拌和用水的质量应符合《混凝土用水标准》(JGJ 63—2006)的规定。

⑥外加剂的质量要求应符合《混凝土外加剂》(GB 8076—2008)的规定,严禁使用氯盐类外加剂,宜优先采用适合于热养护的高效减水剂,外加剂不得对管桩产生有害影响,使用前必须进行试验验证。

⑦掺合料不得对管桩产生有害影响,使用前必须进行试验验证。

(2)钢材应符合规定

①预应力主筋采用预应力混凝土用钢棒,其质量应符合《预应力混凝土用钢棒》(GB/T 5223.3—2017)的有关规定。预应力混凝土用消除应力螺旋肋钢丝应符合《预应力混凝土用钢丝》(GB/T 5223—2014)的有关规定。

②螺旋箍筋宜采用甲级冷拔低碳钢丝、低碳钢热轧圆盘条,其质量应分别符合国家有关规范的规定。

③端板锚固钢筋、架立圈钢筋宜采用低碳钢热轧圆盘条或热轧带肋钢筋,其质量应分别符合国家有关规范的规定。

④端板、桩套箍宜采用HPB235,其质量应符合相关规范的规定。

⑤焊条采用E4300-E4313,焊缝质量不低于二级。

4)预应力混凝土管桩施工

(1)管桩适合于锤击桩和静压桩施工,PTC桩应采用静压桩施工,且宜优先采用顶压式施工,PHC桩、PC桩如采用抱压式施工时,可参考有关规定执行。

(2)沉桩混凝土龄期应达到28d或相当于28d龄期强度。

(3)桩锤击或静压时的压应力应小于桩身材料的轴心抗压强度设计值。锤击拉应力应小于桩身混凝土的有效预压应力。

(4)采用锤击法施工时应合理选择锤重、保护性桩帽和桩垫;打桩机的机架必须具有足够的强度、刚度和稳定性,并应与所挂锤重相匹配;桩锤、保护性桩帽和桩身必须在同一垂直线上;施工现场应配备必要的电气焊、铅坠、水准仪、经纬仪等施工用具。

(5)保护性桩帽和桩垫的设置应符合下述规定:

①保护性桩帽应有足够的强度、刚度和耐打性。

②保护性桩帽宜做成筒形,套桩头用的筒体深度宜取250~400mm,内径应比桩外径大

20～30mm。

③打桩时保护性桩帽和桩头之间、保护性桩帽和桩锤之间应设置桩垫，桩垫宜选用橡胶垫、布轮、棕绳等弹性较好的材料，其厚度宜选取150～200mm。打桩期间应经常检查，及时更换或补充。

(6)沉桩时管桩的垂直度偏差≤0.5%，如果超差，必须及时调整，但须保证桩身不裂，必要时须拔出重插，不得采用强拔的方法进行快速纠偏而将桩身拉裂、折断。

(7)必须保证第一节桩的垂直度，第一节桩对整根桩的施工质量是至关重要的，不得偏心锤击，必须及时更换桩垫，保证桩头完整。

(8)接桩与焊接。

①当桩需要接长时，其入土部分桩段的桩头宜高出地面0.5～1.0m。

②下节桩的桩头处宜设导向箍以方便上节桩就位。接桩时上下节桩段应保持顺直，错位偏差宜≤2mm。

③桩对接前，上下端板表面应清刷干净，坡口处应刷至露出金属光泽。

④接桩采用钢端板焊接法，焊接除符合《钢筋焊接及验收规程》(JGJ 18—2012)的有关规定外，尚应符合下述规定：

a.焊接时宜先在坡口周围对称点焊4～6点，待上下桩节固定后再分层施焊，施焊宜由两名焊工对称进行；

b.预应力管桩焊接层数≥2层，内层焊必须清理干净后方可施焊外层；

c.焊缝应连续饱满，不得有任何裂缝或缺焊等；

d.应在焊接好的接头自然冷却后方可继续沉桩，冷却时间宜大于或等于8min。

(9)管桩不宜截桩。如需截桩，宜采用锯桩机进行截桩，严禁使用大锤硬砸。如采用人工截桩，应首先将不需要截除的桩身部位用钢箍抱紧，然后沿钢箍上缘剔凿沟槽后截桩。预应力混凝土管桩施工如图4.4.1-2所示。

图4.4.1-2 预应力混凝土管桩施工

(10)桩顶混凝土桩帽的施工(图4.4.1-3)。

①管桩施工结束、报请监理验收合格后，才可进行桩顶混凝土桩帽施工。

②在桩头位置开挖已填筑土层，开挖的长度、宽度和深度以混凝土桩帽设计尺寸为依

据。开挖后进行整修,形成土模。

③按照设计要求绑扎桩帽钢筋,浇注混凝土并养护。

图 4.4.1-3　预应力混凝土管桩桩帽施工

5)预应力混凝土管桩质量检测

(1)运到现场的成品管桩外观质量要求应符合表 4.4.1-3 的规定,管桩各部位尺寸允许偏差应符合表 4.4.1-4 的规定。

管桩的外观质量要求　　表 4.4.1-3

序号	项　目		质量要求
1	黏皮和麻面		管桩局部黏皮和麻面累计面积不大于桩身总表面积的 0.5%,PC 桩、PHC 桩其深度≤5mm,PTC 桩其深度≤3mm
2	桩身合缝漏浆		PC 桩、PHC 桩合缝漏浆深度 <5mm,PTC 桩深度≤3mm,每处漏浆长度≤300mm,累计长度不大于管桩长度的 10%,或对称漏浆的搭接长度≤100mm
3	局部磕损		PC 桩、PHC 桩磕损深度≤5mm,每处面积≤$50cm^2$;PTC 桩磕损深度≤3mm,每处面积≤$16cm^2$
4	表面裂缝		不允许出现环向或纵向裂缝,但龟裂、水纹及内壁浮浆层收缩裂缝不在此限
5	桩端面平整度		管桩端面混凝土及主筋镦头不得高于端板平面
6	内外表面露筋		不允许
7	桩套箍(钢裙板)凹陷		PC 桩、PHC 桩凹陷深度≤5mm,每处面积≤$25cm^2$,PTC 桩凹陷深度≤3mm,每处面积≤$16cm^2$
8	内表面混凝土塌落		不允许
9	主筋断筋、脱头		不允许
10	接头及桩套箍(钢裙板)与混凝土结合处	漏浆	PC 桩、PHC 桩漏浆深度≤5mm,PTC 桩漏浆深度不大于 3mm,漏浆长度不大于周长的 1/4
		空洞和蜂窝	不允许

管桩尺寸允许偏差 表4.4.1-4

<table>
<tr><th rowspan="2">序号</th><th rowspan="2" colspan="2">项 目</th><th colspan="2">允许偏差值(mm)</th><th rowspan="2">质检工具及量度方法</th></tr>
<tr><th>PC、PHC</th><th>PTC</th></tr>
<tr><td>1</td><td colspan="2">长度 L</td><td colspan="2">+0.7% L −0.5% L</td><td>采用钢卷尺</td></tr>
<tr><td rowspan="2">2</td><td rowspan="2">外径 d</td><td>≤600</td><td colspan="2">+5   −4</td><td rowspan="2">用卡尺或钢尺在同一断面测定相互垂直的两直径,取其平均值</td></tr>
<tr><td>>600</td><td colspan="2">+7   −4</td></tr>
<tr><td>3</td><td colspan="2">壁厚</td><td>正偏差不限
0</td><td>+20   0</td><td>用钢直尺在同一断面相互垂直的两直径上测定四处壁厚,取其平均值</td></tr>
<tr><td>4</td><td colspan="2">保护层厚度</td><td>+10   0</td><td>+10   0</td><td>用钢尺,在管桩断面处测量</td></tr>
<tr><td>5</td><td colspan="2">桩身弯曲度</td><td colspan="2">≤L/1000</td><td>将拉线紧靠桩的两端部,用钢直尺测其弯曲处最大距离</td></tr>
<tr><td>6</td><td colspan="2">端部倾斜</td><td colspan="2">≤0.5% d</td><td>将直角靠尺的一边紧靠桩身,另一边与端板紧靠,测其最大间隙</td></tr>
<tr><td rowspan="4">7</td><td rowspan="4" colspan="2">端头板</td><td>外侧平面度</td><td>0.2</td><td>用钢直尺一边紧靠端头板,测其间隙处距离</td></tr>
<tr><td>外径</td><td>0   −2</td><td rowspan="3">用钢卷尺或钢直尺</td></tr>
<tr><td>内径</td><td>0   −2</td></tr>
<tr><td>厚度</td><td>正偏差不限
负偏差为0</td></tr>
</table>

(2)预应力混凝土管桩施工质量要求见表4.4.1-5。

管桩施工质量要求 表4.4.1-5

序 号	检 查 项 目	质量要求和允许偏差	备 注
1	桩位	偏差 ±100mm	纵横方向
2	第一节桩垂直度	≤0.5%	—
3	后续桩垂直度	≤1%	—
4	接桩时错位偏差	≤2mm	—
5	焊接层数	≥2 层	—
6	焊接点数	≥6 点(对称位置)	—
7	桩长度	全长(扣除土塞长度)	—
8	桩头标高	偏差 ±50mm	—

(3)成桩检测:压桩结束后,应检测桩身的完整性、单桩竖向抗压极限承载力及复合地基承载力。

①桩身完整性检测,采用低应变动测法进行检测,检测数量不应少于总桩数的20%。

②单桩承载力检测,采用现场静载荷试验,检测数量为随机抽检总桩数的1%且不少于3根;当总桩数<50根时应不少于2根。最大试荷应为2倍单桩竖向抗压承载力特征值。

③采取高应变动测法同时进行桩身完整性检测和单桩竖向抗压承载力检测,抽检桩数不应少于同条件下总桩数的2%,且不少于5根。

④复合地基承载力检测数量不得少于同条件下总桩数的0.5%,且不少于3根。

⑤工程桩承载力抽检的开始时间即从静压施工完毕或打桩收锤到开始进行高应变动测或静载试验的间歇时间应符合下列规定：

砂土：宜不小于7d；

粉土：宜不小于10d；

非饱和黏性土：宜不小于15d；

饱和黏性土：宜不小于25d。

6）PTC管桩复合地基（嵌入桩）承载特性现场试验研究

天津市市政工程设计研究院对PTC管桩嵌入桩复合地基承载特性进行了形成试验研究。

试验针对桩长较长的PTC管桩复合地基开展，拟通过现场试验，研究在沉降控制较严格的工程中（桥头路段、路基拓宽中）较长桩（≥18m）且持力层较好时PTC管桩的承载特性。

试验共3组，每组包括两次平行试验，如表4.4.1-6所示。各方案中桩长均为18m，钢筋混凝土预应力管桩外径均为400mm，壁厚均为50mm。

PTC管桩嵌入桩复合地基承载特性试验方案 表4.4.1-6

试验组别	试验编号	垫层厚度(cm)	桩帽尺寸(m×m)
A	1	0	1.5×1.5
	2		
B	3	30	1.5×1.5
	4		
C	5	60	1.5×1.5
	6		

试验剖面布置如图4.4.1-4所示，管桩顶端与正方形桩帽连接，桩帽底面以下10cm为粗砂垫层，顶面上为30cm碎石垫层，垫层上表面放置刚性荷载板。无垫层试验中，荷载板直接放置在桩帽上，荷载板尺寸均为3.0m×3.0m。进而研究有无垫层、垫层厚度对复合地基承载力和承载模式的影响。

试验前在桩底位置布置土压力盒，运用打桩机将PTC管桩打入预定位置，如图4.4.1-5和图4.4.1-6所示。

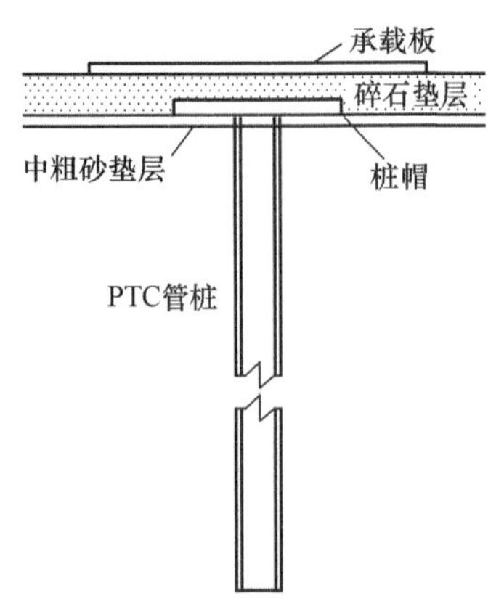

图4.4.1-4 试验剖面图

图4.4.1-5 土压力盒制作图

试验开始前，在中粗砂垫层中埋设土压力盒，研究桩土应力比，具体布置如图4.4.1-7所示。

图4.4.1-6 打桩过程

图4.4.1-7 土压力盒布置图

(1)场地地质条件

试验场地位于天津滨海新区西外环高速公路旁，试验场地土层参数见表4.4.1-7。

试验场地土层参数 表4.4.1-7

层号	土层名称	层厚(m)	弹性模量(MPa)	泊松比	黏聚力(kPa)	内摩擦角(°)
1	中粗砂垫层	0.1	17	0.25	0	22
2	黏土	3.3	3.01	0.35	14	24.57
3	黏土	2	2.62	0.35	13.5	25.65
4	淤泥质土	1	2.35	0.45	13.5	25.65
5	黏土	2	2.62	0.35	19	24.1
6	粉质黏土	1	8	0.3	19	24.1
7	黏土	1	2.8	0.35	19	24.1
8	粉质黏土	2	7.1	0.3	14	30.8
9	粉砂	1	6.02	0.29	14	30.8
10	粉土	2	10.44	0.29	5.5	38.75
11	粉质黏土	1	7	0.3	5	40
12	粉土	1	11	0.26	13	36.2
13	粉砂	1	10.5	0.26	17	31.9
14	粉质黏土	0.5	6.2	0.3	8	36.8

本次试验三组桩长均为18.0m，故该PTC管桩复合基础的持力层为第13层——粉砂，该层土的塑性指数为8.5，该层土相对于其他土层而言物理力学指标较好。

试验采用慢速维持荷载法，油压千斤顶加荷，压重平台提供反力，每级加载30kPa，第1级取分级荷载的2倍；沉降变形均由对称放置在荷载板上边面的两个百分表量测。当荷载板在某级荷载作用下沉降量超过前一级荷载作用下沉降量的5倍时，或在某级荷载作用下桩顶沉降量大于前一级荷载作用下沉降量的2倍,且经24h尚未达到相对稳定标准,停止加载,极限荷载根据沉降随荷载变化特征确定。

(2)复合地基承载力试验结果分析

①无垫层的复合地基

无垫层的复合地基监测1号及2号两根试验桩,在分级加载下的沉降量变化,见表4.4.1-8,绘制 p-s 曲线如图4.4.1-8所示。

无垫层复合地基载荷试验结果　　表4.4.1-8

试验桩号	荷载(kPa)	0	56	83	111	139	167	194	222	250	278	306
1号	本级沉降(mm)	0	0.44	0.24	0.43	0.84	1.33	2.00	3.12	4.38	7.16	
	累计沉降(mm)	0	0.44	0.68	1.11	1.95	3.28	5.28	8.40	12.78	19.94	
2号	本级沉降(mm)	0	0.34	0.25	0.45	0.73	1.02	1.79	2.77	4.33	6.03	16.00
	累计沉降(mm)	0	0.34	0.59	1.04	1.77	2.79	4.58	7.35	11.68	17.71	33.71

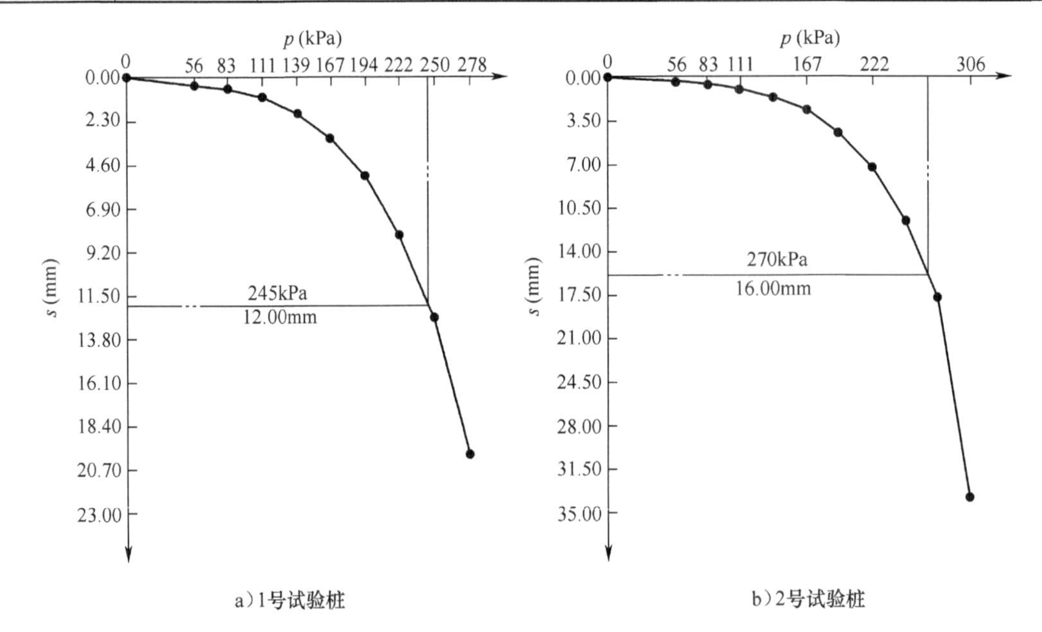

图4.4.1-8　无垫层复合地基载荷试验 p-s 曲线

试验桩1的极限承载力为245kPa,对应的沉降为12mm。

试验桩2的极限承载力为270kPa,对应的沉降为16mm。

②30cm垫层的复合地基

30cm垫层的复合地基监测3号及4号两根试验桩,在分级加载下的沉降量变化见表4.4.1-9,绘制 p-s 曲线如图4.4.1-9所示。

30cm 厚垫层复合地基载荷试验结果 表 4.4.1-9

试验桩号	荷载(kPa)	0	60	90	120	150	180	210	240	270	300	330
3 号	本级沉降(mm)	0	0.45	0.33	0.58	0.92	1.45	2.04	3.36	5.34	7.69	15.21
	累计沉降(mm)	0	0.45	0.78	1.36	2.28	3.73	5.77	9.13	14.47	22.16	37.37
4 号	本级沉降(mm)	0	0.37	0.27	0.54	0.86	1.40	2.12	3.12	5.02	7.70	
	累计沉降(mm)	0	0.37	0.64	1.18	2.04	3.44	5.56	8.68	13.70	21.40	

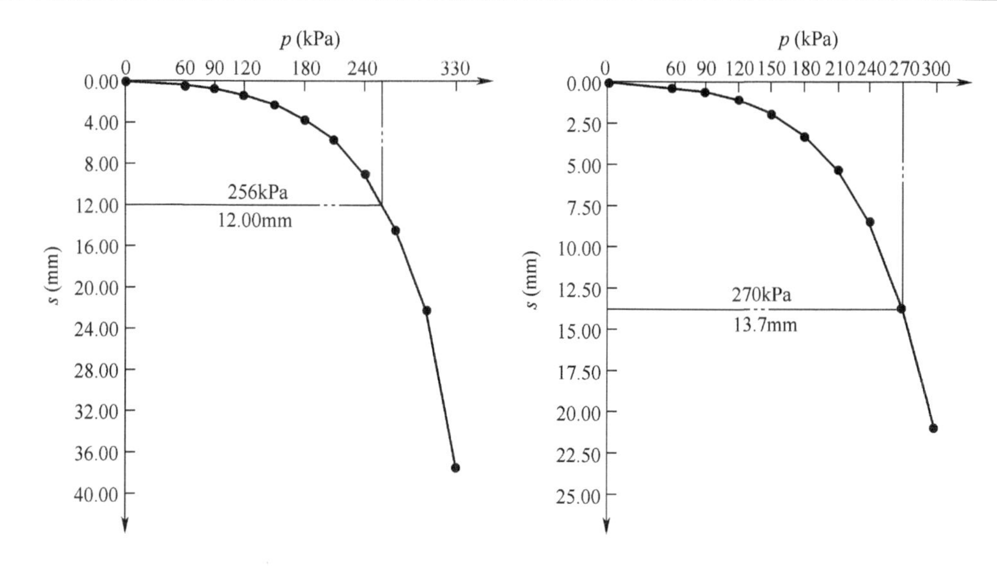

图 4.4.1-9 30cm 垫层复合地基载荷试验 p-s 曲线

试验桩 3 的极限承载力为 256kPa,对应的沉降为 12mm。

试验桩 4 的极限承载力为 270kPa,对应的沉降为 13.7mm。

③60cm 垫层的复合地基

60cm 垫层的复合地基监测 5 号及 6 号两根试验桩,在分级加载下的沉降量变化见表 4.4.1-10,绘制 p-s 曲线如图 4.4.1-10 所示。

60cm 厚垫层复合地基载荷试验结果 表 4.4.1-10

试验桩号	荷载(kPa)	0	62	93	124	156	187	218	249	280	311	342
5 号	本级沉降(mm)	0	0.41	0.48	0.74	1.09	1.77	2.91	4.14	6.37	8.63	10.99
	累计沉降(mm)	0	0.41	0.89	1.63	2.72	4.49	7.40	11.54	17.91	26.54	37.53
6 号	本级沉降(mm)	0	0.49	0.36	0.64	1.11	1.82	2.54	3.51	4.72	6.57	9.40
	累计沉降(mm)	0	0.49	0.85	1.49	2.60	4.42	6.96	10.47	15.19	21.76	31.16

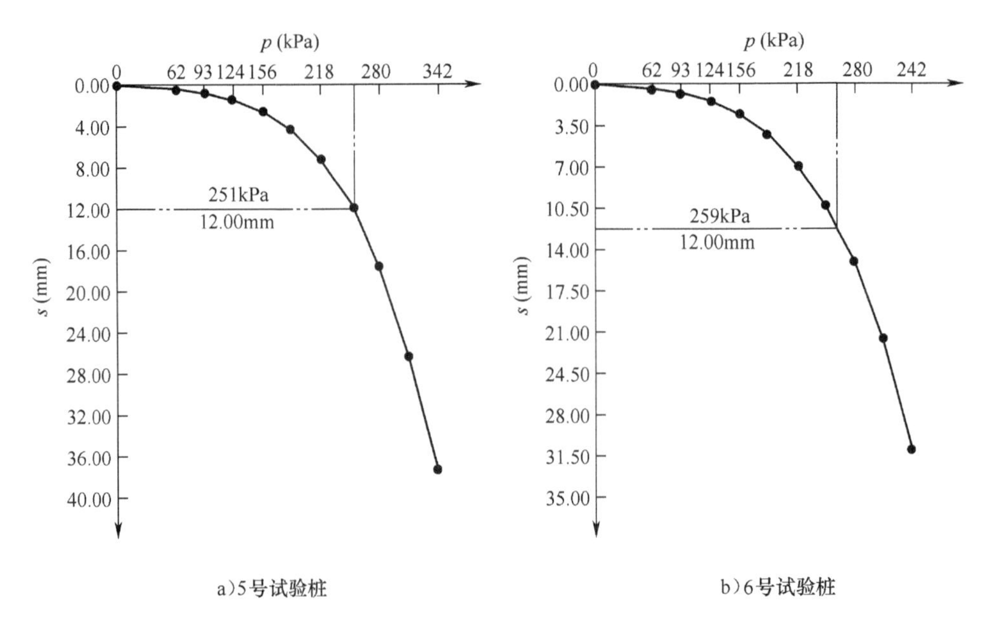

图 4.4.1-10　30cm 垫层复合地基载荷试验 p-s 曲线

试验桩 5 的极限承载力为 251kPa，对应的沉降为 12mm。

试验桩 6 的极限承载力为 259kPa，对应的沉降为 12mm。

总结不同垫层厚度桩的承载力见表 4.4.1-11。

复合地基承载力试验汇总表　　表 4.4.1-11

砂垫层类型	试 验 桩 号	承载力(kPa)		沉降量(mm)	
		试验值	平均值	试验值	平均值
桩帽＋无垫层	1	245	258	12.0	14.0
	2	270		16.0	
桩帽＋30cm 垫层	3	256	263	12.0	12.9
	4	270		13.7	
桩帽＋60cm 垫层	5	251	255	12.0	12.0
	6	259		12.0	

由以上图表可知，随着碎石垫层厚度的增加，PTC 管桩复合地基对应沉降减小。由于碎石垫层的存在增强了地基的刚度，使得复合地基的平均沉降降低，相对于无垫层的试验，30cm、60cm 垫层平均沉降降低幅度为 8% 和 14.3%。但是随着垫层厚度的增加，复合地基承载力呈现出先增后降的趋势。

由于本次试验桩数量较少，上述结论是否正确还应该在今后的工程中不断验证。

(3)复合地基承载模式分析

无垫层复合地基在不同加载等级下，不同土压力盒数据如表 4.4.1-12 所示。

桩顶荷载平均值 32.21kN，桩底荷载平均值（土压力盒 13 数据失效）16.58kN，桩身侧摩阻力 15.63kN。

无垫层复合地基土压力盒读数 表4.4.1-12

加载等级(kPa)	56	83	111	139	167	194	222	250	278
土压力盒1(kN)	0.97	3.70	8.31	15.00	26.06	44.32	74.42	123.66	194.09
土压力盒2(kN)	2.49	6.55	13.41	24.55	40.84	69.43	116.74	187.87	298.55
土压力盒3(kN)	2.33	6.48	13.42	22.88	38.52	65.92	108.60	167.82	263.70
土压力盒4(kN)	4.17	6.01	8.67	14.21	22.99	38.75	66.27	113.67	190.89
土压力盒5(kN)	1.46	6.60	12.78	22.72	38.99	66.53	113.49	192.96	328.65
土压力盒6(kN)	2.49	7.63	12.22	21.61	33.20	51.21	71.36	97.16	131.04
土压力盒13(kN)	4.16	10.87	20.37	35.50	60.06	100.43	153.98	228.61	344.89

30cm垫层的复合地基在不同加载等级下,土压力盒数据如表4.4.1-13所示。

30cm垫层复合地基土压力盒读数 表4.4.1-13

加载等级(kPa)	60	90	120	150	180	210	240	270	300
土压力盒1(kPa)	0.00	2.46	7.71	16.41	29.48	55.42	93.87	153.92	246.66
土压力盒2(kPa)	1.29	2.25	6.44	17.47	37.19	72.80	131.16	223.44	364.67
土压力盒3(kPa)	2.41	6.18	12.78	24.34	40.10	68.18	117.51	194.86	311.06
土压力盒4(kPa)	3.00	4.75	10.79	20.30	38.18	68.51	120.34	212.14	348.50
土压力盒5(kPa)	1.15	2.94	8.63	22.77	46.43	86.09	156.04	265.67	408.90
土压力盒6(kPa)	0.66	3.66	5.45	10.45	17.57	27.93	43.17	67.03	182.95
土压力盒13(kPa)	1.57	2.75	7.86	18.90	42.53	75.04	125.77	195.49	295.29

桩顶荷载平均值42.20kN,桩底荷载平均值23.14kN,桩身侧摩阻力19.06kN。不同试验中侧摩阻力和端阻力分担比如图4.4.1-11所示。

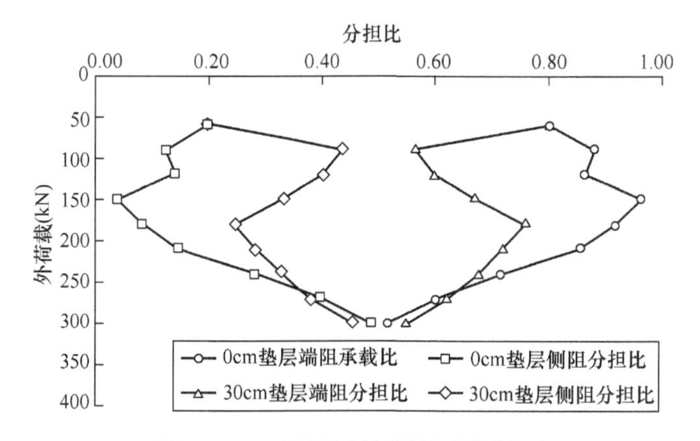

图4.4.1-11 侧摩阻力及端阻力荷载分担比

无垫层、30cm 砂垫层以及 60cm 砂垫层复合地基所得的荷载分担比如图 4.4.1-12 所示。

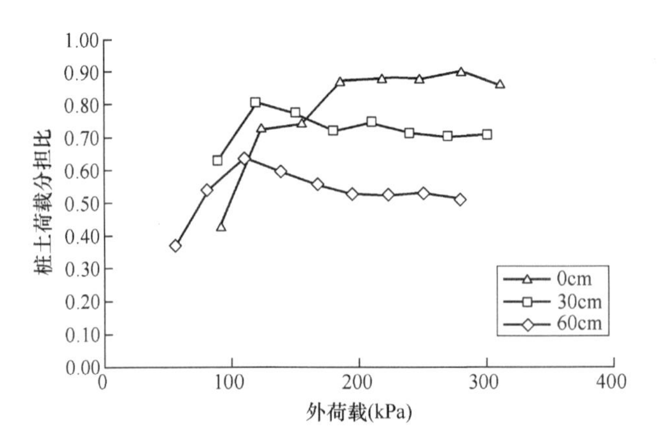

图 4.4.1-12 桩土荷载分担比

桩土荷载分担比均小于 1.0,每种工况下,随着荷载的增大,桩土荷载分担比由小变大,达到一个较高值后略微下降并趋于稳定。在加荷初期,主要由土来承担荷载,随着荷载增大后,土体产生一定的压缩变形,桩承担的荷载逐渐增加,随着荷载继续增大,桩产生下沉,其荷载分担比无法进一步增加,与土协同作用,荷载分担比趋于定值。由图 4.4.1-12 还可知,垫层越厚,桩所承担的荷载比越小,这是因为,垫层越厚所引起的拱效应越明显,所以分担给土的荷载就越大。当无垫层时,桩土荷载比稳定在 0.8 ~ 0.9 之间,30cm 砂垫层桩土荷载比稳定在 0.7 左右,60cm 砂垫层桩土荷载比稳定在 0.5 ~ 0.6 之间。

4.4.2 现浇混凝土薄壁管桩处理

针对实心桩及预制混凝土管桩造价高的不足,河海大学刘汉龙教授等开发了大直径振动沉模现浇混凝土薄壁管桩专利技术(专利号:ZL01273182. X,ZL02112538.4)。现浇混凝土薄壁管桩是复合地基的一种新技术,其桩径大、桩距大、混凝土用量省、可处理深层软土,该技术具有施工实用性强、施工质量控制方便、桩基检测方便、加固效果好且经济性优越等突出优点,具有较大的推广应用价值。

1)适用范围及成桩机理

现浇混凝土薄壁管桩(简称 PCC 桩),是采用专用施工机械将内外双层套管所形成的空心圆柱腔体在活瓣桩靴的保护下沉入地基,到达设计深度后,在腔体内灌注混凝土,然后分段振动拔管,在桩芯土体与外部土体之间形成的管桩。

PCC 桩复合地基可适用于处理黏性土、粉土、淤泥质土、松散或稍密砂土及素填土等地基,对于十字板抗剪强度小于 10kPa 的软土以及斜坡上软土地基,应根据地区经验或现场试验确定其适用性。

PCC 桩的施工机械与振动沉管桩相近,但又有本质不同,其振动沉管由两层钢管组成,内管与外管直径相差 20 ~ 30cm,振动体系的竖向往复振动,将腔体模板沉入地层。当激振力 R 大于以下三种阻力之和:刃面的法向力 N 的竖向分力、刃面的摩擦力 F 的竖向分力,腔体模板周边的摩阻力 P 的合力时(图 4.4.2-1),模板即能沉入地层;当 R 与 N、F、P 竖向分力平衡时或达到预定深度时，则模板停止下沉。

由于腔体模板在振动力作用下使土体受到强迫震动产生局部剪胀破坏或液化破坏，土体内摩擦力急剧降低，阻力减小，提高了腔体模板的沉入速度。振动下沉时对桩侧土体排土作用较小，并形成环形腔体模板，现浇注入混凝土，振动提拔钢管，挤压、振密作用使得环形腔体模板中土芯和周边一定范围内的土体得到密实。挤压、振密范围与环形腔体模板的厚度及原位土体的性质有关。同时混凝土从环形腔体模板下注入环形槽孔内，从而形成沉管、浇注、振动提拔一次性直接成管桩的新工艺，保证了混凝土在槽孔内良好的充盈性和稳定性。

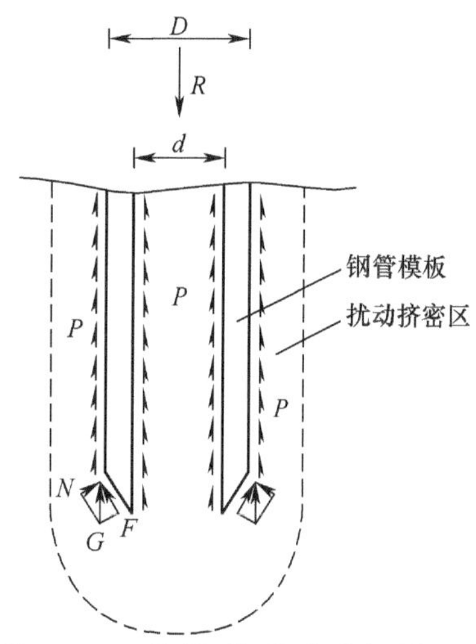

图 4.4.2-1　振动沉模时沉管受力示意图

PCC 桩成桩机理为：

(1)模板作用

在振动力的作用下环形腔体模板沉入土中后，浇注混凝土；当振动模板提拔时，混凝土从环形腔体模板下端注入环形槽孔内，空腹模板起到了护壁作用，因此不会出现缩壁和塌壁现象。从而成为造槽、扩壁、浇注一次性直接成管桩的新工艺，保证了混凝土在槽孔内良好的充盈性和稳定性。

(2)振捣作用

环形腔体模板在振动提拔时，对模板内及注入槽孔内的混凝土有连续振捣作用，使桩体充分振动密实。同时又使混凝土向两侧挤压管桩壁厚增加。

(3)挤密作用

振动沉模大直径现浇混凝土薄壁管桩在施工过程中由于振动、挤压和排土等原因，可对桩间土起到一定的密实作用。挤压、振密范围与环形腔体模板的厚度及原位土体的性质有关。

2)PCC 桩设计计算

(1)PCC 桩布置

PCC 桩桩径一般采用 1000 ~ 1500mm，壁厚 100 ~ 150mm，采用正方形或正三角形布置，桩长及桩间距通过计算确定。目前 PCC 桩最大沉桩长度可达 20 ~ 25m，相邻桩净距不超过 4 倍桩径。

PCC 桩施工前需按成桩后桩身强度不低于设计要求进行配合比试验，桩身强度一般不小于 C15。

桩顶和基础之间应设置褥垫层，褥垫层的厚度应根据桩顶荷载、桩距及桩间土的承载力性质综合确定，宜取 300 ~ 500mm，当桩距较大时褥垫层厚度宜取高值。褥垫层应铺设加筋材料 1 ~ 2 层。当褥垫层厚度为低值时取 1 层，为高值时取 2 层，且宜按每 200mm 铺设一层加筋材料。加筋材料常采用土工格栅。

(2)PCC 桩复合地基承载力及 PCC 桩单桩承载力计算

PCC 桩复合地基构造详图见 4.4.2-2。

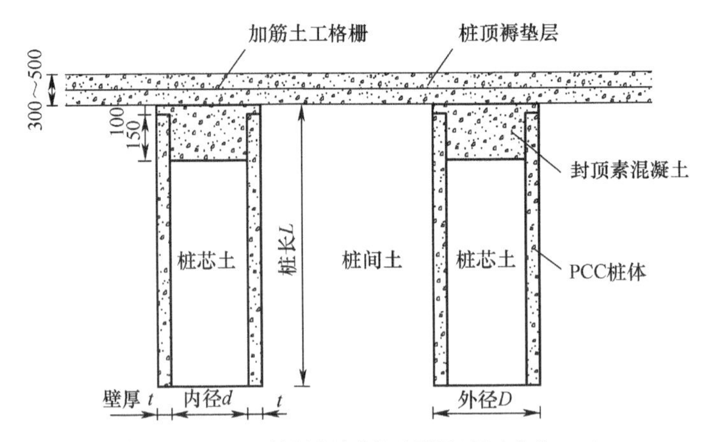

图4.4.2-2　PCC 桩复合地基构造详图(尺寸单位:mm)

PCC 桩复合地基承载力和单桩承载力应通过现场载荷试验确定,可按与水泥粉煤灰碎石桩相同的方法进行估算。

(3)PCC 桩复合地基沉降计算

采用加固土桩沉降计算方法。

3)PCC 桩施工

PCC 桩一般采用振动沉模灌注法施工,其施工流程见图 4.4.2-3。

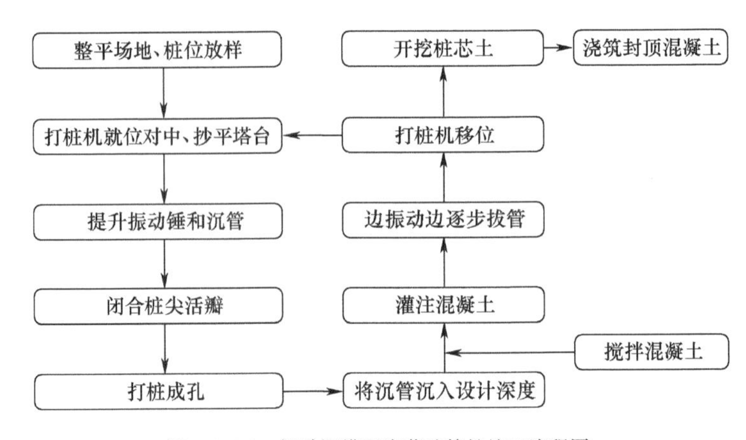

图4.4.2-3　振动沉模现浇薄壁管桩施工流程图

(1)材料要求

①水泥:采用强度等级为 32.5 级及以上的硅酸盐水泥或普通硅酸盐水泥,其性能必须符合《通用硅酸盐水泥》(GB 175—2007)的规定。水泥储存时间超过 3 个月时应重新取样试验,并按其检验结果使用,使用前报监理工程师批准。

②水:宜使用饮用水。使用非饮用水时须经过化验,并符合下列规定:

a. 硫酸盐(以三氧化硫计)含量不得超过 2700mg/L;

b. 含盐量不得超过 5000mg/L;

c. pH 值不得小于 4。

③粉煤灰:粉煤灰代替水泥时不宜超过水泥总量的 30%,宜采用袋装Ⅲ级以上粉煤灰。

④混凝土的粗集料粒径：采用无配筋桩，卵石宜≤50mm，碎石宜≤40mm；坍落度：非泵送宜取60～80mm，泵送宜取80～120mm。

⑤砂应洁净，含泥量≤5%。

⑥桩顶垫层应采用级配良好的碎石或砂砾，最大粒径≤30mm，不含植物残体、垃圾等杂质。

（2）PCC桩施工工艺

①施工前准备：组建项目班组，熟悉施工图纸；进行图纸会审，技术交底；组织材料进场；施工组织设计及各种施工记录报监理审批；原材料复试和施工参数的试验。

②场地准备：清除桩位处地上地下障碍物，场地低洼时应回填素填土，不应回填杂填土。

③测量桩位：桩机到达指定桩位，对中，应使起吊设备保持水平。应保证桩机的平整度和导向架的垂直度，桩机主腿的垂直度偏差≤1%，桩机就位，桩管中心与桩中心偏差≤200mm。

④成孔。

a.在打桩过程中如发现有地下障碍物应及时清除。

b.在淤泥质土及地下水丰富区域施工时，第一次沉管至设计高程后应测量管腔孔底有无地下水或泥浆进入；如有地下水或泥浆进入，则在每次沉管前应先在管腔内灌入高度不小于1.0m、与桩身同强度的混凝土，应防止沉管过程中地下水或泥浆进入管腔内。

c.沉管桩靴宜采用活瓣式，且成孔器与桩靴应密封。桩机就位后，用铁丝固定活瓣，其松紧程度宜以活瓣不外张为宜，不宜过紧。固定活瓣的铁丝应在活瓣桩尖进入土中100mm时予以解除。

d.应严格控制沉管最后30s的电流、电压值，其值应根据试桩参数确定。

e.沉管下沉速度不应大于2m/min。

⑤搅拌混凝土：进场的水泥、砂、石等原材料必须具有质保书和复试报告，并具有检测资质的单位出具的混凝土配合比方可制作混凝土。每盘料的拌和时间应大于2min，首盘料宜适当减小。夏季施工时为保证混凝土灌注有足够时间，可在混凝土中适当添加缓凝剂。现场搅拌混凝土坍落度宜为8～12cm，如采用商品混凝土，非泵送时坍落度宜为8～12cm，泵送时坍落度宜为16～20cm。

⑥灌注混凝土至管顶：在灌注桩身混凝土之前，应根据工程施工经验，结合地质报告预估充盈系数，计算投料体积，制定分批投料计划。充盈系数一般为1.1～1.2，特殊软地层可达1.3～1.6。灌注混凝土至桩顶高程，如桩顶离自然地面较近，需拔管超注时，应注意不宜拔得过高，应以控制在桩需注入的混凝土量为限。沉管至设计高程后应及时浇灌混凝土，尽量缩短间歇时间；混凝土灌注应连续进行，混凝土灌注高度应高于桩顶设计高程50cm。

⑦振动拔管。

a.为保证桩顶及其下部混凝土强度，在软弱土层内的拔管速度宜为0.6～0.8m/min；在松散或稍密砂土层内宜为1.0～1.2m/min；在软硬交替处，拔管速度不宜大于1.0m/min，并在该位置停拔留振10s。

b.管腔内灌满混凝土后，应先振动10s，再开始拔管，应边振边拔，每拔1m应停拔并振动 5 ~ 10s,如此反复,直至沉管全部拔出。

c. 在拔管过程中应根据土层的实际情况二次添加混凝土,以满足桩顶混凝土高程要求。

d. 距离桩顶 5.0m 时宜一次性成桩,不宜停拔。

⑧移机:重复上述步骤,进行下一桩的施工。

⑨开挖并浇筑封顶混凝土:当桩身混凝土灌注结束 24h 后,应及时开挖桩顶部的桩芯土,开挖深度从桩顶算起宜为 50cm;待低应变检测和桩芯开挖检测桩身混凝土质量且达到要求后,灌注与桩身同强度等级的素混凝土封顶现浇。PCC 桩所采用的施工机械及开挖后的桩体情况如图 4.4.2-4 所示。

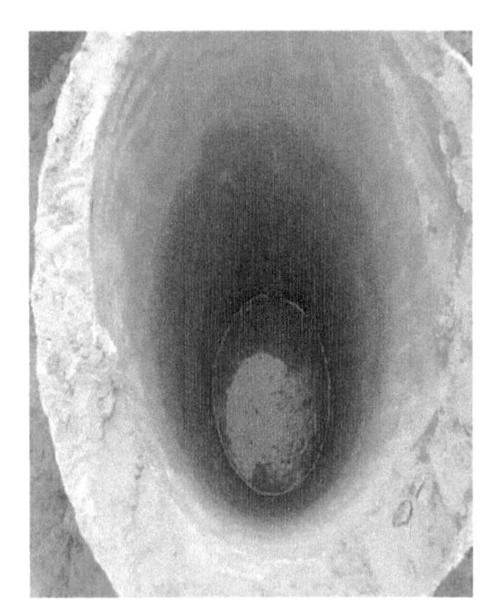

图 4.4.2-4　现浇薄壁管桩施工机械及开挖后的桩体

(3)PCC 桩施工注意事项

①打桩顺序应综合考虑下述原则后确定:

a. 若桩较密集且距周围建(构)筑物较远、施工场地较开阔时,宜从中间向四周进行;

b. 若桩较密集、场地狭长、两端距建(构)筑物较远时,宜从中间向两端进行;

c. 若桩较密集且一侧靠近建(构)筑物时,宜从毗邻建(构)筑物的一侧开始由近及远地进行;

d. 在软土地基上打较密集的群桩时,为减少桩的变位,可采用控制打桩速度及设计合理打桩顺序的方法,最大限度地减少挤土效应;

e. 根据桩的入土深度,宜先长后短。

②PCC 桩施工前应作成孔、成桩试验,以检验设备和工艺是否符合要求,数量≥2 根。

③每班连续施工应随机留置混凝土试块两组(每组 3 块),分别进行标准养护试验和同条件养护试验。若每班连续施工混凝土量 $>50m^3$,则应增加留置试块两组。

④打桩锤宜用中高频率的锤,激振锤选择应根据工程地质条件、桩的直径、结构、密集程度等条件选用。

⑤根据不同地质条件沉管在下沉时可采用先静压到一定深度后,再开启振动锤将沉管沉至设计深度,若在接近设计深度时沉管无法下沉,则可以按最后 2min 的贯入度≤50mm 的标准进行桩长控制。

⑥拔管是影响桩身质量的关键工序,也是造成扩、缩颈甚至断桩的重要因素,要严格控

制拔管速度，在土层分界面附近应停顿 30s 左右。

⑦拔管后移机时应对桩头进行初步处理，多余的混凝土应及时清运，并对桩头进行堆土养护。

⑧施工场地附近有建（构）筑物时，应适当采取开挖减振沟等隔振减震措施，以减小 PCC 桩施工对邻近建筑物的影响。

⑨当气温 <0℃浇筑混凝土时，应采取保温措施。浇筑时，混凝土的入孔温度≥5℃。在桩顶混凝土未达到设计强度 50% 前不得受冻。当气温 >30℃时，应根据具体情况对混凝土采取缓凝措施。

（4）PCC 桩质量检测

①在成桩 14d 后开挖桩芯土，观察桩体成形质量和量测壁厚，开挖深度不宜小于 3m。检测数量宜为总桩数的 0.2% ~0.5%，且每个单项工程不得少于 3 根。

②低应变反射波法：主要用来检测桩身完整性和成桩混凝土的质量。根据《基桩低应变动力检测规程》（JGJ/T 93）的规定，对桩身完整性进行检测，检测数量按 10% 比例控制。由于 PCC 桩桩型不同于实心桩，因此动力检测时在桩顶应均匀对称测试四点，击发方式可采用尼龙棒、铁锤等方式，选择最佳击发与接收距离，采集测试波曲线。

③高应变检测法：主要用于工程桩承载力测试，由于 PCC 桩承载力以摩擦力为主，锤击时，易产生较大贯入度，因此，测试要求进行桩顶加固，对桩头采取封闭措施，防止因试验造成桩体破坏。试验按《建筑基桩检测技术规范》（JGJ 106—2014）的有关规定进行，挖除管桩内顶部 1.2m 土层，灌入混凝土形成 1.2m 的实心桩头，方可进行高应变测试。

④单桩静载荷试验：试验桩数量不宜少于总桩数的 0.3%，且不少于 3 根，单个工程桩数 <50 根时不少于 2 根，单个场地静载荷试验数量不多于 10 根。单桩竖向极限承载力试验应在成桩 28d、管桩封顶后进行。

⑤桩身强度试验：结合开挖检测在桩壁上用小型取芯机钻芯取样进行室内抗压强度试验，要求取芯芯样直径≥100mm。每根开挖桩取芯数量可按 1 ~2 个控制。

4）工程实例

威乌高速（天津段）现浇薄壁混凝土管桩试验段设在第一合同段的 K2 +977 桥头小桩号一侧、K3 +760 南引河桥桥头小桩号一侧，该路段位于滨海冲积平原，加固段原为鱼塘，后填平。勘察期间揭示钻孔地下稳定水位高程约 1.0m。

（1）试验段地质条件

根据《威乌高速公路工程场址地震基本烈度复核工作报告》，本区地震基本烈度为Ⅶ度。基岩埋藏深，第四系厚度在 200m 以上，地表无构造痕迹。管桩加固区钻孔揭示深度内为第四系地层，据钻孔和静探孔资料，结合岩土物理力学试验成果，将各地层分布特征及性质描述如下：

①K2 +977 桥头工程地质条件

人工填土层（Qml）：①素填土、杂填土，褐色，含石块、草根等，松散，以亚黏土为主。

第Ⅰ陆相层（Q_4^3al）：②黏土、淤泥质土，黄褐色，含铁质，软塑到流塑状态，高压缩性。

第Ⅰ海相层（Q_4^2m）：③-1 淤泥质土，灰色，含云母，局部夹贝壳，流塑状态，高压缩性；③-2 亚黏土，灰色，含云母，局部夹贝壳，均匀，流塑状态，中 ~ 高压缩性。

第Ⅱ陆相层(Q_4^1al):④-1 亚砂土、亚黏土,黄褐色,含铁质、云母,中密或可塑状态,饱和,中压缩性;④-2 粉细砂、亚砂土,黄褐色、灰褐色,含铁质、云母,中密到密实状态,饱和,中压缩性。

②K3 +760 桥头工程地质条件

人工填土层(Qml):①素填土,褐色,含铁质、有机质等,松散,以亚黏土为主,不均匀。

第Ⅰ陆相层(Q_4^3al):②亚黏土、黏土,黄褐色,含铁质、有机质,软塑到流塑状态,中压缩性。

第Ⅰ海相层(Q_4^2m):③-1 亚黏土,灰色,含云母,软塑到流塑状态,中 ~ 高压缩性;③-2 淤泥质土,灰色,含云母,流塑状态,高压缩性;③-3 亚黏土,灰色,含云母,均匀,软塑到流塑状态,高压缩性。

第Ⅱ陆相层(Q_4^1al):④-1 亚黏土,浅灰色、褐灰色,含铁质、云母,软塑到可塑状态,中压缩性;④-2 亚砂土,黄褐色,含铁质、云母,中密状态,饱和,中压缩性;④-3 粉细砂、亚砂土,黄褐色、灰褐色,含铁质、云母,中密到密实状态,饱和,中压缩性。

(2)试验段 PCC 桩方案设计

在进行试验段现浇薄壁管桩加固方案设计时对于复合地基承载力采用复合求和法,单桩极限承载力计算只考虑管桩的侧壁摩阻力,桩端阻力作为安全储备;加固区沉降计算采用复合模量法,下卧层沉降采用分层总和法,作用于下卧层上的附加应力由等代实体法求出。

①K2 +977 桥头

该段典型断面路基顶宽 $B=35$m,路堤填土高度 $H=6.5$m,坡度 1:1.5,填料的平均密度 1.9t/m^3。根据土层状况,地基处理方案布置为:设计桩径 ϕ1000mm,壁厚 120mm,混凝土强度为 C15,采用桩间距横向 3.0m、纵向排与排间距为 3.0m,桩长 18m,正方形布置。

②K3 +760 桥头

该段典型断面路基顶宽 $B=35$m,路堤填土高度 $H=6.7$m,坡度 1:1.5,填料的平均密度 1.9t/m^3。根据土层状况,地基处理方案布置为:设计桩径 ϕ1000mm,壁厚 120mm,混凝土强度为 C15,采用桩间距横向 3.0m、纵向排与排间距为 3.0m,桩长 15.5m,正方形布置。

考虑到桥头路基和一般路基之间的沉降过渡,紧邻桥头的 30m 采用上述计算桩长,与之相邻的 20m 桩长缩短 2m 设置为过渡段,具体加固方案设计见表 4.4.2-1。

现浇薄壁管桩加固方案设计计算 表 4.4.2-1

处理范围	处理长度(m)	桩径(cm)	壁厚(cm)	桩长(m)	间距(m×m)	计算沉降(mm)			稳定安全系数
						加固区	下卧层	工后	
K2 +950 桥头	30	100	12	18	3×3	2.0	137.4	86.0	1.76
K2 +950 过渡段	20	100	12	16	3×3				
K3 +780 桥头	30	100	12	15.5	3×3	1.6	105.3	81.1	1.79
K3 +780 过渡段	20	100	12	13.5	3×3				

(3)坍落度对管桩施工的影响

在灌注桩的施工过程中,坍落度的大小直接影响成桩后桩身的混凝土强度,尤其处理含水率较高土层时,宜选择坍落度较小的混凝土,混凝土的坍落度是混凝土灌注时的一个重要的控制指标,而现浇薄壁管桩由于钢模空腔的厚度较小(一般12cm左右),且主要针对含水率较高的软弱地基,混凝土的坍落度的控制就显得更为重要,过小的坍落度不利于混凝土在钢模腔内的流动,坍落度过大则由于振动的影响而易形成离析造成混凝土卡管。本试验段工程选择了30~50mm、50~70mm、70~90mm、90~130mm四种坍落度进行了试验,在场地边上选择了壁厚度12cm、桩径1.0m的6根进行了试验,不同的坍落度试验结果见表4.4.2-2。

混凝土坍落度对施工过程的影响 表4.4.2-2

桩号	里程桩号	坍落度(mm)	桩径(mm)	壁厚(mm)	拔管速度(m/min)	管内混凝土下落速度(m/min)	卡管(次)
B6	K2+977	30~50	1000	120	1.2	1.7	2
B51	K2+977	70~90	1000	120	1.2	1.8	0
B133	K2+977	100	1000	120	1.2	2.0	1
B12	K3+760	100	1000	120	1.2	2.1	0
B72	K3+760	90	1000	120	1.2	2.1	0
B91	K3+760	30~50	1000	120	1.2	2.1	1

由表4.4.2-2及不同坍落度现场试验的结果反映了以下规律:

①坍落度过大与过小都不利于桩的成形;

②坍落度过小(小于50mm)在成桩的过程中易造成卡管,从而出现断桩和缩颈,从局部开挖的桩头看出桩壁厚度一边厚一边薄的现象;

③混凝土的坍落度过大(大于100mm)在运输的过程中及振动拔管过程中易形成混凝土离析,造成卡管现象,且开挖的桩身上出现在加料口一侧混凝土的石子多而另一侧混凝土砂子多的现象。

(4)拔管速度的研究

对于沉管灌注桩而言,拔管速度主要考虑到保证桩身混凝土的用量,防止因拔管速度过快造成缩颈与断桩,而过慢的拔管速度又影响了施工的工效,因而沉管桩的拔管速度一般控制在1.2m/min以内。现浇薄壁管桩由于受到桩芯土塞的影响,拔管速度的大小对桩身混凝土的影响就更为明显,根据以往的施工经验,速度过快与过慢对施工都不利,本工程结合机械设备及施工场地的土层分布特点对拔管速度与停顿位置等进行了试验研究。

拔管速度:设定两种试验拔管速度1.5m/min与1.8m/min,并用壁厚12cm的桩进行,工程桩的拔管速度控制在1.2m左右。

停顿的位置与时间:根据土层的分布情况分别选择8m以上的陆相亚黏土和8m以下的海相软土进行,停顿时间设定了10s、15s和20s三种情况进行。

试验对拔管速度与混凝土的投量及拔管速度与管内混凝土的下落关系进行了测试,表4.4.2-3为拔管速度与混凝土投量(充盈系数)的关系,表4.4.2-4为停顿时间、停顿位置与混凝土的下落量之间的关系。

拔管速度对混凝土用量的影响　　表4.4.2-3

桩　号	编　号	桩径(mm)	壁厚(mm)	拔管速度(m/min)	充盈系数
K2 +977	A1-1	1000	12	1.5	1.45
K3 +760	A2-1	1000	12	1.5	1.48
K2 +977	A1-2	1240	12	1.5	1.45
K3 +760	A2-2	1240	12	1.5	1.47
K2 +977	A1-3	1000	12	1.8	1.45
K3 +760	A2-3	1000	12	1.8	1.46

停顿对混凝土用量的影响　　表4.4.2-4

桩　号	停顿深度(m)	停顿时间(s)	统计次数	平均下落混凝土量(m^3)
K2 +977	4.5 ~5.0	20	5	0.3
K3 +760	4.5 ~5.0	20	5	0.3
K2 +977	8.5 ~9.0	15	4	0.2
K3 +760	9.0 ~9.5	15	5	0.18
K2 +977	10.0 ~11.0	10	4	0.11

通过对上述两种试验结果的分析,可初步得出如下结论:

①拔管速度对充盈系数的影响较小,在一定的范围内拔管速度对混凝土的用量并无明显影响。

②停顿对混凝土的用量,时间10s以上时其混凝土用量急剧增大,尤其是在5m深度以上,由于土层对沉管振动的阻力大幅降低且土体的自重对管中混凝土的压力大幅地减小,在此位置之上停顿时极易导致沉管中心的土芯上升,从而加大混凝土的用量。

(5)小应变检测

小应变动力测试技术主要是用弹性波测试检查地基桩体的完整性及长度,并可检查出桩体有没有如裂缝、断裂、泥土流入以及缩颈扩颈等桩体直径发生变化等缺陷。该测试技术的优点是:①测试方法简便,仪器便于携带;②效率高,可在测试现场即时得知准确的测试结果,根据测试现场所得出测试曲线,便可得知桩体完整性的缺点、存在的问题及桩体的长度;③测试结果准确性高;④测试过程对周围环境的干扰小;⑤测试成本较低。

试验段工程在现场进行了约60根小应变试验,采用反射波进行检测,主要目的是检测桩身结构完整性、成桩类型;同时将小应变检测结果和其他检测方法相结合以探讨反射波法对现浇薄壁管桩质量检测的适用性及具体检测方法。根据桩的弹性波振动的时域曲线和频域曲线的表现特征,分析桩身混凝土质量及桩身完整性,对桩身质量作出评价。

本次试验采用的仪器为国产岩海动测仪，信号采集传感器为加速度计，为了使检测更具有代表性，每根桩均进行了多次测试并采用不同的击发装置和不同的击发与接受距离，通过多次试验，选择了正确的击发、接受措施。

从检测结果来看本次小应变试验效果较好，测试的典型波形如图 4.4.2-5 所示。测试波速正常，平均波速都在 3200m/s 左右，除个别桩在上部 2m 处存在轻微缩径现象外，其余各桩桩身质量良好，桩底反射明显。测试结果表明基于合适的击发和接收装置，采用小应变动测技术测试现浇薄壁管桩的施工质量是可行的，检测结果能较好地反映现浇薄壁管桩的施工质量。

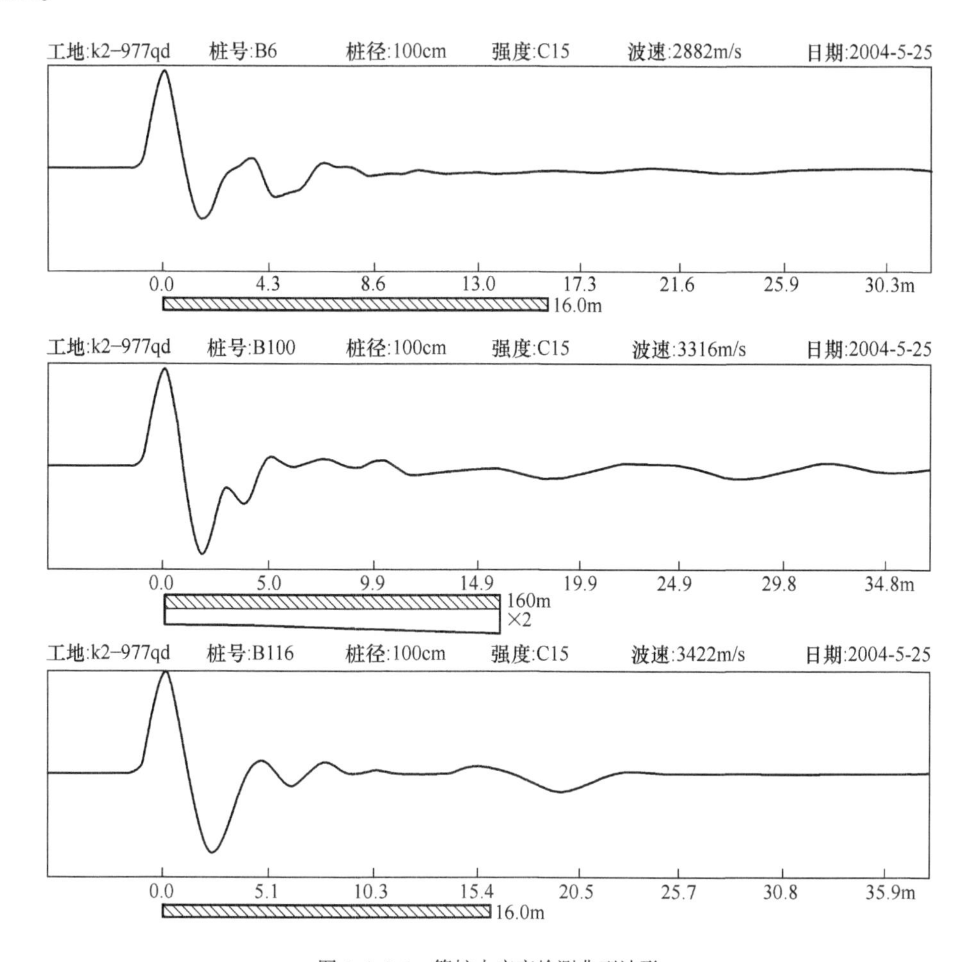

图 4.4.2-5　管桩小应变检测典型波形

(6) 现场开挖检测

现场开挖是检测各种桩最直观有效的办法，本试验段工程在每一区段选择两根桩进行开挖检测，共计开挖了 9 根桩，结合这 9 根桩的开挖检测进行了如下内容的试验工作：

①开挖深度的确定：在进行开挖的桩中选取 2 根开挖至地表以下 10 ~ 11m，选取 7 根开挖至地表以下 5 ~ 6m。每根桩桩顶外侧土体均下挖 1 ~ 2m，使桩头暴露。

②外观评价：对开挖裸露的桩身进行观察描述，检查是否有断裂、缩径等现象。

③钻孔量壁厚:PCC 桩直径较大、单方混凝土提供的承载力较高,但其壁厚相对较薄,施工时如混凝土灌注量不足或拔管速度过快很容易导致薄壁管桩的壁厚得不到保证。壁厚均匀与否,直接关系到薄壁管桩抗压承载能力,只有均匀壁厚情况下,才能保证单桩承载力最大限度地发挥。

④取芯检测:管桩承载力的高低取决于两个方面的因素,一个是场地土体的特性,一个是管桩桩体混凝土的强度特性。如施工时混凝土搅拌不均匀或灌注时混凝土产生了离析现象则均会导致管桩的桩身混凝土强度得不到保证。试验段工程在成桩后的桩身上取样进行室内抗压强度试验,以对成桩后的桩身混凝土质量进行评价。

a. 开挖桩体外观描述。

图 4.4.2-6 为两幅现场开挖后的管桩照片,可以看出桩体成形极好。现浇薄壁管桩开挖检测结果见表 4.4.2-5。

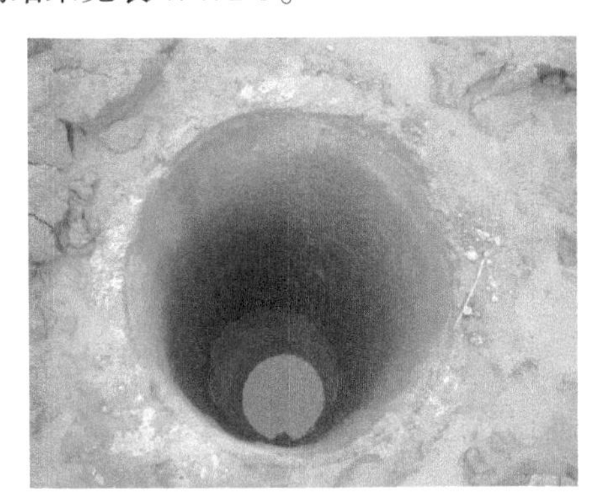
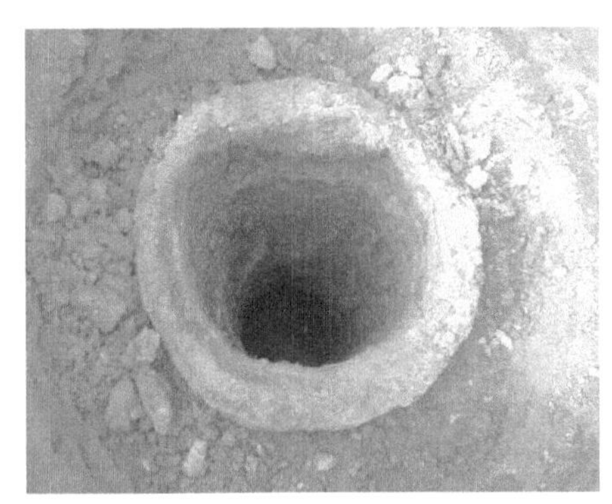

图 4.4.2-6　管桩开挖图

现浇薄壁管桩开挖检测结果表　　表 4.4.2-5

桩号	编号	开挖深度(m)	开挖情况描述
K2 +977	B24	5	桩体内壁表面光滑,未见断桩、离析、缩径现象
	B99	10	桩头部位 1 ~ 2m 有轻微歪斜现象,且歪斜部位壁厚不均匀,1 ~ 2m 以下成桩质量较好
K3 +760	B16	5	顶部壁厚均匀,桩体内壁表面光滑,未见断桩、离析、缩径现象
	B91	10	顶部壁厚均匀,桩体内壁表面光滑,未见断桩、离析、缩径现象

从开挖的情况来看,本次施工的薄壁管桩内外壁光滑完整,没有断桩、离析、夹泥、凹陷、缩径等不良现象,施工质量较好。同时本次开挖也暴露了另外一个值得关注有待在工艺上作改进的问题,即个别桩在顶部 1m 左右的范围内存在歪斜及壁厚不均匀的现象,这种现象主要是由于成桩后移机时沉管挤压推动地表多余的混凝土所致,为避免这种现象,今后在施工中拔管后移机前必须将桩顶多余的混凝土清除,同时将沉管尽量上移,移机时桩机的走管应尽可能不要从刚施工完毕的桩顶压过。

b. 桩体壁厚。

本试验段管桩壁厚的测量采用的是冲击钻钻孔再测量的方法,在钻孔时,为保证壁厚量测的准确程度,采取了一些保证冲击钻钻身轴线水平并与管桩直径吻合的措施,通过对每根开挖桩钻孔量壁厚数据的整理汇总,得出了 9 根开挖桩的壁厚统计情况,详见表 4.4.2-6。

管桩壁厚情况统计表　　表4.4.2-6

桩　　号	编　　号	桩长(m)	设计桩径(m)	设计壁厚(cm)	平均壁厚(cm)	最小壁厚(cm)
K2 +977	B24	18.0	1.0	12	13.9	13.6
	B99	18.0	1.0	12	14.1	13.6
K3 +760	B16	15.5	1.0	12	14.1	13.8
	B91	15.5	1.0	12	14.2	13.9

桩身壁厚的测量结果显示,薄壁管桩壁厚比较均匀,壁厚随深度变化离散性小,设计壁厚12cm的管桩实际壁厚均在13.8~14.4cm之间,最小壁厚也有13.5cm,而且最小壁厚均在桩顶部位。壁厚数据说明,在管中的混凝土灌入量得到保证,而且拔管的速度控制在0.8~1.2m/min的条件下现浇薄壁管桩的成桩质量是有保证的,不会产生局部桩体壁厚过薄的质量事故。

c. 桩身混凝土强度。

表4.4.2-7的单轴抗压强度试验结果表明,现浇薄壁管桩桩身所取9个试样的混凝土强度均大于设计值C15,各试块的强度值分布较均匀,尽管试块取自不同的桩体但试块的强度仍反映出了随着取样深度的增加试块的强度将增加的特征,这说明在上部混凝土的压力作用下下部桩体的混凝土密实性较上部的密实性要好。这也反映了拔管时沉管未离开地面前管中混凝土要高于地面一定高度的重要性。

桩身混凝土单轴抗压强度表　　表4.4.2-7

桩　　号	编　　号	取样深度(m)	抗压强度值(MPa)	龄期(d)
K2 +977	B9	2.0	19	38
	B24	2.0	21	63
	B42	3.0	21	61
	B73	2.0	20	70
	B99	10.0	23	77
K3 +760	B16	2.0	20	89
	B47	3.0	22	67
	B68	2.0	19	65
	B91	10.0	19	106

(7)静载荷试验

静载荷试验的目的是确定单桩竖向抗压极限承载力和单桩复合地基竖向抗压极限承载力,试验按《地基基础设计规范》(GB 50007—2011)、《建筑地基处理技术规范》(JGJ 79—2012)的有关规定进行。现场静载荷照片如图4.4.2-7所示。

图4.4.2-7　现场静载荷照片

现浇薄壁管桩单桩承载力较高,因此其桩距可取得较大,试验的两根单桩复合地基的桩距均为3.0m,单根桩对应的加固面积为3.0m ×

3.0m，即 $9m^2$，为保证载荷板的整体刚度，本次试验选用的钢板厚度为 2cm，同时在板上等间距焊接了 9 根 25B 型的工字钢，该层工字钢上面又加焊了 2 根 40B 的工字钢，这样载荷板的整体刚度得到了很好的保证，载荷板设计图见图 4.4.2-8。

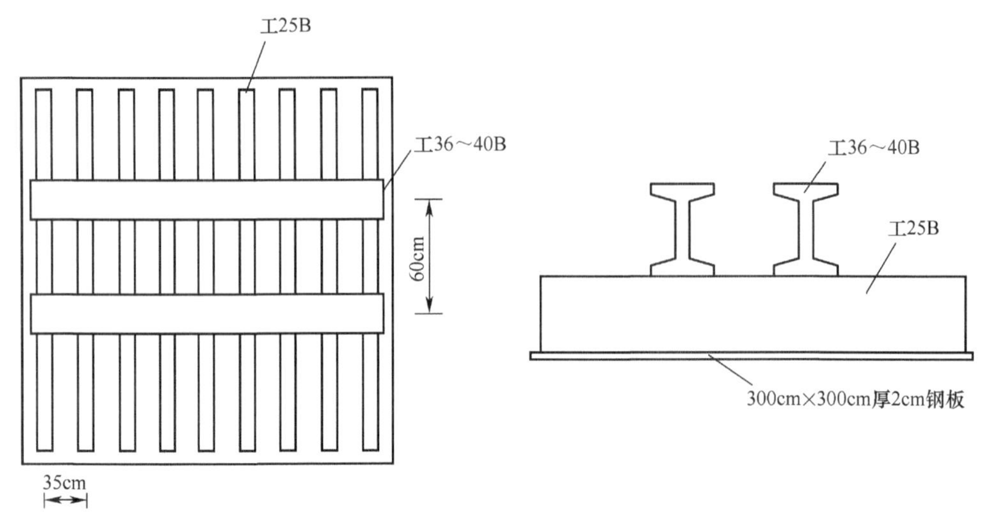

图 4.4.2-8　单桩复合地基荷载板设计图

通过对现场静载荷试验结果的汇总、整理，得出了如下的静载荷试验成果，见表 4.4.2-8。

静载荷试验成果表　　表 4.4.2-8

桩号	编号	最大试验荷载(kN)	是否破坏	单桩极限承载力(kN)	复合地基承载力特征值(kPa)	极限承载力对应的沉降量(mm)	最大回弹量(mm)
K2 +977	B37	1500	×	1500		18.00	6.53
	B64	1500	×	1500		15.64	6.21
	B44	1549	×		172	30.00	8.40
K3 +760	B37	1600	√	1440		40.00	10.25
	B42	1600	×	1440		40.00	10.81
	B63	1434	×		160	30.00	8.22

由静载荷试验结果可以看出，在多数桩静载荷试验没有达到破坏的前提下，桩长 18m 桩径 1000mm 薄壁管桩的单桩极限承载力在 1500kN 左右，远高于理论设计值 800kN；桩长 15.5m桩径 1000mm 的薄壁管桩的单桩极限承载力在 1440kN 左右，复合地基的承载力特征值在 160～172kPa 之间。静载荷试验的结果也说明本次管桩的施工质量是优良的。

(8)单桩及单桩复合地基试验土压力测试

静载荷试验的同时，对桩体受力时桩身、桩芯土以及复合地基桩间土的受力情况进行了同步监测。

①桩头及桩芯土上土压力盒的埋设

对于进行单桩静载荷试验的桩体，在处理桩头时在桩芯土塞上埋设1个土压力盒，桩头部位桩身上在对称位置埋设2个土压力盒；桩芯土上土压力盒埋设时应先在桩芯土中间位置挖一小坑，在其中平铺一层细砂，将土压力盒放置于小坑中的砂土上，再用砂土将土压力盒覆盖，并保证砂土密实，将测量电缆引出后再用素混凝土进行桩头封顶处理。测量桩身应力的土压力盒埋设于处理桩头的封顶混凝土中，并尽量靠近桩头表面。单桩静载荷试验的土压力盒的埋设及安装见图4.4.2-9a)。

②单桩复合地基静载荷试验中桩间土上土压力盒的埋设

用于进行单桩复合地基试验的管桩除埋设上述3个土压力盒外还在载荷板下距桩体不同距离的桩间土上埋设了3～4个土压力盒；桩身及桩芯土上土压力盒的埋设同①，复合地基桩间土上埋设土压力盒4个，埋设时承接土压力盒的砂面需平整水平，土压力盒的受压面需对着欲测量的土层面，覆盖土压力盒的砂土应密实均匀。单桩复合地基桩土压力盒的埋设位置见图4.4.2-9b)。单桩载荷试验、复合地基载荷试验见图4.4.2-10～图4.4.2-14。

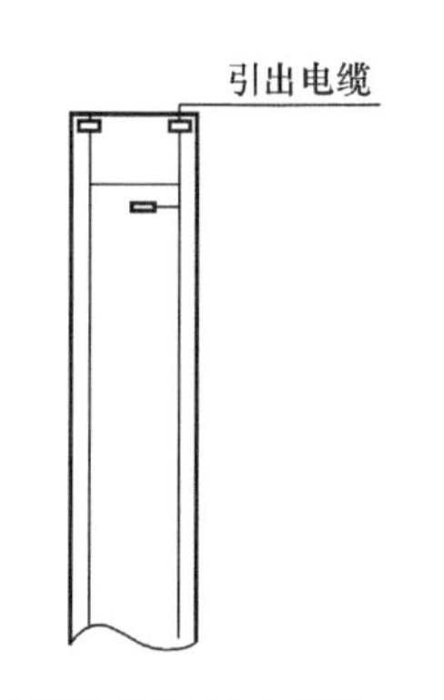

a)桩芯土及桩身土压力盒埋设

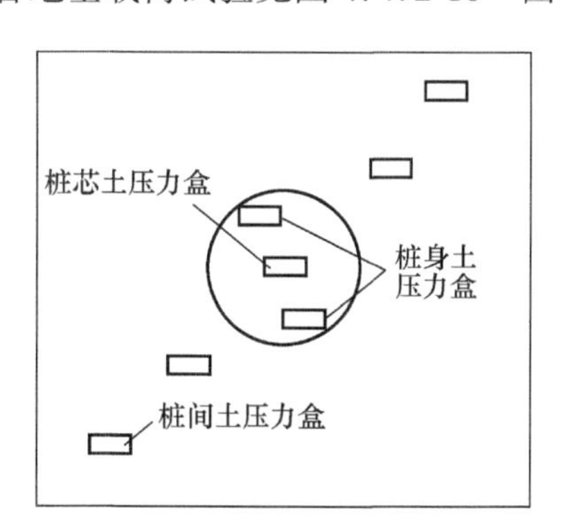

b)单桩复合地基试验土压力盒埋设

图4.4.2-9　土压力盒埋设示意图

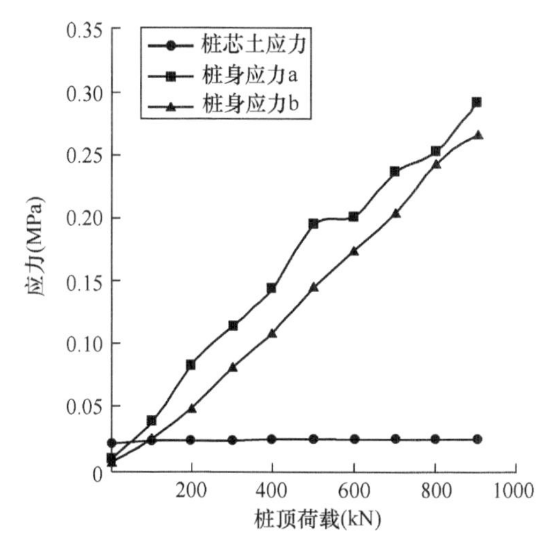

图4.4.2-10　单桩载荷试验(B37)

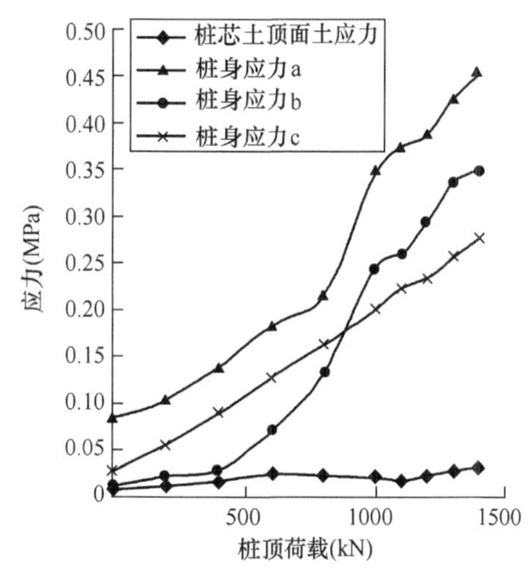

图4.4.2-11　单桩载荷试验(B64)

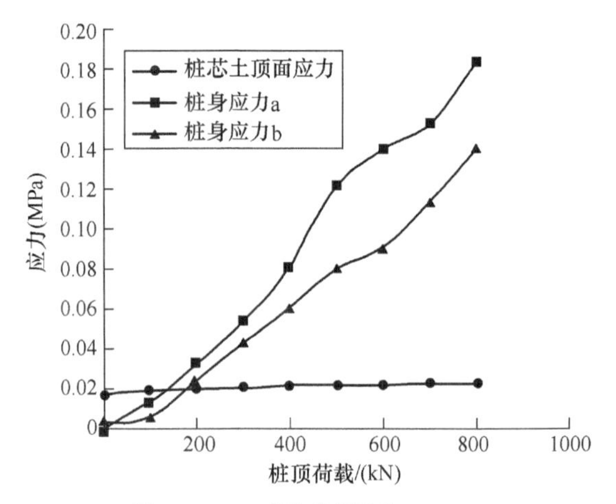

图 4.4.2-12　单桩载荷试验(B42)

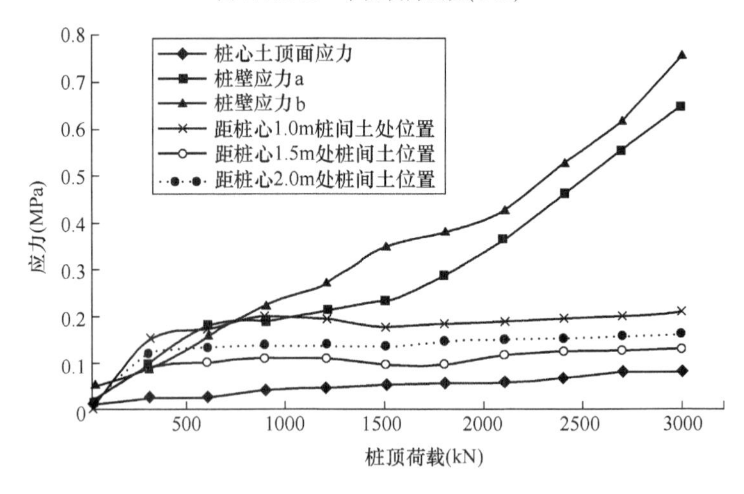

图 4.4.2-13　复合地基载荷试验(B44)

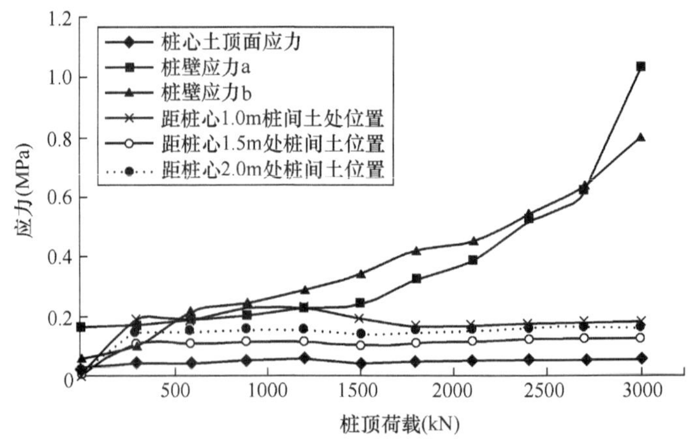

图 4.4.2-14　复合地基载荷试验(B63)

图 4.4.2-15 为 B37 桩单桩静载荷试验中在 600kN 的桩顶荷载维持期间,桩身、桩芯土塞及桩间土上的应力变化时程线,图 4.4.2-16 为 B63 桩单桩复合地基试验中在 400kN 的桩

顶荷载维持期间的桩身、桩芯及桩间土上的土压力变化时程线，可见在静载荷试验过程中在某级桩顶荷载维持期间，各部位土压力基本维持稳定。

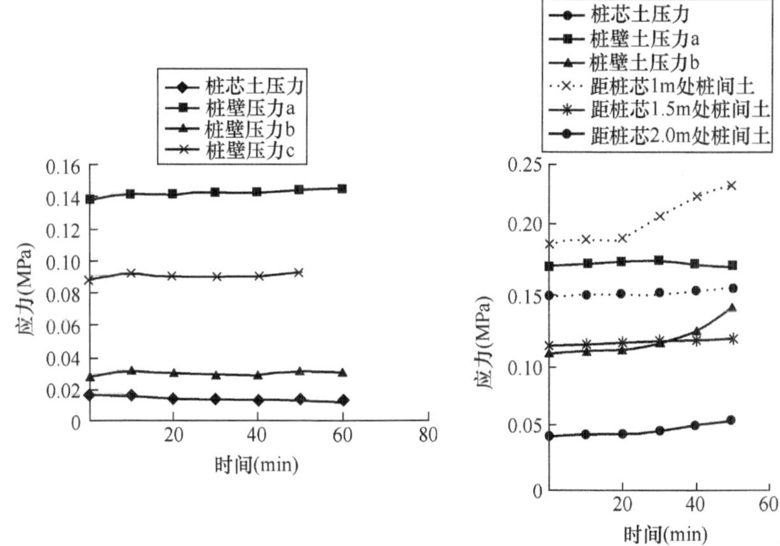

图 4.4.2-15　B37 应力时程线　　　　图 4.4.2-16　B63 应力时程线

(9)沉降观测

沉降观测点布置见图 4.4.2-17。

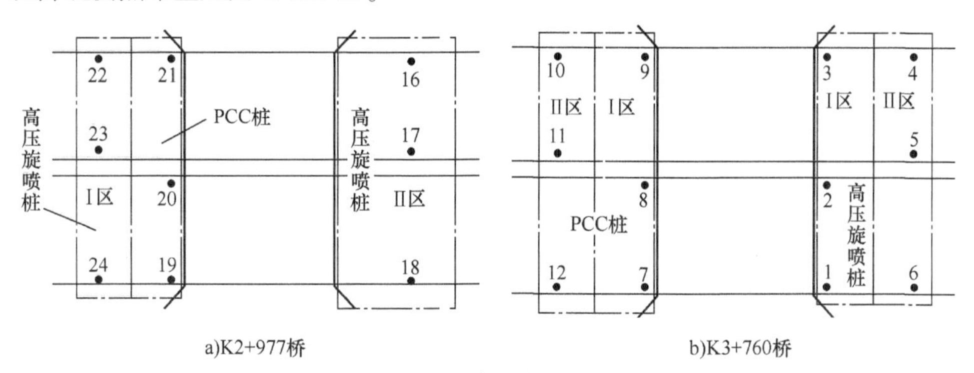

图 4.4.2-17　沉降观测点布设示意图

各观测点沉降时间曲线见图 4.4.2-18 ~ 图 4.4.2-24。

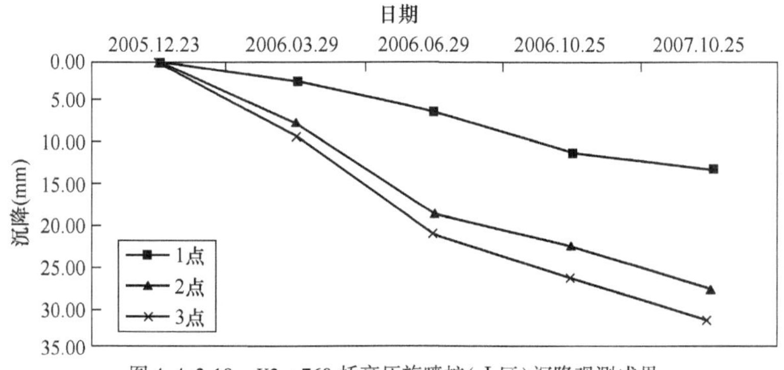

图 4.4.2-18　K3 +760 桥高压旋喷桩(Ⅰ区)沉降观测成果

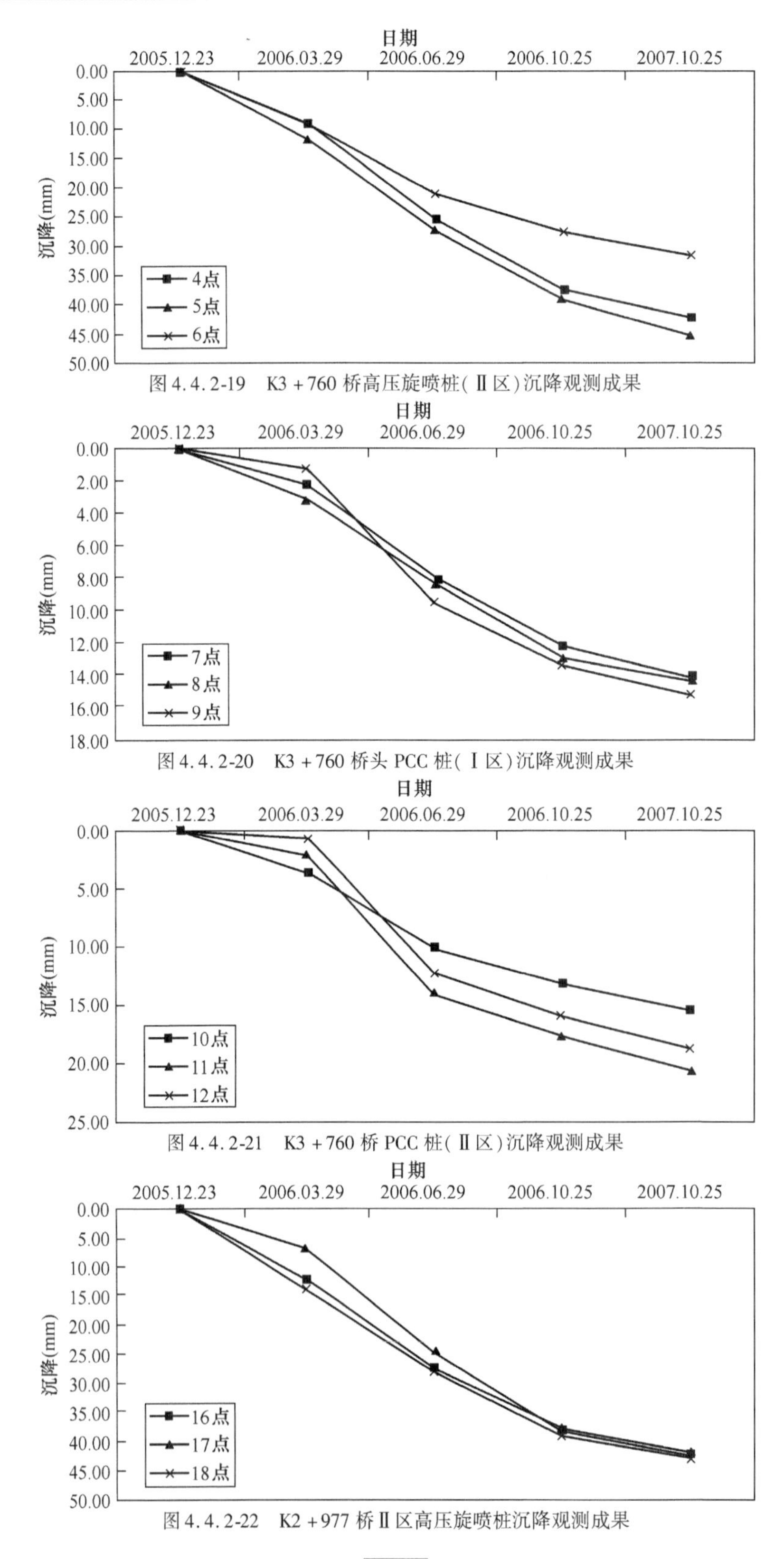

图 4.4.2-19　K3 + 760 桥高压旋喷桩(Ⅱ区)沉降观测成果

图 4.4.2-20　K3 + 760 桥头 PCC 桩(Ⅰ区)沉降观测成果

图 4.4.2-21　K3 + 760 桥 PCC 桩(Ⅱ区)沉降观测成果

图 4.4.2-22　K2 + 977 桥Ⅱ区高压旋喷桩沉降观测成果

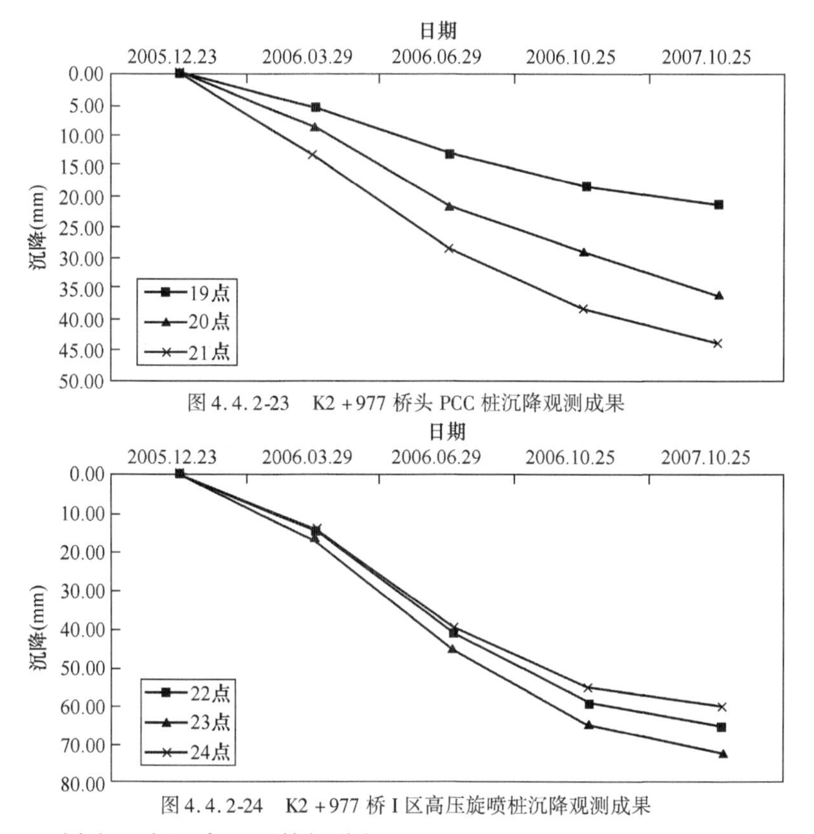

图 4.4.2-23　K2 +977 桥头 PCC 桩沉降观测成果

图 4.4.2-24　K2 +977 桥 I 区高压旋喷桩沉降观测成果

①K2 +977 桥头地表沉降观测数据分析

K2 +977 桥头 I 区高压旋喷桩以及 PCC 桩处理部分原为鱼塘,工程性质很差,填土厚度 6.5m,在该区域 PCC 桩复合地基部分设置沉降观测点 19/20/21,Ⅰ区高压旋喷桩复合地基部分设置沉降观测点 22/23/24。Ⅱ区高压旋喷桩位于 K2 +977 桥另一侧桥头位置,该区域地质情况相对稍好,在此部分设置沉降观测点 16/17/18。

PCC 桩复合地基最大沉降量为 4.440cm(21 点),最小沉降量为 2.150cm(19 点),平均沉降量为 3.410cm;Ⅰ区高压旋喷桩复合地基最大沉降量为 7.290cm(23 点),最小沉降量为 6.030cm(24 点),平均沉降量为 6.643cm;Ⅱ区高压旋喷桩复合地基最大沉降量为 4.310cm(23 点),最小沉降量为 4.210cm(24 点),平均沉降量为 4.253cm。

该场地允许沉降量为 10cm,沉降计算所得工后沉降值约为 8.6cm。因此,这两种处理方法均满足要求。但是 PCC 桩复合地基沉降量要小于高压旋喷桩复合地基,特别是与地质条件相同的 I 区比较,相应位置最大沉降差达到 3.880cm(19 点、24 点),平均沉降差为 3.233cm。

因此,在地质条件很差,软土层较厚条件下,PCC 桩复合地基的处理效果要好于高压旋喷桩复合地基。

②K3 +760 桥头地表沉降观测数据分析

K3 +760 桥范围内地质条件与 K2 +977 桥地质条件比相对较好,该桥 PCC 桩复合地基区设置沉降观测带两条,相应沉降观测点分别为 7/8/9(Ⅰ区)和 10/11/12(Ⅱ区);高压旋喷桩复合地基区设置沉降观测带两条,相应沉降观测点分别为 1/2/3(Ⅰ区)和 4/5/6(Ⅱ区)。

PCC 桩复合地基Ⅰ区观测带最大沉降量为 1.530cm(9 点),最小沉降量为 1.430cm(7、8 点),平均沉降量为 1.463cm;高压旋喷桩复合地基Ⅰ区观测带最大沉降量为 3.170cm(3 点),最小沉降量为 1.330cm(1 点),平均沉降量为 2.423cm。

PCC 桩复合地基Ⅱ区观测带最大沉降量为 2.050cm(11 点),最小沉降量为 1.550cm(10 点),平均沉降量为 1.823cm;高压旋喷桩复合地基Ⅱ区观测带最大沉降量为 4.490cm(5 点),最小沉降量为 3.140cm(6 点),平均沉降量为 3.940cm。

场地近桥台一侧(Ⅰ区)沉降量均小于远桥台一侧(Ⅱ区),这是由于Ⅰ区桩长较长,其引起下卧层的沉降值小,因此说明地表主要沉降量基本为下卧层引起,而复合地基加固区范围内的沉降很小。

两种处理方法均满足要求。但是 PCC 桩复合地基沉降量基本上要小于高压旋喷桩复合地基。Ⅰ区相应位置最大沉降差达到 1.640cm,平均沉降差为 0.960cm;Ⅱ区相应位置最大沉降差达到 2.640cm,平均沉降差为 2.117cm。

因此,地质条件稍好,软土深度不太厚条件下,PCC 桩复合地基的处理效果略好于高压旋喷桩复合地基。

4.4.3 塑料套管混凝土桩处理

1)概述

塑料套管混凝土桩(简称为 PTCC 桩或 TC 桩等),是在吸收国外先进技术的基础上,设计研发的一种路堤工程新型地基处理新技术。塑料套管按一定的间距采用插管设备逐根跟管打入需要加固的地基中,套管底部封闭、顶部开口,待这个分段区块全部打设完毕后,再统一对打入地基中的套管用混凝土连续浇筑成桩,套管不再取出,这样套管与填充物形成地基加固桩,并浇盖板铺设垫层和土工格栅,形成路堤桩系统。

(1)适用范围和适用条件

塑料套管混凝土桩适用于桥头、通道等构造物与路堤的衔接部位、路堤拓宽路段、稳定难以满足要求的高填方路堤以及设置挡墙的软基路段处理,其适用条件如下:

①桩端下卧持力层的静力触探锥尖阻力不应小于 1000kPa,下卧层倾斜坡度不大于 20%;

②长细比不超过 100,填土高度不宜大于 6m。

(2)塑料套管混凝土桩的组成

塑料套管混凝土桩由预制桩尖、塑料套管、套管内混凝土和桩帽四部分组成,如图 4.4.3-1所示。

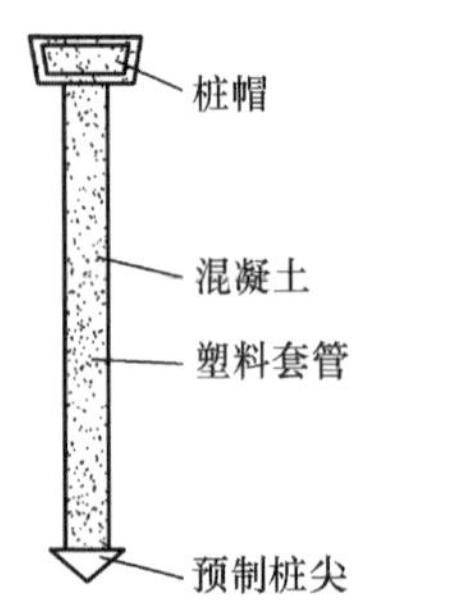

图 4.4.3-1 塑料套管混凝土桩的组成

(3)桩承式加筋路堤

塑料套管混凝土桩与垫层、土工合成材料构成桩承式加筋路堤,如图 4.4.3-2 所示。

2)塑料套管混凝土桩复合地基设计计算

(1)材料要求

①垫层:桩顶应设置垫层,垫层材料一般采用级配良好的砂砾、碎石、中粗砂、含泥量较小(不大于 15%)的土

石混合料等散粒状材料，垫层厚一般为300～800mm。

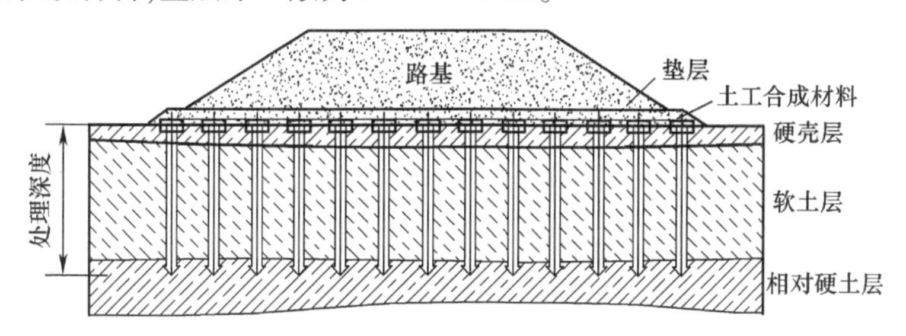

图4.4.3-2 塑料套管混凝土桩加筋路堤示意图

②土工合成材料：一般采用抗拉强度高、延伸率小、耐久性好、抗老化和抗腐蚀的整体式钢丝土工格栅、钢塑土工格栅和双向土工格栅等土工合成材料。

③桩体直径：桩体直径在100～250mm之间，常用的规格有160mm、200mm和250mm。根据不同的深度对套管壁厚、环刚度进行控制及搭配，保证塑料套管打设过程中不挤破，混凝土浇注前不损坏，混凝土浇注前径向最大相对变形不超过20mm。

④现浇桩体混凝土：混凝土集料最大粒径不超过25mm，混凝土坍落度为180～220mm，试桩时根据强度和坍落度要求确定配合比。桩身混凝土强度等级不应低于C25。

⑤桩帽和桩尖：桩帽与桩身的连接钢筋进入桩身长度不应小于3.0m。桩帽采用现浇或预制的方形或圆形，采用C25混凝土。桩帽尺寸根据路堤填高、桩间距、土工合成材料指标等确定，一般宜采用0.4～0.6m，桩尖采用钢筋混凝土预制，混凝土宜采用C30，并预先设置有连接固定塑料套管的塑料接头。

⑥套管选用符合国家标准的PVC单壁螺纹塑料套管（图4.4.3-3），套管的壁厚和直径根据设计要求确定。控制的标准为：同一断面的壁厚偏差不大于14%，环刚度不小于4级，落锤冲击（0℃，1kg，1m）不破裂。管段连接处设套管，套管承口深度不小于5cm，采用与管材配套的胶水进行黏接，拼接处套管长度110mm。

图4.4.3-3 单壁螺纹塑料套管拼接图

（2）塑料套管混凝土桩的布置

①桩的平面布置一般采用正三角形或正方形，桩的平面布置中心距应根据变形、承载力等确定，一般宜取1.1～1.2m。

②桩长的具体取值应满足路堤沉降及稳定性的要求，一般取5～20m。桩长一般应穿透软土层；对于巨厚软土层（大于30m），桩长未穿透软土层时，应满足达到最危险滑弧面以下3m的深度，并应验算软弱下卧层的承载力。

③桩端进入持力层的深度，对黏性土、粉土不宜小于2倍桩径；砂性土不宜小于1.5倍桩径；碎石类土，不宜小于1倍桩径。

④过渡段的处理：路基与桥头等结构物衔接部位宜采用间距和打设深度分级过渡处理。通过在交接部位设置不同间距和桩长的路堤桩，形成沉降渐变段，避免发生较大的沉降差异。

(3)单桩竖向承载力特征值计算

塑料套管混凝土桩单桩竖向承载力特征值可按下式计算:

$$R_{\mathrm{pk}} = \min\left\{\frac{1}{K} \cdot R_{\mathrm{p1}}, R_{\mathrm{p2}}\right\} \tag{4.4.3-1}$$

$$R_{\mathrm{p1}} = u \cdot \sum q_{\mathrm{sik}} \cdot l_i + q_{\mathrm{pk}} \cdot A_{\mathrm{p}} \tag{4.4.3-2}$$

$$R_{\mathrm{p2}} = \varphi \cdot N \tag{4.4.3-3}$$

$$N = \alpha_{\mathrm{c}} \cdot f_{\mathrm{c}} \cdot A_{\mathrm{p}} \tag{4.4.3-4}$$

式中:R_{pk}——单桩竖向承载力特征值(kN);

R_{p1}——单桩竖向极限承载力(kN),有条件时可按现场承载力试验确定;

K——安全系数,取1.1~1.3;

R_{p2}——压曲临界荷载(kN);

q_{sik}——桩侧第i层土的极限侧阻力(kPa);

q_{pk}——极限端阻力(kPa);

l_i——桩侧第i层土厚度(m);

u——桩的周长(m);

A_{p}——预制桩尖截面面积(m^2);

φ——稳定系数,可按《建筑桩基技术规范》(JGJ 94—2008)表4.8.4-2取值。

N——桩顶轴向压力设计值(kN);

α_{c}——基桩成桩工艺系数,可取0.7~0.8。

f_{c}——混凝土轴心抗压强度设计值(kN/m^2)。

3)塑料套管混凝土桩施工

(1)施工工艺

塑料套管混凝土桩施工可采用常用的插板机、振动沉管机等机械。使用振动沉管机械时,应控制钢套管的直径比单壁螺纹塑料套管略大1cm。

①桩机就位:桩机就位必须平整、稳固。待桩机就位后,调整沉管与地面垂直,确保垂直度偏差不大于1%。

②放置套管:根据桩的长度,丈量塑料套管后切割,并将套管与桩尖连接,然后将带有桩尖的套管从钢管底部放入钢管中,桩尖与桩位对准。

③沉管:桩机就位后,扣准埋设好的预制桩尖开始沉管,沉管过程中注意调整桩机的稳定,严禁倾斜和错位。机械沉管的下沉速度一般约为2m/min。待沉管至设计高程并抬架时应开动马达,原地留振不小于10s,以确保桩尖进入持力层不小于桩径的1.5倍。

④注水:沉桩的同时向塑料管内进行注水,边沉桩边注水,注水流量控制在0.16m^3/min,注水的最终深度应达到管口高程以下500mm。

⑤拔管:沉桩到设计高程注水完毕后,即可以拔除外套钢管,塑料套管留于地下。拔管时速度一般控制在0.8~1.0m/min,拔管速度保持均匀一致,在拔管过程中不允许反插。

⑥截桩:沉桩达到设计高程,拔除钢管后,对露出地面过长的塑料套管必须修整及截除。一般套管留设超出桩帽底高程150mm。将多余的套管进行截桩和整理后,对套管进行深度

检查。并随时保护套管内的清洁,尽量不让杂物进入,可采用塑料薄膜或者木板覆盖管口。

⑦制桩帽外模板:混凝土桩帽采用现场浇筑。桩帽外模板可采用土模或者预制的成品塑料盖板模。若采用土模,施工时人工在桩顶四周按照桩帽的尺寸开挖土模坑,铺垫50mm厚细石瓜子片再薄抹20mm厚水泥砂浆做垫层,形成土模。若采用成品塑料盖板模,则直接将预制好的成品塑料盖板模板套于塑料管顶部,固定完毕、桩帽混凝土浇筑后,成品塑料盖板模板不再取出。

⑧抽水并放置桩帽钢筋笼:桩帽钢筋笼放置前采用小型潜水泵将塑料套管内水抽净。桩帽钢筋笼现场预制,施工时将预先制成的钢筋笼放入塑料管中,并放平整后可采用短钢筋或者砂浆垫块临时固定。钢筋保护层采用砂浆垫块控制,保护层厚度不小于25mm。桩帽钢筋可采用螺纹Ⅱ级钢,直径根据设计要求,一般取 ϕ12mm。

⑨桩身及桩帽混凝土浇筑:因PTCC桩单根桩混凝土量较小,桩身混凝土浇筑可在一个分区段的PTCC桩塑料套管全部打设完毕后统一进行。可采用人工浇筑。为确保下层桩身混凝土的密实,桩身混凝土浇筑应配专用的加长混凝土振动棒进行振捣。混凝土浇筑分层进行,由于下层桩身混凝土下落距离比较长,下层桩身混凝土的振捣时间应适当加长,确保桩身混凝土的密实度。桩帽混凝土浇筑同桩身混凝土浇筑同时进行。为保证桩身混凝土的用量和密实度,混凝土施工前对每根桩的理论用混凝土方量必须进行计算,浇筑时可按照计算理论方量严格控制,确保每根桩的混凝土用量符合标准。

⑩桩养护:桩身混凝土浇筑完成后,应进行养护,养护时间不得少于28d,在桩身未达到养护的强度要求时,不得进行桩上层结构的施工。塑料套管混凝土桩施工如图4.4.3-4所示。

图4.4.3-4　塑料套管混凝土桩施工

(2)塑料套管混凝土桩施工注意事项

①桩的打设次序:横向以路基中心线向两侧的方向推进;纵向以结构物部位向路堤的方向推进。

②桩端一般应设在持力层中,打设时应注意设计持力层顶面高程的变化,发现与设计不符时应在现场及时调整桩长,以确保承载力设计值。

③应采用单壁、内外均是螺纹的塑料套管,其强度应保证混凝土浇注前后不损坏,最大外径满足设计桩体直径要求。

④打设塑料套管和浇注混凝土应间隔进行,避免挤土效应影响混凝土的浇筑质量,混凝土浇注场地距塑料套管打设场地的距离不得小于20m。不宜采用边打设塑料套管边在塑料套管内浇注混凝土的施工方法。

⑤应将塑料套管与桩尖事先连接,从沉管底部送入后再进行打设,不得采用先沉管后放入塑料套管的做法。

⑥施工浇注期间应同时将混凝土留样并制作试块,对其进行抗压强度试验。

(3)施工质量检验

①打设深度:在全部套管成孔后,由于在浇注混凝土之前套管内为全空,可以对打设的深度进行很方便的检查,即对套管的深度和套管有无损坏进行检测即可,质量很容易控制。

②混凝土强度:在浇注混凝土过程中应同时制作试块,桩身混凝土施工过程中每台班或每100m^3混合料要制作至少一组试件。

③低应变检测:对桩身完整性采用小应变反射波法进行检测,检测频率为10%。

④桩承载力检测:待桩体养护28d后可对成桩进行承载力检测,包括单桩承载力和复合地基承载力检测。

4.5 泡沫轻质土技术

软土具有软松、孔隙比大、天然含水率高、压缩性高、强度低、渗透性小和结构性灵敏的特点,在其上修筑道路,特别是高等级道路,如不进行处理,势必会引起过大的沉降或不均匀沉降(图4.5.0-1),严重者会引起地基失稳破坏,多年来软基处理一直是岩土工作者所面临的技术难题。

图4.5.0-1　桥头不均匀沉降引起防撞护栏错位及路面沉陷

虽然软基处理技术在我国的应用有悠久的历史，但由于软土的特异性、多变性，从多年道路软基处理效果来看，至今仍然无法找到万无一失的解决方案，时有工程因为软基处理不当而引起质量事故或造成巨大浪费。桥头路基跳车、新老公路的融合贯通、桥台与路基的拼接组合、新老路堤的差异沉降、新老路面的拼接处理技术仍然存在较多问题，很多道路通车后不久就出现了路面开裂等严重病害，这些病害引起了公路建设、设计、监理、施工等部门的高度重视。因此，逐渐改进以往软基处理技术，开发推广新的处理方法成为摆在岩土工程界的第一问题。

从多年软基深层处理的实际效果来看，理论上采用水泥搅拌桩、旋喷桩、CFG 桩等处理桥台路基工后沉降可达到小于 10cm 的要求，但由于深层处理桩深度一般大于 10m，10m 以下的桩质量往往出现种种问题，特别对于目前地下工程层层转包的现象，多数深层处理桩工程质量很难保证；采用深层处理后的桥头路基沉降较大（图 4.5.0-2），从天津市已实施桥头路基的处理效果调查来看，多数桥头路基 5 ~ 10 年内沉降达到 15 ~ 30cm，严重影响了道路行驶质量。

图 4.5.0-2　桥头沉降过大引起跳车使车辆抛锚

随着高速公路修筑里程的进一步增加，国内高速公路、各种地方道路、市政道路旧路加宽工程也在逐年增加，这些工程将面临新旧路差异沉降的消除问题，对于新旧路加宽工程，差异沉降一般应控制在 3 ~ 5cm，这对于常规的水泥搅拌桩、旋喷桩等深层处理桩（图 4.5.0-3）是无能为力的，而采用薄壁管桩、预制混凝土桩又存在造价较高的弊端。如果能寻求一种既能大大降低工程造价，又能减轻路基填料重量，强度较高、直立性较好的填筑材料，将对软基处理效果的改善起到至关重要的作用，这也是国内外出现众多道路轻质填料的原因所在。

图 4.5.0-3　水泥搅拌桩不成型钻芯及冒浆现象

换填轻质材料作为一种软基处理技术，由于不需或很少对地基进行深层处理而大大缩短了施工周期，且具有良好的处理效果及经济性，在软土地基处理中备受关注。传统轻质材料多采用粉煤灰进行填筑，但随着粉煤灰来源的逐步萎缩、填筑高度受限，加之施工质量难以保证等原因，急需寻求超轻、强度高、自立性好的轻质材料。于是，近年来，雨后春笋般出现诸如现浇泡沫轻质土、聚苯乙烯泡沫(Expanded Polystyrenc，简称EPS)、泡沫塑料颗粒轻质土等轻质材料(图4.5.0-4)，这些材料在软基处理中效果如何，与深层软基处理相比经济、技术性如何，需要结合工程进行试验研究。

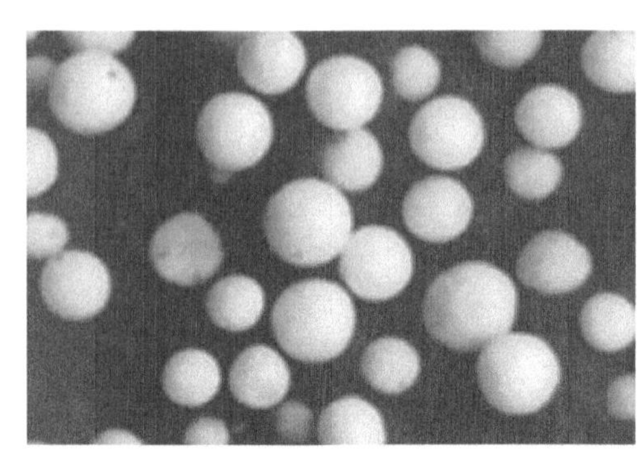

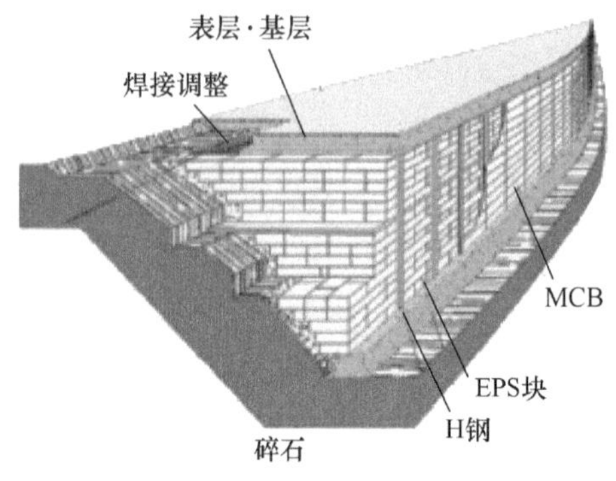

图4.5.0-4　泡沫塑料颗粒轻质土及聚苯乙烯泡沫塑料块轻质材料

正是迎合以上需求，20世纪70—80年代，日本将泡沫混凝土技术加以改进，由原料土、水泥、水等材料和气泡按照一定的比例混合，制成轻型现浇填土材料。该材料现浇施工时，其流动性统一按牛顿流体控制，此即泡沫轻质土。1974年日本交通部港湾技术研究所为研究板桩护墙的加固材料而进一步开发了泡沫轻质土(图4.5.0-5)，这种轻质土主要是为减轻护岸构造物的侧面土压力而提出的，具有与原填土材料同样的强度和明显的轻质性。正是这种材料所具有的高强、低密特性，在瑞典、法国迅速普及了对该种材料的研究，取得了良好效果，并广泛应用于软基处理工程中。目前在日本、美国、英国等发达国家，泡沫轻质混凝土被用以根治软基段桥头跳车或防止旧路加宽段差异沉降问题，并得到全面的推广。

图4.5.0-5　施工中的泡沫轻质土

国内近几年由广州大学教授陈忠平博士等率先引进开发泡沫轻质土技术，在北京奥运场馆周边道路工程、天津大道、天津海滨大道、天津津滨高速加宽工程、广州亚运村周边道路工程、广佛高速加宽、广州新光快速路、汕揭高速公路、湖南省醴潭高速公路等工程中得到广泛应用，得到了很高的评价。因此，需要结合这些工程对该项技术进行系统研究，对其配合比设计、材料要求、施工工艺等提出具体要求，以便制定适合本地区的规程与标准，为软基处理技术提供技术支持。

采用泡沫轻质土的主要目的是通过减轻施加于地基的附加应力，抑制软弱地基的破坏和沉降，从根本上消除软土地基的填方路堤、新旧路堤及路堤与结构物之间的工后沉降和差异沉降，减少地下结构物所承受的土压力、提高结构物的使用寿命。随着人类对环保问题的日益重视，减少水泥、石灰、碎石甚至土等材料的用量成为一种趋势，泡沫轻质土掺加50% ~ 70%以上的泡沫替代这些材料，也必将成为环境、资源和岩土工程的综合性新型技术。

天津地区渤海湾软土含水率较高、软土层厚、地基承载力低、沉降变形大，多年来，软基处理多采用水泥搅拌桩、CFG桩、旋喷桩、薄壁管桩、塑料排水板等深层处理，但从对天津多条建成通车后2 ~8年内高速公路高路堤的沉降观测结果来看，如果按照高等级公路的工后沉降控制指标(路桥连接段高路堤控制工后沉降量为10cm，结构物之间的高路堤段控制工后沉降量为30cm)，进行深层处理的工程工后沉降往往都超过10 cm，最大的工后沉降量超过35cm。这说明，目前采用深层地基处理后的道路工后沉降仍然很大，施工后修补不可避免。因此，在目前工期紧，预压期不能满足要求的情况下如何进行软基处理也面临着巨大的挑战。

面临这种挑战，泡沫轻质土所具有的优良性能逐渐显现出来。首先，泡沫轻质土质量轻，干体积密度为5 ~15kN/m^3，相当于普通填土的1/5 ~3/5，可减轻高填土填料的整体荷载，4 ~5m高的泡沫轻质土路基仅相当于0.8 ~3m高填土路基，这样使得软基上的附加荷载大大减小；其次是泡沫轻质土强度高，整体性好，普通填土(包括戗灰处理后填土)无侧限抗压强度为0.2 ~0.3MPa，而泡沫轻质土无侧限抗压强度为0.5 ~1.6MPa，这种填料承受荷载能力较填土大大提高，且较好的整体性使其本身压缩沉降大大减小，而普通填土如压实不到位，其本身将产生较大的压缩变形；再次是，由于泡沫轻质土可现场浇注施工，施工速度快，施工质量更容易控制，这是软基深层处理所无法比拟的，对工期紧、预压期不能满足要求的软基处理尤为适合，这也是在天津推广这项技术的目的所在。

基于以上原因，本课题将结合国内外已有研究成果，对泡沫轻质土作用原理、设计标准、力学特性、配合比设计、施工工艺、材料要求、质量控制等技术进行系统研究。在对泡沫轻质土密度、渗透、干缩特性、无侧限抗压强度、CBR、回弹模量、剪切等试验研究的基础上，结合天津重点工程对泡沫轻质土进行工程示范，形成系统的泡沫轻质土设计施工方法，最终编制现浇泡沫轻质土路基设计施工技术规程，为这种轻质材料的推广提供技术支持。

4.5.1 泡沫轻质土路基设计方法研究

1)泡沫轻质土处理桥头路基应用研究

(1)桥头跳车病害及成因分析

①台背地基土层的压缩变形

在路堤荷载作用下，台背地基土层，尤其是软土地基的压缩变形，是形成桥台、台背差异沉降最普遍的原因。由于软基处理、工期限制及施工等各种因素的影响，台背软土地基工后沉降很难完全避免，这种工后沉降积累到一定程度时，即形成桥头跳车病害。对于深厚软基桥台台背，因附加应力在软基处理深度以下其作用强度依旧较大，是导致工后沉降形成桥头跳车病害的主要原因。

②台背路堤填料的压缩变形

台背路堤填料的压缩变形主要来自以下两个方面：

a. 由于填料间含有水分和空隙，尤其是压实度不够时，在填料自重、上部静荷载和交通荷载的作用下，填料会出现压缩变形。

b. 渗水引起填料部分流失及水的软化作用导致填料压缩变形。台背路堤填料的压缩变形积累到一定程度，桥头搭板底下出现脱空沉陷，导致桥头搭板严重变形，由此形成桥头跳车。

(2) 桥头跳车防治处理措施的研究

国内外桥头跳车防治处理措施的研究，基本上包含以下两方面的内容：

①软基桥台台背的地基处理

总结软基处理防治桥头跳车病害的各种处理措施，基本上可分两种途径：其一为加固软土地基，提高地基承载力，其二为降低台背荷载，降低附加应力作用强度及深度。

②台背填料的处理

从技术质量上讲，利用胶凝材料固化强度来避免台背沉陷，较物理密实台背填料更有优势；另一方面，如果胶凝材料远较常规填料要轻，则还可以起到降低高路堤荷载、避免路堤填料压实状态下的压缩变形。

2) 泡沫轻质土路堤填料设计方法

用泡沫轻质土浇筑路基，要考虑施工场所的浇筑形状以及荷载条件等，确定表观密度及设计强度，从而对浇筑体及其施工路段的稳定性进行检验。特别是应考虑各填土部位（如路基）表观密度和设计强度是否满足设计条件及其材料规定。

(1) 泡沫轻质土路基荷载分析及安全系数设定

①泡沫轻质土路基所受荷载分析

a. 背面土压及水压。

当泡沫水泥轻质土背面地基不是稳定结构时，则需要考虑背面土压的影响。而且，在水位可能上升的情况下，还要考虑水压的影响，并计算静水压的分布。

b. 自重。

考虑泡沫轻质土竣工后的自重，当在地下水位以下施工时有效重度可按下式来计算：$\gamma = \gamma_{tsat} - \gamma_w$，其中 γ_{tsat} 表示水的表观密度。

c. 上部荷载。

上部荷载是指泡沫轻质土上部路面结构的自重（恒载）和活荷载。活荷载作为道路施工场合分布荷载看待时通常取 $q = 0.0098$MPa。

d. 水平土压力。

水平土压力可以由表观密度与高度相乘算出。虽然浇筑体固化后产生的水平土压很小，但是为了保证抗土压构造物（挡土墙、桥台等）的稳固性，应根据泡沫轻质土与抗压构造物之间是否填置泡沫聚苯乙烯等缓冲材料来考虑水平土压。

e. 浮力。

泡沫轻质土因其轻质性易受到地下水的影响而产生上浮的问题。因此泡沫轻质土路堤应用于地下水位以下时，应考虑浮力的影响，此时表观密度应设计为 1000kg/m^3 以上。

f. 地震力（在有必要的场所）。

填土设计中，在检验路堤整体稳定时，对滑动、倾覆的验算应将地震力的影响考虑在内。应用减轻土压施工法设计过程中，当泡沫轻质土底部填土长度（L）比较充分时，则该部分可以不考虑地震力的影响。

g. 其他(如冲击力等)。

在必要情况下,还应考虑雪荷载、风荷载、冲击荷载的作用。

②泡沫轻质土路基所受荷载安全系数分析

泡沫轻质土浇筑路基时除要求能顺利进行路面上部结构的施工外,还要求永久构造物在固化过程中能保持稳定性,隔音墙、防护栏等附属构造物均要求有坚实的基础。因此,设计的单轴抗压强度应大于路堤上部恒载和活载产生的应力,若考虑长期荷载作用,还应乘以一个安全系数。安全系数选择见表 4.5.1-1 及表 4.5.1-2。

考虑泡沫轻质土堤身强度时的安全系数 表 4.5.1-1

<table>
<tr><th colspan="2">项 目</th><th>安全系数 F_s</th></tr>
<tr><td rowspan="2">长期荷载作用</td><td>路堤自重</td><td>3.0 以上</td></tr>
<tr><td>交通荷载</td><td>3.0 以上</td></tr>
<tr><td colspan="2">施工荷载作用</td><td>1.0 以上</td></tr>
<tr><td colspan="2">滑动</td><td>正常时:1.25 以上
地震时:1.00 以上</td></tr>
<tr><td colspan="2">倾覆</td><td>$|e| \leq B/3$</td></tr>
<tr><td colspan="2">承载力</td><td>正常时:3.0 以上
地震时:2.0 以上</td></tr>
<tr><td colspan="2">浮力</td><td>1.2 以上</td></tr>
<tr><td colspan="2">滑坡上的填土</td><td>1.2 以上</td></tr>
<tr><td colspan="2">软基上的填土(地基下沉或侧面变形)</td><td>填土隆起时,取 1.1 以上</td></tr>
</table>

路基压实度标准 表 4.5.1-2

<table>
<tr><th colspan="4" rowspan="2">填料应用部位(路床顶面以下深度)
(m)</th><th colspan="3">压实度(%)</th></tr>
<tr><th>高速公路、一级公路</th><th>二级公路</th><th>三、四级公路</th></tr>
<tr><td rowspan="7">填方路基</td><td colspan="2">上路床</td><td>0 ~ 0.30</td><td>≥96</td><td>≥95</td><td>≥94</td></tr>
<tr><td rowspan="2">下路床</td><td>轻、中及重交通</td><td>0.30 ~ 0.80</td><td rowspan="2">≥96</td><td rowspan="2">≥95</td><td>≥94</td></tr>
<tr><td>特重、极重交通</td><td>0.30 ~ 1.20</td><td>—</td></tr>
<tr><td rowspan="2">上路堤</td><td>轻、中及重交通</td><td>0.80 ~ 1.50</td><td rowspan="2">≥94</td><td rowspan="2">≥94</td><td>≥93</td></tr>
<tr><td>特重、极重交通</td><td>1.20 ~ 1.90</td><td>—</td></tr>
<tr><td rowspan="2">下路堤</td><td>轻、中及重交通</td><td>>1.50</td><td rowspan="2">≥93</td><td rowspan="2">≥92</td><td rowspan="2">≥90</td></tr>
<tr><td>特重、极重交通</td><td>>1.90</td></tr>
<tr><td rowspan="3">零填及挖方路基</td><td colspan="2">上路床</td><td>0 ~ 0.30</td><td>≥96</td><td>≥95</td><td>≥94</td></tr>
<tr><td rowspan="2">下路床</td><td>轻、中及重交通</td><td>0.30 ~ 0.80</td><td rowspan="2">≥96</td><td rowspan="2">≥95</td><td rowspan="2">—</td></tr>
<tr><td>特重、极重交通</td><td>0.30 ~ 1.20</td></tr>
</table>

(2)泡沫轻质土路基设计要求

为了满足道路路基在使用周期内的安全可靠,《公路路基施工技术规范》(JTG/T 3610—2019)对土质路基压实度及填料分别提出表 4.5.1-2、表 4.5.1-3 中要求。表中所列压实度以现行《公路土工试验规程》(JTG E40)重型击实试验法为准;表中所列承载比是根据路基不同填筑部位压实标准的要求,按现行《公路土工试验规程》(JTG E40)试验方法规定浸水96h确定的CBR。

路基填料最小强度和最大粒径要求 表4.5.1-3

填料应用部位(路床顶面以下深度)(m)				填料最小承载比CBR(%)			填料最大粒径(mm)
				高速公路、一级公路	二级公路	三、四级公路	
填方路基	上路床		0~0.30	8	6	5	100
	下路床	轻、中及重交通	0.30~0.80	5	4	3	100
		特重、极重交通	0.30~1.20				
	上路堤	轻、中及重交通	0.80~1.50	4	3	3	150
		特重、极重交通	1.20~1.90				
	下路堤	轻、中及重交通	>1.50	3	2	2	150
		特重、极重交通	>1.90				
零填及挖方路基	上路床		0~0.30	8	6	5	100
	下路床	轻、中及重交通	0.30~0.80	5	4	3	100
		特重、极重交通	0.30~1.20				

(3)泡沫轻质土路堤堤身强度分析

采用6种配合比(表4.5.1-4)对泡沫轻质土进行无侧限抗压强度试验,湿重度变化在0.5~1.2kN/m³之间(均低于粉煤灰),流动值符合标准180mm±20mm的要求,但普遍偏小,说明水灰比偏小。6种配合比不同龄期重度及无侧限抗压强度测试结果见表4.5.1-5。

泡沫轻质土配合比及其指标 表4.5.1-4

序号	配合比				指标	
	水泥(kg)	细砂(kg)	水(kg)	气泡mL	湿重度(kN/m³)	流动值(mm)
1	300	0	195	710	0.55	176
2	350	0	205	684	0.6	173
3	400	0	215	658	0.67	184
4	225	450	210	543	0.92	160
5	250	500	220	505	1.01	166
6	275	550	238	460	1.11	176

试配容重及无侧限抗压强度 表4.5.1-5

序号	重度(kN/m^3)				无侧限抗压强度(MPa)			
	龄期(d)				龄期(d)			
	3	7	14	28	3	7	14	28
1	5.09	5.04	5	5.05	0.1	0.17	0.22	0.25
2	5.66	5.62	5.62	5.59	0.32	0.41	0.48	0.62
3	5.39	6.43	6.4	6.43	0.66	0.79	1.12	1.45
4	8.75	8.83	8.66	8.81	0.36	0.69	0.83	1.09
5	9.82	9.73	9.76	9.69	0.66	1.08	1.5	1.78
6	10.6	10.73	10.79	10.62	0.97	1.73	2.2	2.86

由表4.5.1-5可知,6种配合比泡沫轻质土7d无侧限抗压强度变化在0.2~1.0MPa之间,28d无侧限抗压强度试验变化在0.3~1.5MPa之间,最低0.3MPa,此时对应的重度为0.5kN/m^3;泡沫轻质土龄期在7~28d中,强度增长1.35~1.85倍。

结合以上研究可知,泡沫轻质土路基的施工湿密度应满足表4.5.1-6中的要求。

泡沫轻质土路基施工湿密度 表4.5.1-6

配合比类型	路堤部位	离路面底面距离(m)	施工湿密度 R_{fw}(kg/m^3)	
			高速公路、一级公路、城市快速路及城市主干道	二级公路、城市次干道及其他公路
纯水泥配合比	路床	0~0.8	$600 \geq R_{fw} \geq 560$	$560 \geq R_{fw} \geq 530$
	路堤	>0.8	$560 > R_{fw} \geq 520$	$530 > R_{fw} \geq 500$
掺30%粉煤灰配合比	路床	0~0.8	$600 \geq R_{fw} \geq 570$	$580 \geq R_{fw} \geq 550$
	路堤	>0.8	$570 > R_{fw} \geq 540$	$550 > R_{fw} \geq 520$

考虑泡沫轻质土在长期浸水环境下重度的增加,对浸水条件下的泡沫轻质土重度适当降低,具体见表4.5.1-7。

浸水条件下泡沫轻质土路基允许密度 表4.5.1-7

环境条件		施工湿密度 R_{fw}(kg/m^3)	允许密度 R_A(kg/m^3)
地下水位以上	无渗水接触	R_{fw}符合规定或设计	$R_A = R_{fw}$
	有渗水接触,有防排水措施	$R_{fw} \geq 500$	$R_A = 1.1R_{fw}$
	有渗水接触,无防排水措施	$R_{fw} \geq 550$	$R_A = 1.2R_{fw}$
地下水位以下		$R_{fw} \geq 600$	$R_A = 1.5R_{fw}$

注:1. 渗水系降雨或人工临时排水等地表水由缝隙下渗形成的自由水。
2. 仅当泡沫轻质土路基直接赋存于永久性地下含水层中,才按地下水位以下条件确定施工湿密度和允许密度,且不设计防排水措施。
3. 表中防排水措施应能隔断渗水对泡沫轻质土的直接浸泡。

(4)泡沫轻质土路堤整体稳定性分析

①抗倾覆的验算

对于抗倾覆分析可按照以下方法进行,见图4.5.1-1。

从底部边缘到合力作用点的距离 d 可由式(4.5.1-1)求得:

$$d=\frac{\sum M_r-\sum M_0}{\sum V_L}=\frac{W_1\cdot a_1+P_V\cdot a_2-P_H\cdot H_2}{W_1+P_V} \tag{4.5.1-1}$$

式中：$\sum M_r$——抗倾覆力矩(kN·m/m)；

$\sum M_0$——倾覆力矩(kN·m/m)；

$\sum V_L$——泡沫轻质土自重与土压力垂直分量的合力(kN/m)；

W_1——泡沫轻质土土自重(kN/m)；

a_1——边缘至堤身(W_1)重心的水平距离(m)；

a_2——边缘至土压力(P_V)作用点的水平距离(m)；

P_V——土压(背面土体产生)力的垂直分量(kN/m)；

P_H——土压(背面土体产生)力的水平分量(kN/m)；

H_2——P_H 的作用点与泡沫轻质土底面的高度(m)。

合力 R 的作用点与底面中央的距离 e 由式(4.5.1-2)算出：

$$e=\frac{L}{2}-d \tag{4.5.1-2}$$

式中：L——泡沫轻质土的底面宽度(m)。

通常，倾覆的稳定条件要求合力 R 的作用点在底面中心附近，且在底宽的 1/3 以内，即 e 值必须满足式(4.5.1-3)要求：

$$|e|\leqslant\frac{L}{6} \tag{4.5.1-3}$$

在考虑地震荷载时，倾覆的稳定条件要求合力 R 的作用点在底面中心附近，且在底宽的 2/3 以内，即 e 值必须满足式(4.5.1-4)：

$$|e|\leqslant\frac{L}{3} \tag{4.5.1-4}$$

②抗滑动的验算

如图 4.5.1-2 所示，在倾斜地基施工时，抗滑动的安全系数演算方法见式(4.5.1-5)。

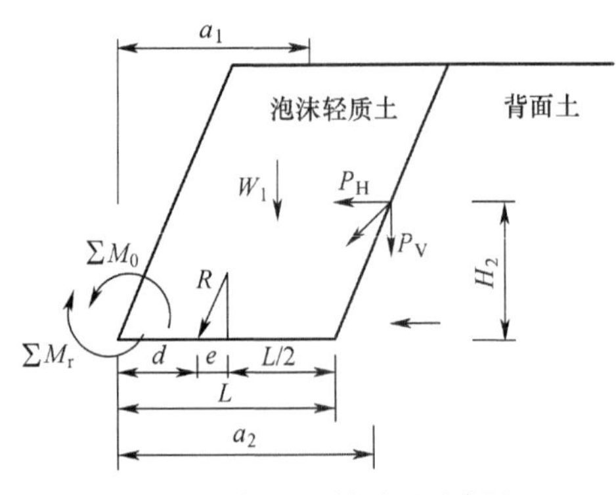

图 4.5.1-1　倾覆的分析方法示意图

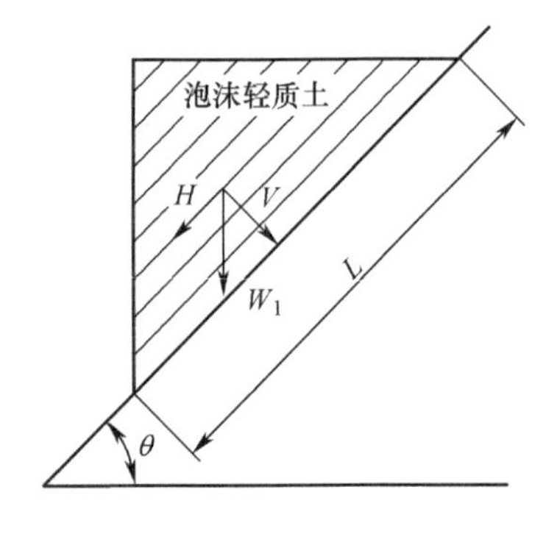

图 4.5.1-2　滑动的分析方法示意图

$$F_s=\frac{V_L\cdot\mu+c_L\cdot L}{H_L} \tag{4.5.1-5}$$

式中：F_s——抗滑动安全系数；

H_L——荷载在平行于斜面方向上的分力(kN/m)，即 $W_1\sin\theta$；

V_L——荷载在垂直斜面方向上的分力(kN/m),即 $W_1\cos\theta$;

θ——斜坡的角度(°);

μ——底面与基础地基或底面与天然地基坡的摩擦系数,取0.5;

c_L——底面与基础地基或底面与天然地基的黏结力(kN/m);

L——泡沫轻质土与斜坡接触长(m)。

泡沫轻质土与背面天然坡(填土)的摩擦系数取 $\mu=0.5$,一般说来 c_L 值很小,通常可以忽略 $c_L \cdot L$ 项。

在泡沫水泥轻质土与背面天然坡界面附近,由于滑动及沉降等原因,在表面土除去后一定要进行台阶挖方处理,台阶的斜率在1:0.5~1:4.0的范围内。台阶挖方的形状及其尺寸要根据天然地基的实际状况来决定,如基础地基(天然坡)为砂土时,最小高 $h=50$cm,最小宽 $B=100$cm;如基础地基(天然坡)为岩石,从岩层表面算起,最小垂直距离 $Z=40$cm。为了有利于台阶挖方的排水,台阶在背面天然坡(填土)一侧要有3%~5%的坡度。

如图4.5.1-3所示,在地基与天然坡面进行施工时,把泡沫轻质土在坡前和坡上分成前面和背面两部分,这样,就可以方便地算出各滑动力和滑动抵抗力。

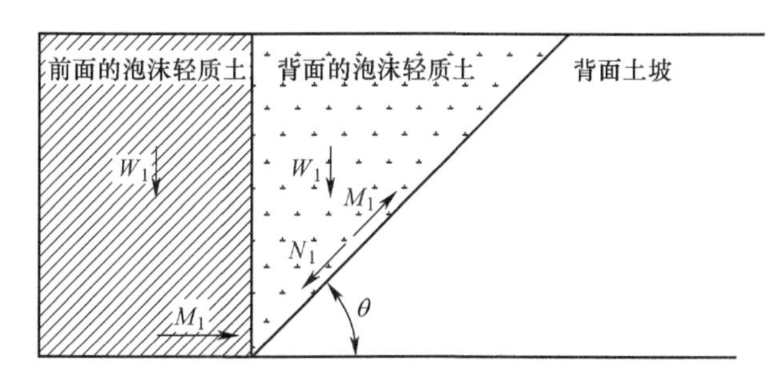

图4.5.1-3　泡沫轻质土在地基与坡面进行施工时抗滑动的分析方法示意图

背面的泡沫轻质土沿斜面方向的滑动力见式(4.5.1-6):

$$N_1 = W_2\sin\theta \tag{4.5.1-6}$$

式中:N_1——背面的泡沫轻质土沿斜面向下的滑动力(N);

W_2——背面(前面)的泡沫轻质土的自重及路面荷载(kN/m);

θ——斜坡的角度(°)。

前面的泡沫轻质土在底面上产生的滑动抵抗力采用式(4.5.1-7)计算:

$$M_1 = \mu \cdot W_1 \tag{4.5.1-7}$$

式中:M_1——前面的泡沫轻质土在底面上产生的抗滑力(kN/m);

μ——背面(前面)的泡沫轻质土底面与天然坡或基础地基的摩擦系数(取0.5);

W_1——背面(前面)的泡沫轻质土的自重及路面荷载(kN/m)。

背面的泡沫水泥轻质土沿斜面方向产生的滑动抵抗力可采用式(4.5.1-8)计算:

$$N_1 = W_2\sin\theta \tag{4.5.1-8}$$

式中:N_1——背面的泡沫轻质土沿斜面向下的滑动力;

W_2——背面(前面)的泡沫轻质土的自重及路面荷载(kN/m);

θ——斜坡的角度(°)。

综合以上分析，抗滑动安全系数可采用式(4.5.1-9)计算：

$$F_s = \frac{M_1 + M_2\cos\theta}{N_1} = \frac{\mu \cdot W_1 + \mu \cdot W_2\cos\theta \cdot \cos\theta}{W_1 \cdot \sin\theta \cdot \cos\theta} \tag{4.5.1-9}$$

式中：M_2——背面的泡沫轻质土沿斜面方向产生的抗滑力(kN/m)；

其他符号意义同前。

当所验算的安全系数不满足抗倾覆、抗滑动的要求时，需考虑对泡沫水泥轻质土采取设置断面及抗滑等措施。

③地基承载力的验算

通常，承载力安全系数的计算由式(4.5.1-10)给出，地基反力分布示意图如图4.5.1-4所示：

$$F_s = \frac{q_a}{q} \tag{4.5.1-10}$$

式中：q_a——地基容许承载力(kPa)；

q——地基对泡沫轻质土的自重及路面荷载的支撑反力(kPa)。

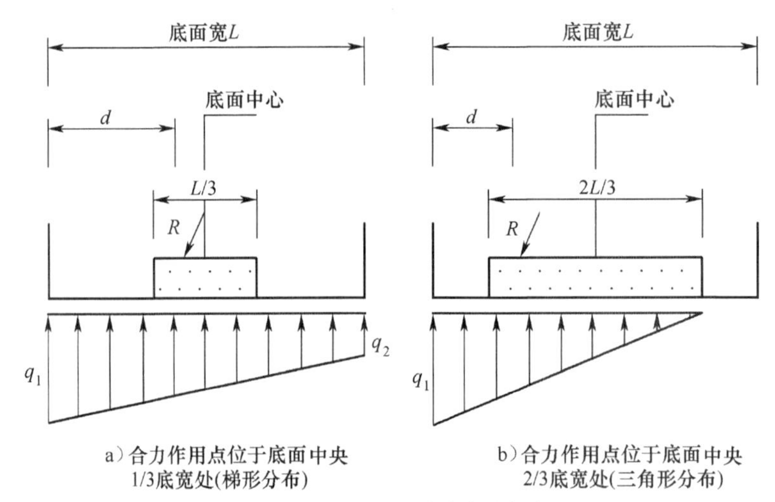

图4.5.1-4　地基反力分布示意图

根据背面土坡产生土压时地基的反力分布示意图，其地基的反力(两端压力)分别由式(4.5.1-11)、式(4.5.1-12)及式(4.5.1-13)求得。

合力作用点位于底面中心1/3底宽内时：

$$q_1 = \frac{\sum V_1}{L} \cdot \left(1 + \frac{6e}{L}\right) \tag{4.5.1-11}$$

$$q_2 = \frac{\sum V_1}{L} \cdot \left(1 - \frac{6e}{L}\right) \tag{4.5.1-12}$$

合力作用点位于底面中心2/3底宽内时(超过底面中心1/3底宽)：

$$q_1 = \frac{2(P_V + W_1)}{3d} \tag{4.5.1-13}$$

式中：q_1、q_2——两端压力(kPa)；

V_1——底面上的垂直荷载(kN/m)；

L——底面宽(m)；

P_V——背面坡土压的垂直分量(kN/m)；

W_1——泡沫轻质土自重及路面荷载(kN/m)。

④抗浮力的验算

当挖掘面处于地下水位以下时，由于地下水位的变化，泡沫水泥轻质土有可能遭水浸没。由于泡沫水泥轻质土的水浸部分存在浮力作用，因而整个堤身会上浮。这时，只需考虑假设的最高地下水位，泡沫水泥轻质土抗浮安全系数 F_s 参照图 4.5.1-5 计算，计算式见式(4.5.1-14)。

$$F_s=\frac{P}{U}=\frac{\gamma_{t1}\times h_1+\gamma_{t2}\times(h_2+h_3)+\gamma_{t3}(D-h_3)}{\gamma_w\times(D-h_3)} \tag{4.5.1-14}$$

式中：P——荷载(kPa)；

U——浮力(kPa)；

γ_{t1}——路面材料的表观密度(kg/m^3)；

γ_{t2}——泡沫轻质土的表观密度(kg/m^3)；

γ_{t3}——泡沫轻质土吸水后的表观密度(kg/m^3)；

γ_w——水的表观密度(kg/m^3)，取 980；

h_1——路面材料的厚度(m)；

h_2——高出原地基面的泡沫轻质土高度(m)；

h_3——原地基面到地下水位之间的泡沫轻质土高度(m)；

D——地表面以下的泡沫轻质土厚度(m)。

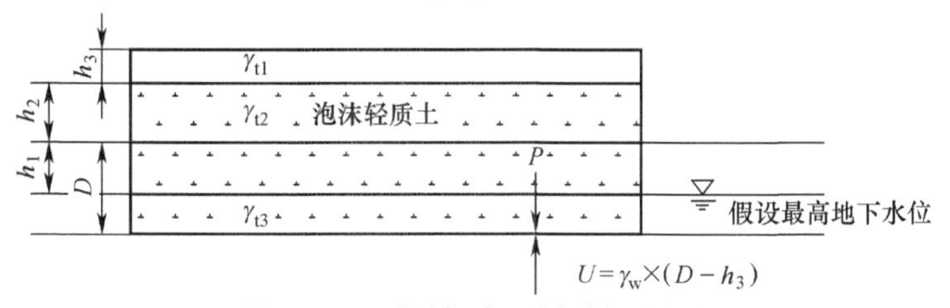

图 4.5.1-5 泡沫轻质土浮力分析示意图

当上式所求泡沫水泥轻质土浮力安全系数不足时，可采取以下措施：①改变泡沫水泥轻质土表观密度；②增加排水工程(降低地下水位)。

⑤地基内有滑动破坏时的稳定验算

在软地基上填土应进行地基的稳定验算。泡沫水泥轻质土填土有如图 4.5.1-6 所示的荷载类型，如果是在软地基上填土施工时可采用单一圆弧法进行土坡稳定的分析。在有滑坡面的地上进行填土施工则可采用条块分割法进行稳定分析。

a. 单一圆弧法。

稳定性的计算可见式(4.5.1-15)，该式考虑了软基土坡顶面裂缝的影响如图 4.5.1-7 所示。

$$F_s = \frac{\sum[(W + q - u \cdot l)\cos\theta \cdot \tan\phi + c \cdot l]}{\sum(W + q)\sin\theta} \tag{4.5.1-15}$$

式中：c——黏聚力（kPa）；

l——分割力切滑动面所得弧长（m）；

θ——各分割力切弧所得滑动面中点与滑动面圆心连线跟铅垂线所夹角度（°）；

ϕ——剪切角（°）；

W——分割片重量（kN/m）；

q——泡沫轻质土荷载（kN/m）；

u——孔隙水压（kPa）。

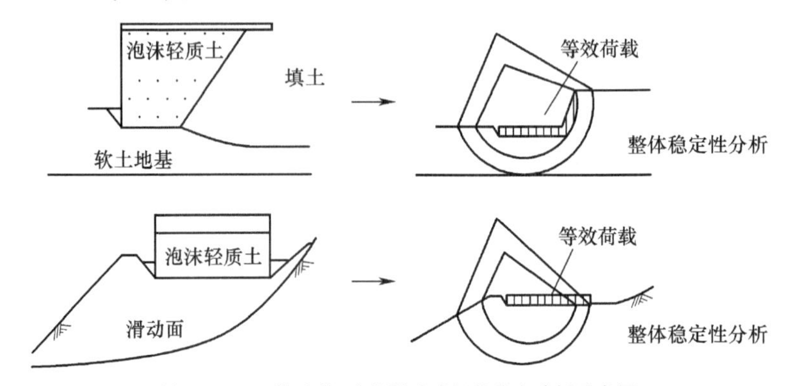

图4.5.1-6　软地基、地基滑动破坏的稳定分析示意图

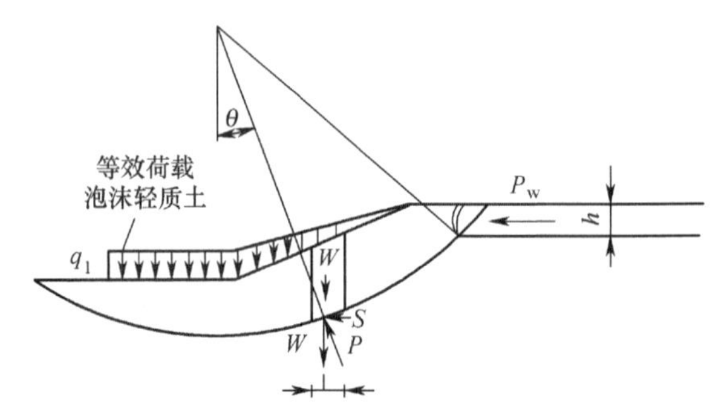

图4.5.1-7　单一圆弧法分析示意图

当填土内水位高于裂口底部时，综合水压的影响用式（4.5.1-16）进行验算：

$$F_s = \frac{\sum[(W + q - u \cdot l)\cos\theta \cdot \tan\phi + c \cdot l]}{\sum(W + q)\sin\theta + \frac{a}{R}P_w} \tag{4.5.1-16}$$

式中：P_w——作用于裂口处的水压（MPa），$P_w = \frac{\gamma_w \cdot h^2}{2}$；

γ_w——水的表观密度（kg/m³）；

h——距裂口底部的水位深（m）；

R——半径（m）；

a——P_w 作用点（水压重心点 $h/3$）与圆心的水平线的垂直距离（m）。

裂口的深度由式(4.5.1-17)进行计算,该值不能超过2.5m:

$$Z=\frac{2c}{\gamma_t}\times\tan\left(45°+\frac{\phi}{2}\right) \tag{4.5.1-17}$$

式中:Z——裂口的深度(m);

c——填土材料的黏聚力(MPa);

ϕ——填土材料的剪切角(°);

γ_t——填土材料的表观密度(0.01kg/m^3)。

b.条块分割法。

稳定计算是指以滑块的主侧线上设定的滑动面为对象,对滑体的截面进行条块分割,见图4.5.1-8,计算式见式(4.5.1-8)。

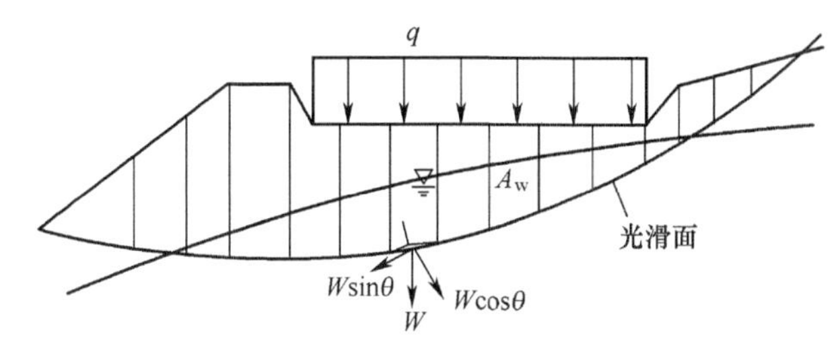

图4.5.1-8　条块分割法分析示意图

$$F_s=\frac{\sum[(W+q-A_w\cdot\gamma_w)\cos\theta\cdot\tan\phi+c\cdot l]}{\sum(W+q)\sin\theta} \tag{4.5.1-18}$$

式中:c——滑面的黏聚力(kPa);

l——分割力切滑动面所得弧长(m);

θ——滑动面长方向的倾斜角(°);

ϕ——剪切角(°);

W——分割片重量(kN/m);

q——泡沫轻质土荷载(kN/m);

A_w——地下水位以下分割片的面积(m^2);

γ_w——水的表观密度(0.01kg/m^3)。

当求得的安全系数F_s不满足设计安全系数时,采取以下对策:变更泡沫水泥轻质土的配比;采用集水、排水工程;其他方法的应用。

⑥地基沉降的分析

当填土荷载造成地基内应力较施工前增加时,必须分析增加应力(施工后应力－施工前应力)对地基下沉的影响,这将有助于工程预计、设计与施工。地基下沉的分析大部分情况主要考虑软层的压密下沉。

通过压密试验得到孔隙比与荷载关系e-log$p$曲线,见图4.5.1-9。压密下沉量计算见式(4.5.1-19),填土载荷增加的应力Δp的计算式见式(4.5.1-20)~式(4.5.1-22)。

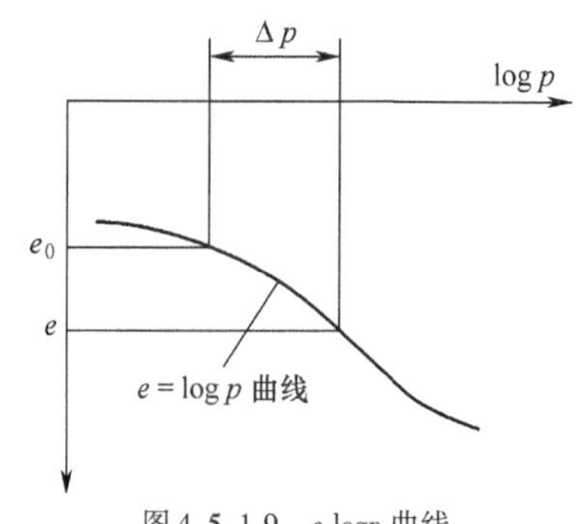

图4.5.1-9　e-log$p$曲线

$$S=\frac{e_0-e}{1+e_0}\cdot H_0 \tag{4.5.1-19}$$

式中：S——压密下沉量(cm)；

e_0——载荷加入前的土压力 p_0 在 e-log$p$ 曲线上对应的间隙比；

e——载荷加入后的土压力 $p_1=p_0+\Delta p$ 在 e-log$p$ 曲线上对应的间隙比；

H_0——压密层厚(cm)。

$$\Delta p=p_1-p_0 \tag{4.5.1-20}$$

$$p_1=W_L+\gamma_{t1}\cdot h_1+\gamma_{t2}(h_2+h_3)+\gamma_{t3}\times(D-h_3) \tag{4.5.1-21}$$

$$p_0=\gamma_t\cdot D \tag{4.5.1-22}$$

式中：W_L——等效交通荷载(MPa)；

p_0——挖掘面 A 填土施工前的土压(kPa)；

p_1——挖掘面 A 填土施工后的土压(kPa)；

γ_t——原地基的表观密度(0.01kg/m^3)；

γ_{t1}——路面材料的表观密度(0.01kg/m^3)；

γ_{t2}——泡沫轻质土的表观密度(0.01kg/m^3)；

γ_{t3}——泡沫轻质土吸水后的表观密度(0.01kg/m^3)；

h_1——路面材料的厚度(m)；

h_2——出原地基面的泡沫轻质土的高度(m)；

h_3——原地基面到地下水位之间的泡沫轻质土高度(m)；

D——地表下的泡沫轻质土厚度(m)。

而且，也可不进行压密试验，只根据液限推算出压缩指数，用式(4.5.1-23)、式(4.5.1-24)来粗略计算下沉量。

$$p_0+\Delta p>p_c \tag{4.5.1-23}$$

$$S=H_0\cdot\frac{C_c}{1+e_0}\cdot\lg\frac{p_0+\Delta p}{p_0} \tag{4.5.1-24}$$

式中：Δp——由载荷量增加的地基应力(kPa)；

C_c——压缩系数；

p_c——压密屈服应力(kPa)。

压缩指数 C_c 及初期孔隙比 e_0 由式(4.5.1-25)、式(4.5.1-26)算出：

$$C_c=0.009(w_L-10) \tag{4.5.1-25}$$

$$e_0=\frac{2.65w}{S_r} \tag{4.5.1-26}$$

式中：w_L——液限(%)；

w——含水率(%)；

S_r——饱和度(%)。

使用泡沫水泥轻质土填土达到减轻荷载的目的时,应当尽量减少填土荷载,抑制地基内应力的增加。为了使挖掘面作用应力施工前后相当,应当对原地基进行挖掘并用泡沫水泥轻质土置换。

3)泡沫轻质土用于构造物背面减压力设计方法

(1)构造物背面减压设计方法

利用泡沫轻质土减轻土压时。设计桥台、护墙等构造物以及基桩时,同时还要遵循与该构造物相关的设计标准和规范。现将有关泡沫轻质土的设计方法简述如下:

①选择底部填土形状时需考虑:适当的底部填土长(L),软基产生的侧向流动,对底部填土的倾覆、滑动以及承载力的验算、与该构造物相关设计标准、规范与侧向位移。

②作用于桥台、护墙的压力(侧压)的分析:按照4.5.1节中荷载的分析第4项水平土压力所述,泡沫轻质土在固化前所受到的侧压在固化后依然存在。但是,固化后产生的侧压可以通过设置缓冲材料将其减轻,所以,在设计时,水平土压力的计算根据有无缓冲材料有两种算法。

a.设置缓冲材料。

如图4.5.1-10所示,设置了缓冲材料时,泡沫水泥轻质土在固化后产生的侧压可以忽略,仅考虑其固化前所受侧压即可,这时侧压的计算如式(4.5.1-27)所示。

$$P_{h1} = \gamma_t \cdot z \tag{4.5.1-27}$$

式中:P_{h1}——泡沫轻质土固化前所产生的测压(kPa);

γ_t——泡沫轻质土的表观密度($0.01kg/m^3$);

z——离施工前的高度(m)。

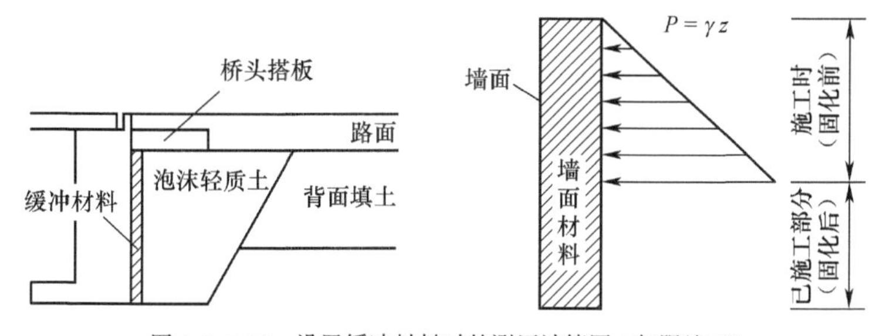

图4.5.1-10 设置缓冲材料时的测压计算图(仅限施工)

b.未设置缓冲材料。

需将泡沫轻质土在其固化前产生的侧压与其在固化后产生的侧压一并考虑,计算图如图4.5.1-11所示。由泡沫轻质土在固化前产生的侧压计算见式(4.5.1-28),再引进静止土压系数 K_0,便可计算出泡沫轻质土固化后产生的侧压计算式,见式(4.5.1-29)。

$$P_{h2} = K_0 \cdot \gamma_t \cdot z \tag{4.5.1-28}$$

$$K_0 = \frac{\nu}{\nu - 1} \tag{4.5.1-29}$$

式中:P_{h2}——泡沫轻质土固化后产生的测压(kPa);

γ_t——泡沫轻质土的表观密度($0.01kg/m^3$);

z——离施工前的高度(m);

K_0——静止土压系数;

ν——泊松比(通常取0.1)。

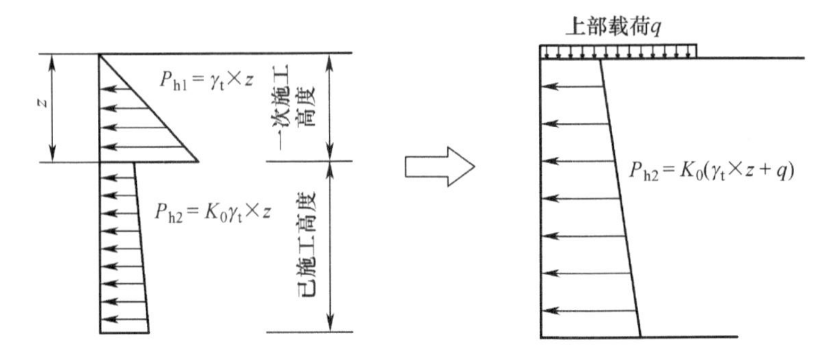

图4.5.1-11　不设置缓冲材料时的测压计算图

(2)泡沫轻质土用于管道基坑回填设计方法研究

①管道、空洞回填设计方法见图4.5.1-12。

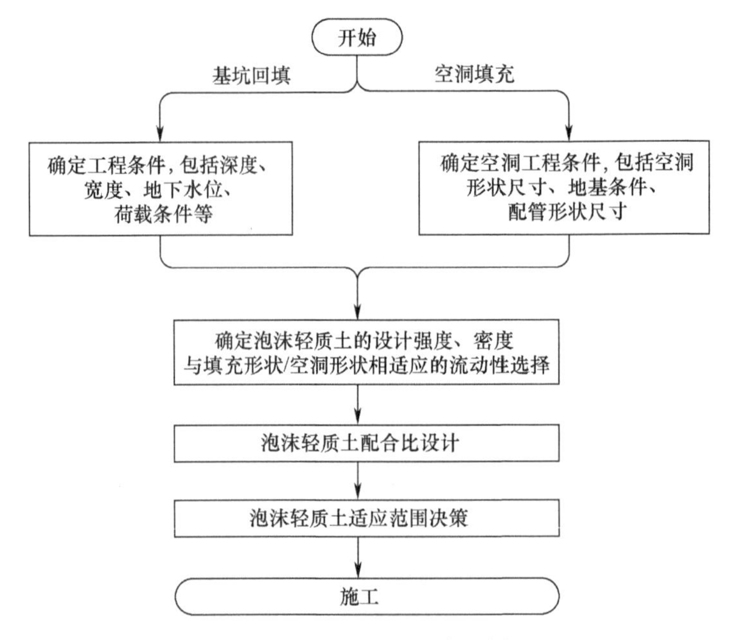

图4.5.1-12　管道、空洞回填设计方法

②表观密度与强度的选择。

泡沫轻质土用作填充材料时,要根据其不同的用途选择表观密度及强度。特别是对构造物下部的空洞进行填充时,不需另外设计强度,综合原地基强度及桩、基础、黏附强度等因素,多数情况下将单轴抗压强度定为100~200kPa。此外,考虑表观密度时,为了不给泡沫水泥轻质土增加额外荷载,一般在地下水位以上时选定为$1000kg/m^3$,在地下水位之下时选定为$1100\sim1200kg/m^3$。

③流动性。

填充空洞时,为保证填充密实各个部位,要考虑流动性、强度、密度等重要因素。一般是将扩散度选定为180mm左右。

④其他注意事项。

因为泡沫轻质土填充后会出现继续下沉的现象,所以要注意定期观测,必要时要进行补充充填。

4.5.2 现浇泡沫轻质土质量控制标准研究

1)现浇泡沫轻质土质量控制基本要求

泡沫水泥轻质土路基在浇注施工前,基底不应有明显积水和杂物,否则会造成与水接触的泡沫轻质土强度降低及重度增大,如设计有垫层,垫层施工应满足设计和规范要求。

泡沫轻质土浇注区平面尺寸应不小于设计,基底高程与设计值的偏差不应超过±0.1m;当浇注区基底无垫层设计时,基底土层应为自然沉积土或基岩。

当泡沫轻质土浇注区内存在既有地下管线时,应对管线进行必要的保护处理:①对于底部高程高于基底高程的管道,应进行必要的支撑处理;②对于地下电缆或通信线缆,宜采用HDPE防渗土工膜进行双层包裹处理。

质量控制中对原材料提出如下要求:

(1)现浇泡沫轻质土所使用的水泥应满足:①细度、凝结时间、安定性及强度满足国家规范要求;②水泥密度不低于2700kg/m³。

现浇泡沫轻质土所使用的粉煤灰应满足表4.5.2-1的要求。

粉煤灰质量要求 表4.5.2-1

性能指标	规定值或极值	性能指标	规定值或极值
细度(45μm方孔筛筛余)(%)	≤25	三氧化硫(%)	≤3
需水量比(%)	≤105	游离氧化钙(%)	≤1
烧失量(%)	≤8	安定性(雷氏夹煮沸后增加距离,mm)	≤5
含水率(%)	≤1		

(2)现浇泡沫轻质土所使用的发泡剂严禁采用动物蛋白类发泡剂,性能应符合表4.5.2-2中的要求,且应满足消泡试验确定的湿密度增加率不超过10%、标准沉陷距不超过5mm的要求。

发泡剂性能指标 表4.5.2-2

性能指标	规定值	性能指标	规定值
稀释倍率	40~60	标准泡沫密度(kg/m³)	30~50
发泡倍率	800~1200	标准泡沫泌水率(%)	≤25

(3)现浇泡沫轻质土主要原材料进场必须出具出厂合格证,对于工程量不低于10000m³的工程项目,同时应按表4.5.2-3中的要求进行检验。

(4)对于工程量不超过10000m³的泡沫轻质土路基工程,除非设计另有规定,在施工配合比试配试验满足要求的前提下,原材料可不做进场检验。

(5)现浇泡沫轻质土路基所采用的土工织物、防渗土工膜应符合国家相关规范的要求，进场应出具出厂合格证，但可不做进场检验。

主要原材料检验(适合工程量不小于10000m^{3}的工程项目)　　表4.5.2-3

原材料	检验项目	检验方法	检验频率
水泥	比表面积	GB/T 8074—2008	1次/1000t
	80μm筛筛余	GB/T 1345—2005	
	凝结时间	GB/T 1346—2001	
	安定性	GB/T 1346—2001	
	强度	GB/T 17671—1999	
	水泥密度	GB/T 208—1994	
粉煤灰	细度(45μm方孔筛筛余)	GB/T 1596—2005	1次/1000t
	需水量比		
	含水率		
	烧失率	GB/T 176	
	三氧化硫		
	游离氧化钙		
	安定性	GB/T 1346—2001	
发泡剂	稀释倍率、发泡倍率、标准泡沫密度、标准泡沫泌水率	由监理见证、施工单位进行试验	1次/8000m^{3}泡沫轻质土
	湿密度增加率(消泡试验)标准沉陷距(消泡试验)	由监理见证、施工单位进行试验	

2)现浇泡沫轻质土质量评定方法

现浇泡沫轻质土路基工程按分项工程进行工程质量的评定和验收，按分项工程评定为合格或不合格：评分值不小于75分者为合格，小于75分者为不合格。现浇泡沫轻质土路基工程质量检验内容包括基本要求、实测项目、外观鉴定和质量保证资料四个部分。

(1)对于现浇泡沫轻质土路基工程的基本要求，对施工质量优劣具有关键作用，应按基本要求对工程进行认真检查。经检查不符合基本要求规定时，不得进行工程质量的检验和评定。现浇泡沫轻质土路基工程质量评分值满分为100分，按实测项目采用加权平均法计算。存在外观缺陷或资料不全时，须予减分。

$$\text{评定得分}=\frac{\sum[\text{检查项目得分}\times\text{权值}]}{\sum\text{检查项目权值}}$$

(2)实测项目采用现场抽样方法，按照规定频率和下列计分方法对施工质量直接进行检测计分：

①检查项目均应按单点(组)测定值是否符合标准要求进行评定，并按合格率计分。

$$\text{检查项目合格率}=\frac{\text{检查合格的点(组)数}}{\text{检查项目应检查点(组)数}}$$

②检查项目得分=检查项目合格率×100。

涉及路基安全和使用功能的重要实测项目为关键项目(在文中以“△”标识)，其合格率不得低于90%，且检测值不得超过规定极值，否则必须进行返工处理。

实测项目的规定极值是指任一单个检测值都不能突破的极限值，不符合要求时该实测项目为不合格。

(3)对工程外表状况应逐项进行全面检查，如发现外观缺陷，应进行减分。对于较严重的外观缺陷，施工单位须采取措施进行整修处理。

(4)现浇泡沫轻质土路基工程施工资料和图表残缺，缺乏最基本的数据，或有伪造涂改者，不予检验和评定。资料不全者应予减分。

3)现浇泡沫轻质土质量控制标准

和混凝土一样，泡沫轻质土在搅拌时技术要求较高。对其管理应根据湿表观密度、含气量及扩散度的标准确定流动性和轻质性。品质管理的项目及频率如表4.5.2-4所示。表中的检测频率为一天不间断施工时的频率。如果有变化或中断施工，则检测频率相应调整。

泡沫轻质土的检测项目和频率 表4.5.2-4

管理项目	检测项目	养生方法	养生日期	检测频率	容许范围
泡沫及空气压管理	发泡比率	—	—	根据需要而定	—
一次拌和时的管理	湿表观密度	—	—	2块/d	设计标准 ±0.1g/cm^3
	含气量	—	—	2块/d	设计标准 ±0.5g/cm^3
	扩散度	—	—	2块/d	基准值±20mm
固化后的管理(现场施工后)	测定单轴抗压强度及表观密度	空气中20℃±2℃	7d或28d	3块/次/d	设计强度平均值以上

现浇泡沫轻质土最终质量控制标准见表4.5.2-5。

泡沫轻质土路基质量控制标准 表4.5.2-5

<table>
<tr><th rowspan="2">项次</th><th rowspan="2" colspan="3">检查项目</th><th colspan="2">规定值或允许偏差</th><th rowspan="2">检查方法和频率</th><th rowspan="2">权值</th></tr>
<tr><th>高速公路、一级公路、城市快速路及城市主干道</th><th>二级公路、城市次干道及其他公路</th></tr>
<tr><td rowspan="2">1</td><td rowspan="2">△抗压强度(MPa)</td><td rowspan="2">离路面底面距离(m)</td><td>0～0.80</td><td colspan="2">$q_u7d \geq 0.5q_2$ 或 $q_u28d \geq q_2$</td><td rowspan="2">1次/1000m^3 泡沫轻质土</td><td rowspan="2">3</td></tr>
<tr><td>>0.8</td><td colspan="2">$q_u7d \geq 0.5q_1$ 或 $q_u28d \geq q_1$</td></tr>
<tr><td>2</td><td colspan="3">△施工湿密度</td><td colspan="2">在规定值或设计范围内</td><td>每一浇注层不小于6次</td><td>3</td></tr>
<tr><td>3</td><td colspan="3">△弯沉(0.01mm)</td><td colspan="2">7d弯沉不大于1.5倍设计值
28d弯沉不大于设计值</td><td>按《公路工程质量检验与评定标准》</td><td>3</td></tr>
<tr><td>4</td><td colspan="3">轻质土路基顶高程(mm)</td><td>+10，-15</td><td>+10，-20</td><td>水准仪：每200 m测4断面</td><td>2</td></tr>
<tr><td>5</td><td colspan="3">中线偏位(mm)</td><td>50</td><td>100</td><td>经纬仪：每200 m测4点，弯道加HY、YH两点</td><td>2</td></tr>
<tr><td>6</td><td colspan="3">宽度(mm)</td><td colspan="2">不小于设计</td><td>米尺：每200m测4处</td><td>2</td></tr>
</table>

注：q_1、q_2 分别为路堤、路床部位抗压强度规定值或设计值。

现浇泡沫轻质土质量控制标准中各检测项目的重要性是不同的,为了确保泡沫轻质土的质量,将这些检测指标分为关键项目指标和一般项目指标。

(1)关键项目指标

现浇泡沫轻质土路基工程实测项目中的关键项目为湿密度、抗压强度和路床顶面弯沉;其权值均取为3。

湿密度的检测方法参见施工工艺章节;对于施工检测,检测频率为每一浇注层检测6次,对于路基质量检验,检测频率为施工检测的20%。湿密度合格标准为不超过设计值或规定值范围。

抗压强度的检测方法参见施工工艺章节;施工检测及路基质量检测频率为$1000m^3$检测1组(不够$1000m^3$按$1000m^3$考虑),合格标准为:①7d龄期强度不低于0.5倍设计值或规定值;②当无法满足①时,则需满足28d龄期强度不低于设计值或规定值要求。

路床顶面弯沉的检测方法和检测频率参见公路工程相关规范,合格标准为:①7d龄期弯沉不超过1.5倍设计值;②当无法满足①时,则需满足28d龄期弯沉不超过设计值要求。

对于工程量不超过$10000m^3$的工程项目,可不做路床顶面弯沉检验。

(2)一般项目指标

现浇泡沫轻质土路基实测项目中的一般项目为路床顶面高程、中线偏位、宽度,其权值均取为2。一般项目的检测方法、检测频率与合格标准,与《公路工程质量检验评定标准》(JTG F80/1—2017)中土方路基的规定相同。现浇泡沫轻质土路基路床不做横坡检测。

路基表面要平整,边线直顺,曲线圆滑。不符合要求时,单向累计长度每50m减1~2分(不够50m按50m计)。路基边坡坡面平顺,稳定,不得亏坡,曲线圆滑。不符合要求时,单向累计长度每50m减1~2分(不够50m按50m计)。

4.6 土壤固化剂固化土技术

20世纪40年代土壤固化剂开始蓬勃发展,现已形成一门综合性的交叉学科。它涉及建筑基础、公路建设、堤坝工事、井下作业、石油开采、垃圾填埋、防尘固沙等多个领域,综合了力学、结构理论、胶体化学、表面化学等众多理论,它的处理对象也扩充到砂土、淤泥、工业污水、生活垃圾等多种固体、半固体,处理的目的也不仅仅是单一的加固,还包括增加渗透性、提高抗冻能力、防止污染物质泄漏等诸多方面。

国际上,欧洲建筑业最先提出土力学理论;日本由于地理因素限制,对土壤固化剂的研究投入很大,成果较多;美国和加拿大在利用土壤固化剂技术建设道路上有很多成功的例子;还有德国、澳大利亚、南非等国也处在研究的前列。

我国在20世纪90年代初开始引入国外的高性能土壤固化剂,在吸收国外经验的基础上,针对我国土壤性质,开始了研究工作。近十余年,国内先后有十多家科研院所和大专院校对土壤固化剂开展研究,如北京建工学院、山东大学、武汉大学、化工部晨光化工研究院和铁道部科学研究院等,取得了一批试验研究成果,有的已经应用到实际工程中。目前土壤固化剂已经越来越多地在我国公路、铁路、水利工程中得到应用(图4.6.0-1、图4.6.0-2),取得了较好的社会、经济、环保效益。

图4.6.0-1　空客A320总装线土壤固化剂施工现场

图4.6.0-2　G219西藏拉孜段及G109当雄段帕尔玛固化剂固化土道路

国内外研究成果及工程实例均表明，固化剂处理路基、软弱土基、简易路面、隔水层、大型广场场地、基层填料等土木工程均具有明显的效果。

4.6.1　土壤固化剂分类

从土壤固化剂对土壤的固结机理对其进行分类，以便选取适合本地区的土壤固化剂极其重要，从固化剂发展的过程以及固结机理来看，现有的固化剂大体可分成两大类，即传统型固化剂和改进型固化剂。

1）传统型固化剂

（1）石灰水泥类固化剂

石灰和水泥在道路工程中的广泛应用使得它们自然成为固化土壤的首选。利用石灰改良土壤可以追溯到很久以前，以石灰、粉煤灰为固化原料的二灰土多作为道路工程的基层材料。石灰、粉煤灰和水泥固化土壤的机理类似：包括结合土壤中的水分、形成胶凝成分来胶结土壤、堵塞土壤的毛细结构，从而形成强度和稳定性。

缺点是固化土壤的早期强度不高；由于固化剂加入量较大，形成胶凝的过程会产生较大的变形，水稳性差，固化土容易干缩，形成裂缝，破坏结构，影响水稳定性。而且这类固化剂的固化效果依赖于土壤的颗粒度和含水率，在施工上存在限制。

一直以来，许多研究者致力于通过添加辅助成分来提高这类固化剂的性能。例如，在此类固化剂中添加无机盐类，促进钙钒石的生成，可以有效减少形变量，并且增加早强性，从而给这一类固化剂带来新的活力。

(2)矿渣硅酸盐类固化剂

这一类固化剂的元素组成与土壤较为接近,主要是活性硅氧化物、铝氧化物等,与水泥相区别。它利用活性激发成分促进固化剂水化和产生胶结土壤颗粒的胶凝物质,并且在一定程度上激发土壤颗粒本身的活性,在固化剂和土壤颗粒之间进一步形成有效的作用力,并且保留部分活性成分。在较长的时间内稳定地增加强度。由于这类固化剂采用的是水硬性成分,所以防水抗冻性能较好。这是目前较为成功的土壤固化剂,而且国内矿渣等资源比较丰富,成本也比较低,所以市场前景比较好。

缺点是这类固化剂适用的土壤类型有限,而且固化剂掺入量仍然较大,施工量没有降低,对于本地缺乏资源的地区,进行施工需要较高的运输成本,这也是限制其应用的一大因素。

2)改进型固化剂

改进型土壤固化剂是用于改善土壤物理力学性质以适应工程技术要求的新型化学材料,目前工程中应用的土壤固化剂总体上可以分为两大类,即离子类固化剂和复合类固化剂(高聚类固化剂)。

(1)高聚物类固化剂

这类固化剂种类很多,包括多种树脂、纤维、表面活化剂等。传统的高聚物改良土壤包括水土保持、土壤保湿、疏松土质等,在此基础上,研究发现利用聚合物交联形成立体结构包裹和胶结土粒,或者利用表面活性剂改变土粒表面亲水性质,形成有效的抗水能力。在土壤压实的基础上,可以得到较好的抗压强度,从而发展成为一类新的土壤固化剂。

这种固化剂有如下优点:固化剂的掺入量较少,运输方便,成本可以有较大幅度的降低;一般采用水溶液的形态与土壤混合,施工方便;加入催化聚合成分或者直接利用土壤成分来实现交联,土壤早期强度和后期稳定强度均可以满足要求;适用的土壤类型比较丰富,所以适应性也比较好。其缺点是这类固化剂普遍的抗水性能比较差,遇水强度急剧降低,一些成型的产品同样存在这类问题。并且土壤的强度建立在聚合物本身的胶结能力上。土壤的结构成分复杂,对聚合物本身的稳定性也是一种考验,有待进一步发展和实践检验。

(2)电离子溶液类固化剂

离子类固化剂也称ISS(Ionic Soil Stabilizer)土壤固化剂,离子土壤固化剂为多种强离子组合的水溶剂,溶于水后立即产生离子化而使水溶液呈高导电性,由于离子交换作用,H^+及OH^-离子迅速地使水离子化,并使土壤中正负电荷达到平衡,切断了土粒水分子之间的“电化键”。在压实作用下使水分子脱离排走,这一反应是不可逆反应,是永久性的。这一过程使土料按两端正负电极整合而联结在一起,经过碾压,土壤中的孔隙与水分不复存在而形成块体,即土壤固化体。固化作用主要是有效地把土体的水分排走,使土壤由原来的“亲水性”变成“憎水性”,不再恢复吸水功能。

由于这一类固化剂作用的机理是利用强离子来破坏土壤颗粒表面的双电层结构,减弱土壤表面与水的化学作用力,并且从根本上改变土壤颗粒的表面性质,使其趋于憎水性,因此,在压力作用下使得土壤形成强度和良好的抗水性能。特别是其中还包括一定的离子交换促使土壤具备一些活性,从而促进土壤的稳定和强度。

这一类固化剂与高聚物类固化剂有相同的优点,施工方便、成本较低。但是也有较大的缺点,由于施工需要的用水量比较大,所以在北方和西部一些缺水的地方施工存在困难;另外这种固化剂对土壤成分有一定的要求,这也在很大程度上限制了其应用。

(3)复合类固化剂

这种固化剂多与传统的水泥、石灰固化剂复合使用,称复合类固化剂。

这种复合类固化剂一般是固态干粉状,通常由水泥、石灰等无机结合料和化学添加剂复合而成。固化剂与土壤颗粒混合后发生一系列的物理化学反应,其中硅酸钙水化后形成氢氧化钙和水化硅酸钙(C-H-S)凝胶。氢氧化钙和活性二氧化钙再次反应,补充生成具有强度的水化硅酸钙,加强了土壤颗粒之间的凝结,使土层形成具有强度的土壤结构层。经水化反应生成的结晶体使得固化剂材料体积增加,它有效地填充了土壤颗粒之间的孔隙,使得颗粒之间更加紧密。同时,固化剂中某些离子也能与土壤颗粒产生高效率的离子交换,使加固土层内部针柱晶体相互交叉形成独特的链状和空间网状结构,改变了固化土中孔径分布。另外,固化剂和水作用时,改变了原土体表面的附着自由水,使其重新排列组合,大量自由水以结晶形式固定下来,使土壤中的含水率迅速减少,土壤颗粒重新按两端正负荷相互吸引而紧密结合,经过碾压后,密实度增大,毛细管破坏,路基强度增大,耐水性和抗冻性得到提高。

从目前国内外使用的土壤固化剂来看,不外乎以上四种类型,但在实际使用上,经常是多种类型的固化剂混合使用。此外在采用化学固化剂的过程中也常辅助以物理手段,例如国外曾采用施加电场的方式来排除土壤水分,引导离子电泳在土壤中形成固化盐类。此外,有很多种类土工织物也常用来增加土块的稳定性;还有公司开发出生物酶技术来加固土壤。

4.6.2　土壤固化剂固化机理

总结国内外普遍使用的土壤固化剂加固土,固化机理可总结为三大过程、两大处理。

1)土壤固化剂固化的三大过程

土壤固化剂加固土的机理非常复杂,归纳起来,可以概括为物理力学过程、化学过程和物理化学过程三大过程。

物理力学过程是指土壤固化剂在固化土壤时,土料经过粉碎、拌和和压实,土体的基本单元在外力的作用下彼此靠近,从而减少土体的孔隙率,增大密实度,降低渗水性,这种过程是可逆的,土体的强度随外界条件的改变会发生变化。物理力学过程是一种最简单、最基本的加固手段,但该过程是任何类型的土壤固化剂在固化土壤时都必需的,因为固化土壤的密度和土壤固化剂在土体中的均匀性,对强度的形成具有非常重要的作用。

化学过程是指土壤固化剂在固化土壤的过程中,其本身组分发生的化学反应、土体与土壤固化剂中的某些组分发生的反应等。前者包括无机类土壤固化剂材料本身的水解与水化反应,与空气中二氧化碳的碳酸化反应,有机类土壤固化剂的聚合与缩聚反应等,后者如土壤固化剂中的组分与土壤颗粒之间的火山灰反应、有机高分子与土壤颗粒表面间的络合反应等。

物理化学过程主要指土壤颗粒与土壤固化剂中各组分的吸附过程,包括物理吸附、化学吸附和物理化学吸附。物理吸附指在分子力的作用下,土体的基本单元将土壤固化剂中的某些组分吸附在其表面,使其表面自由能得以降低。化学吸附指吸附剂与被吸附物质之间发生化学反应而生成新的不溶性物质,并在吸附剂与被吸附物质之间形成化学键。物理化学吸附指土壤固化剂中的某些离子与土体基本单元表面的离子发生了离子交换吸附。在土壤固化剂与土体的物理化学作用过程中，无机类土壤固化剂主要是物理化学吸附，如无机类土壤固化剂中的钙盐、镁盐溶解后，钙离子和镁离子与土体基本单元所吸附的钠离子发生交换反应，可以增加土壤颗粒的团聚作用；有机类土壤固化剂主要是物理吸附和化学吸附过程，如高分子材料某些是物理吸附和化学吸附过程，如高分子材料的某些基团与土壤颗粒之间的物理吸附，高分子材料与土壤颗粒吸附的高分子之间可以发生化学吸附。

以上三种过程是对土壤固化剂固化机理的简单概括，这三种过程并不是相互孤立的，而是相互联系和相互促进的。

2）土壤固化剂固化的两大处理

土壤固化剂固化过程因其成分不同而不同，但作用机理需处理好土颗粒间水的作用，以及土颗粒之间的相互作用，总结目前土壤固化剂在该方面的作用，可看出土壤固化剂的作用机理如下：

（1）水的处理

从土壤固化过程来看，土壤中水分的存在对土壤固化具有很大的负面影响。土壤中的水分包括游离水和结合水，其中游离水以及通过物理吸附或表面剩余作用力吸附的水影响土壤固化。由于水的存在，溶解了土壤中的盐类和土壤本身部分带正电的活性成分，反过来促使水产生电离，形成的氢氧根离子在土壤颗粒表面通过弱的化学作用吸附聚集，使得土粒成为带负电的胶粒，进一步和土粒周围的阳离子形成双电层结构，使得土壤变成溶胶体。这样的胶体具有一定的稳定性，胶粒与胶粒之间维持一定距离，主要是范德华力在起维系土体的作用，所以土壤的强度比较差；即使在某种条件下破坏了这种胶体结构，在饱水的环境里产生的也是松散的絮凝，对土壤的强度并没有多少提高。所以为了固化土壤，必须将土壤中的水除去，并且还要保证这种形成双电层和土壤溶胶的过程不再发生。

处理水的方式有两种：

一种是将游离水转化为结晶水，利用生成高结晶水的物质消耗土壤中的游离水分。结晶水不参与上述破坏土壤强度的过程，并且生成的结晶水合物具有胶凝的性质，可以堵塞土块中的各种毛细管道，避免渗入水分再一次破坏固化土的结构。上述第一、第二类固化剂均采用这一种方式。但实验事实表明，这种方式处理后的土壤往往抗水性能并不佳。进一步实验表明，对于含亲水性阳离子较多的土壤，在形成结晶水的过程中伴随着溶液浓缩和盐类结晶过程，往往导致部分游离水残余，另外这些盐类也阻碍胶凝物质对土粒的胶结作用，在土粒与胶凝物质之间形成亲水间层，遇水容易崩坏。所以如何处理这部分阳离子，对土壤固化影响很大。

第二种常用的处理水的方式是破坏土粒表面的亲水性质，削弱土粒与水之间的作用力，利用施压和引流等措施除去土壤中的水分。第三、第四类固化剂基本上是采用这种方式，但各具特点。利用高聚物来固化土，一般是利用高聚物包裹层本身具有的憎水性质；而电离子溶液是利用离子交换将土粒表面亲水性较强的阳离子变成亲水能力较差的铝离子等，再辅助以离子配位，使得土粒表面趋于电中性，从而释放土粒表面的吸附水。从效果上看，采用高聚物固化剂抗水性能普遍很差，而采用电离子溶液，从现有资料来看，是比较有效的。从最近的一些实验事实可以分析，用高聚物固化土壤形成的憎水层往往含有水分子可以自由进出的通道。这是由于一般的聚合物为链状结构，而且由于聚合度的限制没有办法在土粒上形成完整的包裹层。另外,聚合物分子与土粒之间的化学键合强度往往不够,土粒优先与水分子形成化学键,当水分经由通道靠近土粒表面时,很快就会破坏聚合物的包裹作用,从而使得固化土块迅速崩解。所以,如何有效地形成包裹结构和增强与土粒的键合,是聚合物类土壤固化剂发展的方向。

(2)土壤颗粒的胶结

土壤之所以需要外加固化剂,是因为土粒本身结构饱和,是反应惰性的,难于相互之间反应结合形成整体。研究表明,土体的力学性质并不取决于黏土中基本结构单元的强度,而是取决于它们之间的结构黏结力。所以采用何种方式黏结土粒,是影响固化土强度的主要因素。从另一个角度看,促进土壤颗粒在固化剂中的分散,增加黏结效率,也可以增强土壤固化效果。在后一点上,液体固化剂较之固体固化剂有着明显的优势,可以节省大量的施工费用。

现有的固化剂在土粒的胶结上一般也是两种方式。一种是利用自身形成黏结土粒的结构,不管是凝胶或者是高聚物链,将土粒包裹镶嵌在已经形成的结构中。一般情况下硅酸盐的凝胶对土粒具有较强的黏结作用,利用第一、第二类固化剂得到的固化土无限侧压一般要高于第三、第四类固化剂。但是采用这种方式,土粒和黏结物之间的作用并不是化学键,而是物理固定和静电作用,所以,正如前述已经分析的那样,要做好防水的准备,提高黏结物质本身的强度。对于那些亲水阳离子,可以通过离子交换或者结合沉淀的方式除去。如果采用高聚物固化剂,聚合物链的长度和支化程度都正比于固化土的强度;增加交联度不仅有助于防水,也有助于提高抗压强度。

第二种胶结土粒的方式就是激发土粒本身的活性,利用土粒与土粒之间的反应使得土壤成为整体,这也是土壤固化剂最终的目标。根据现有资料,第二类固化剂涉及激发土壤的反应活性;电离子溶液固化剂处理的土壤颗粒含有部分具有活性的铝,在压力和配位离子作用下,土粒相互靠近以及通过化学键连接在一起。这些只是具有建设意义的机理推测,深入的研究需要建立在认真分析土壤颗粒化学组成和空间结构的基础之上,需要对具有活性的硅酸盐类物质和土壤进行对比分析。就目前所知,在一定条件下,土壤颗粒自己会聚合。在形成离子晶体时,遵循 Pauling 法则。根据这一法则,利用低价离子取代土壤中的铝离子,有利于土壤中矿物晶体的再形成。另外,钙离子有利于硅酸盐的聚集,铁离子化合物会在土壤结晶中处于中心晶核的地位。

实际上,这两种胶结的方式经常出现在同一种固化土中,相互促进。

4.6.3 几种常用的土壤固化剂及其作用机理

1)ISS 土壤固化剂

ISS 土壤固化剂是美国开发研制的一种新型的电离子土壤固化材料,是由多种强离子化合物组合而成的水溶剂,适用于黏土粒含量 25% 以上的各种土类。ISS 经稀释后均匀地按比例掺入土壤中,压实后通过电化原理改变黏土颗粒双电层结构,能永久地将土壤的亲水性变为疏水性,同时易于压实,形成坚固的板块结构。从 20 世纪 70 年代起,ISS 已在世界上数十个国家与地区的水利、交通、旅游等行业得到广泛使用。

离子类土壤固化剂固化机理主要表现在以下几个方面:

(1)利用土胶粒的双电层原理,在高分子液体固化剂加入后,产生高浓度的反离子,通过其与土胶粒表面负电荷间的电性力来克服土胶粒间的“能垒”，增加胶粒间的吸引力，降低ζ电势(ζ电势是吸附层与扩散层之间的电势差，扩散层中反离子浓度越小，则扩散层越薄，ζ电势越小，那么双电层厚度越薄，土颗粒间吸引能越高)，在外界功作用下，将扩散层中反离子尽量压缩到吸附层内，减小扩散层厚度，即降低ζ电势，则可有效地减薄双电层厚度，使得黏土胶体颗粒聚结，提高土颗粒之间的联结强度和水稳性。

(2)离子土壤固化剂是一合成的长链高分子，作用于土体后，一方面将相邻的土颗粒通过高分子链桥相互搭接；另一方面，高分子链之间又相互交叉缠结，最终使整个土体形成牢固的整体空间框架结构，从而达到加固土的作用。

(3)土壤固化剂合成时，使用的憎水基高分子化合物，固化时可以溶解在水中，并以水溶液形式加入土中。固化土壤时，高分子链上亲水基团与土颗粒表面矿物相互作用，朝向土颗粒，而憎水基团背离土颗粒。这样高分子长链将土颗粒包裹在一起，把多余的水分析出在团聚的土体表面，并通过外部的重力压实作用和蒸发作用，使土颗粒之间紧密胶联，并排出水分，加固了土壤，增强了土壤的抗压强度和抗渗透强度。这一过程是不可逆转的，通过固化处理的土壤由“亲水性”变成“憎水性”。一旦被固结之后便不会出现二次水解或泥化现象，使土壤得到固化。

2)复合类土壤固化剂

复合类土壤固化剂固化机理主要表现在以下几个方面：

(1)水化反应。土壤固化剂本身部分水化反应生成硅酸钙、铝酸钙等胶凝性物质，使黏土颗粒表面形成凝结硬化壳。与黏土物质发生化学反应，形成硅酸钙、铝酸钙等胶凝性物质，使黏土表面产生凝结硬化，具有水稳性、强度高等优点。同时土壤固化剂中的激发剂可以有效地破坏矿渣、粉煤灰中的玻璃体结构，产生很多缺陷，使玻璃体中的SiO_4^-阴离子解聚并与土中活性成分发生水化反应，促进固化土的硬化。

(2)置换水反应。土壤固化剂与土壤混合后，将过多的水分在反应中“夺取”，生成含32个结晶水的钙矾石针状结晶体$3CaO \cdot Al_2O_3 \cdot 3CaSO_4 \cdot 32H_2O$，将土壤中大量的自由水以结晶水的形式固定下来。同时这种水化反应形成的结晶体使得材料的体积增加，它有效地填充土团粒间的孔隙，使固化土变得致密起来。在电子显微镜下可以看到土壤颗粒被C-H-S凝胶包围，并相互连成一片，在土壤粒子之间形成一个牢固的网状结构体，从而提高了密实度，对抗压、抗渗、抗硫酸盐侵蚀等性能大大提高。

(3)离子交换。土壤固化剂与水作用产生大量的Ca^{2+}，以及激发素中含有的高价阳离子，如Fe^{3+}、Al^{3+}等，由于具有较高的离子强度，与土颗粒中的Na^+、K^+、Ca^+进行离子交换作用，使得黏土胶团表面ζ电位降低，胶团吸附的双电层减薄，电解质浓度增强、颗粒趋于凝聚，清除土壤内的液相和气相，生成的硫酸钙结晶，体积膨胀而进一步填充孔隙，同时与针状结晶相互交叉，形成链状和网状结构而紧密结合，从而提高了地基的强度、耐水性和抗冻性。

(4)土壤固化剂与活性物质反应。土壤的成分比较复杂，它里面含有大量的活性SiO_2、Al_2O_3、CaO等物质，当加入固化剂与它充分搅拌后固化剂中某些成分与这些活性成分反应生成胶凝性物质，发挥黏土潜在活性，增加及增强了这种网状结构，使之成为一种具有较高强度的整体。

总之，复合类土壤固化剂的固化机理是在与土壤细颗粒接触时发生多种物理和化学反应,使界面形成牢固的多结晶聚集体,从而改变了颗粒界面接触的本质,这种新形成的化学结构表现出优异的力学强度。

3)路邦 EN-1 土壤固化剂

美国的路邦 EN-1 土壤固化剂是一种内浸性材料液态固化剂,该固化剂为酸基化合物,是一种浓缩的挥发不易燃的液体筑路材料,具有很强的氧化、溶解能力,并且含有一种自然分散剂的成分。它能将土壤中的矿物质和土壤分子分解,使其重新结晶形成金属盐,产生新的化学键,将土壤颗粒结合在一起,从而形成土壤固化层。同时溶解剂让矿物离子平均分布在混合物中,以增加一种特殊的引力,并大大减少混合物中的气孔,使土壤由亲水性改变成疏水性。

由于路邦土壤固化剂(EN-1)是一种自然溶解的分散剂成分,可使土壤形成矿物混合物,将土壤颗粒溶解结合在一起形成像沉积岩似的板块,使土壤的密实度、紧固度、强度大幅度增加,使土壤的弹性增加,并可防止水的渗透。路邦土壤固化剂(EN-1)经水稀释后,可与土壤中的矿物质及土壤颗粒发生溶解、结晶、吸收、扩散、再结晶链式化学反应,从而将道路的基础凝结成整体坚实、稳定、持久的板块结构。

路邦 EN-1 型土壤固化剂为离子类固化剂。该产品是一种高分子化学土壤固化剂,在美国获得两项专利的高科技产品。与水稀释后,可与土壤中的矿物质及土壤颗粒发生溶解,结晶,吸收,扩散,再结晶的链式化学反应,从而将路基凝结成整体结实、持久的板体结构,显著降低路基弯沉,提高路基回弹模量,提高路基密实度,增强路基的承载能力,并显著改善路基的水稳性。

路邦土壤固化剂作用原理:

(1)置换土粒表面的结合水,减薄土粒表面的结合水膜,使土体更容易压实。土体内水包括固态水、气态水、液态水,气态水是土中气的一部分,固态水是指矿物中结晶水,液态水包括自由水和结合水,自由水可分毛细水和重力水,自由水一般通过物理压实即可挤出土体。而结合水往往通过各种力学和化学键连接着,很难通过物理的作用使其与土颗粒脱离,这使得土颗粒表面有一层厚厚的结合水膜,这种结合水膜具有复杂的物理和化学性质,其厚度控制黏土的稠度、塑性、膨胀、收缩等。

由于路邦土壤固化剂含有活性磺化油,是一种阴离子表面活化剂,有磺酸基和羟基组成“亲水头”,也有主要有碳原子和氢原子组成的“疏水尾”,土壤固化剂加入土壤中后,由于磺化油中的 SO_3^- 阴离子头与土颗粒表面的金属阳离子结合,原本有很大活性的金属阳离子被固定下来,阻止了金属阳离子与水结合成可溶体,磺化油与土颗粒结合后,其疏水尾就被从土壤颗粒中排除,围绕着土壤颗粒或在黏土之间形成一个油面层。这样,土壤中的结合水就被疏水尾排除,结合水膜减薄,土颗粒更加紧密,同时疏水尾包裹土壤颗粒,阻止水分进入这个体系中,使压实后的土体水稳性大大提高。

(2)与土壤内阳离子进行离子交换,形成网状结构,增加强度和稳定性。构成黏土的矿物是以 SiO_2 为骨架而合成的板状或针状结晶,通常其表面会带有 Na^+ 和 K^+ 等离子,固化剂遇水后与这些离子进行置换,使得黏土胶团表面 ξ 电位降低,胶团所吸附的双电层减薄,电解质浓度增强、颗粒趋于凝聚,清除土壤内的液相和气相,生成高分子网状结构,同时在颗粒表面形成了一层憎水膜,有效地保护了土体的稳定性,高分子网状结构进一步填充孔隙,同时与针状结晶相互交叉,形成链状和网状结构而紧密结合,从而提高了土基的强度、耐水性和抗冻性。

(3)激发土壤的活性,增加土壤的强度。土壤的成分比较复杂,它里面含有大量的活性SiO_2、Al_2O_3、CaO等物质,当加入固化剂与它充分搅拌后,固化剂中某些成分与这些活性成分反应生成胶凝性物质,发挥黏土潜在活性,增强了这种网状结构,使之成为一种具有较高强度的整体。

(4)与盐泽地区土中Cl^-离子反应形成氯盐,增加早期强度。盐渍地区土壤中含有大量Cl^-离子,溶液中的Cl^-可以与石灰及固化剂水化产生的可溶性Al_2O_3和CaO结合,迅速形成氯盐,从而提高固化土的早期强度。

(5)与土粒表面离子发生各种物理、化学作用,产生巨大的凝聚力,形成强大的由化学键连接的网络,增加土壤的抗压强度。土壤粒子表面存在多种经风化作用形成的离子,包括铁、铝、镁、钙、钠、钾等阳离子和硅酸、铝酸、铝硅酸、碳酸、硫酸和磷酸等阴离子以及多种复盐,土粒表面和土层内部还存在以各种形式吸附或结合的水,也不同程度地含有一些有机物质。在土壤固化剂中由于加入一些既能与土粒表面离子反应,又能自身形成不溶于水的高分子膜的有机高分子聚合物,由于其含有能与土壤粒子表面阳离子反应的羧基等官能团,以及含有在室温下能发生交联反应的基团,如羧酸盐、磺酸盐等,使得路邦土壤固化剂与土壤中金属阳离子发生溶解、结晶、吸收、扩散、再结晶链式化学反应,从而使压实后的土基形成密实稳定的板体。

4)帕尔玛土壤固化酶

帕尔玛土壤固化酶是美国国际酶制剂公司生产的高科技液态复合酶制品,它是一种专门用来催化土壤固化反应,改变土壤结构的道路施工添加剂,属于生物酶类固化剂。此类固化剂系有机物质经发酵而生成的蛋白质多酶基产品,为液体状。按一定比例配制成水溶液,洒入泥土中,通过生物酶素的催化作用,经过外力压实,使土壤粒子之间的黏合性得以充分发挥,形成牢固的不渗透结构。

酶是活细胞所产生的一种生物催化剂,它本身在反应中不被消耗,有极少量的存在就可大大加速化学反应的进行。当帕尔玛加水稀释和土壤均匀混合并被压实时,类似于页岩形成的过程就发生了,在土壤中的有机和无机物质通过酶的催化黏着作用而产生的一种强力的硬化过程,从而形成类似于页岩的致密而坚固的整体。由于酶的催化作用使反应的速度大大加快,酶的催化作用促进有机大分子联合生成一种中间反应物,它改变了黏土的原有格构,使其结果十分致密,并起到一种屏蔽作用,从而有效地防止土壤进一步吸附水分而膨胀导致密度的降低。

5)几种常用土壤固化剂对比

(1)几种土壤固化剂共性

从以上分析几种常用土壤固化剂的作用机理可看出,ISS、复合类、路邦EN-1三种土壤固化剂均有类似传统固化剂(水泥、石灰)所具有的水化、置换和离子交换等反应,由于这些反应的发生,使得在土颗粒之间生成了胶凝性物质和结晶体,形成链状和网状结构,土颗粒更加紧密,从而提高了强度,但这些反应是可逆的,随着水的浸入,链状、网状结构即可打破,强度降低。与ISS、复合类、路邦EN-1土壤固化剂不同,帕尔玛土壤固化酶从土的化学反应机理出发,利用酶的作用对土壤进行固化处理,激发土的化学反应发生,从而提高土壤的强度,但这种加固是一种可逆反应,受水的影响强烈,在水的作用下土体强度将进一步衰竭,而又随着水的排除而逐渐恢复。

(2)ISS、路邦 EN-1 土壤固化剂特性

ISS、路邦 EN-1 土壤固化剂除以上作用外,由于含有憎水基高分子化合物(ISS 固化剂)和阴离子表面活化剂(路邦 EN-1 固化剂),能使土颗粒表面的金属阳离子结合,使原本有很大活性的金属离子被固定下来,阻止了金属阳离子与水结合成可溶体,减薄了结合水膜,使土颗粒更加紧密,强度大大增加、水稳性提高,这种反应是不可逆的,不会由于水的浸入而破坏,这也是该种土壤固化剂所具有的独特优点。

(3)路邦 EN-1 土壤固化剂独特性质

由于路邦土壤固化剂含有活性磺化油,有磺酸基和羟基组成"亲水头",也有主要有碳原子和氢原子组成的"疏水尾",土壤固化剂加入土壤中后,由于磺化油中的 SO_3^- 阴离子头与土颗粒表面的金属阳离子结合,原本有很大活性的金属阳离子被固定下来,阻止了金属阳离子与水结合成可溶体,磺化油与土颗粒结合后,其疏水尾就被从土壤颗粒中排除,围绕着土壤颗粒或在黏土之间形成一个油面层。这样,土壤中的结合水就被疏水尾排除,结合水膜减薄,土颗粒更加紧密,同时疏水尾包裹土壤颗粒,阻止水分进入这个体系中,使压实后的土体水稳性大大提高。这也是路邦土壤固化剂所具有的特殊性质,正是由于该种机理的存在,使得该种固化剂强度及水稳性均大大提高,此种固化剂尤其适合地下水位高,容易受水侵蚀的道路路基处理和基层改良中。

另一方面,路邦土壤固化剂能与盐泽土中的 Cl^- 离子反应形成氯盐,增加早期强度。盐渍地区土壤中含有大量 Cl^- 离子,溶液中的 Cl^- 可以与石灰及固化剂水化产生的可溶性 Al_2O_3 和 CaO 结合,迅速形成氯盐,从而提高固化土的早期强度。这也是路邦土壤固化剂的又一特点,这一特点表明该种土壤固化剂适合在盐渍土地区使用。

正是由于路邦 EN-1 土壤固化剂所具有的独有特性,其固化后的土壤强度和水稳性较其他固化土大大提高,后续的室内外试验均证明了这一点。

4.6.4 土壤固化剂固化土无侧限抗压强度试验

1)土壤固化剂固化土最佳辅料配比确定

为确定土壤固化剂固化土最佳掺配比(满足强度要求的最小固化剂及水泥石灰掺量),重点对空客 A320 现场土进行无侧限抗压强度试验。

空客 A320 总装线工程场地属于典型的华北平原东部滨海平原地貌,属海相与陆相交互沉积地层,厂区取土坑较多,地基土含水率较高、孔隙比偏大、呈中压缩性。由于软土地基强度低、沉降大、沉降历时长,特别考虑 A320 总装线运输车辆均为运输大件的车辆,极其不利于市政基础设施建设,软土地基处理的好坏,直接影响道路、排水、桥梁的使用质量与使用寿命,因此 A320 总装线厂区道路、排水、桥梁建设必须把软土地基处理作为一个首要的关键技术问题。参照设计规范的要求,拟建中的高速公路由于要运载飞机总装所需的大型构件,因此其路床的无侧限抗压强度应大于 0.4MPa,路基底基层的无侧限抗压强度应大于 1.5MPa。最佳辅料配比试验的目的就是通过试验,找出能够满足设计强度的最佳配比。即在使用土壤固化剂的情况下,添加最少的水泥、石灰的用量,用最经济的手段满足设计的要求。

为了给后面的试验提供基础数据,首先用空客土添加 4% 水泥和 6% 石灰制作不加固化

剂的无机结合料稳定土 $\phi50\times50$mm 试件,制作试件前对空客土进行碾压过筛,使土壤粒径满足试验规程的要求。先初步施作了 3 个 $\phi50\times50$mm 空客土试件,浸水后做无侧限抗压强度试验。试验结果如表 4.6.4-1 所示。

无机结合料稳定土无侧限试验结果 表 4.6.4-1

编号	密 封	固 化 剂	浸水前质量	浸水后质量	压力计读数	抗压强度(MPa)
1	是	不加	203.1	207.4	27	1.52
2	是	不加	203.9	205.6	30	1.69
3	是	不加	203.6	206.3	28.5	1.60

通过试验得出在添加辅料 4% 水泥 +6% 石灰,不加固化剂的 $\phi50\times50$mm 试件,在常温下养护 6d,浸水 24h,试件的无侧限抗压强度全部大于 1.50MPa,满足路基底基层的要求。但是可以看出,该种配比使用的水泥、石灰等辅料用料较多。

为找到满足设计强度的最佳配比,做了大量各种配比的无侧限抗压强度试验,通过试验结果的总结,对土壤固化剂的性能和效果有了进一步的认识。最终确定 2% 水泥 +3% 石灰 + 路邦、4% 石灰 + 路邦、3% 水泥 +3% 石灰 + 路邦三种配比,使用效果较好且造价较低。

表 4.6.4-2 是以上三种配比添加路邦 EN-1 固化剂试件的无侧限抗压强度试验结果。制作试件时很难达到每个试件的压实度完全一致,为了便于三种配比试验结果在同一压实度下的横向比较,表中给出根据抗压强度与压实度关系曲线推导出的等效抗压强度。

辅料配比添加固化剂后试件的无侧限抗压强度试验结果 表 4.6.4-2

描 述	编号	等效重量(g)	压实度	抗压强度(MPa)	平均值(MPa)	等效抗压强度(MPa)
2% 水泥 +3% 石灰 + 路邦	1-1	208.6	97.70%	1.86	2.08	2.08(97.70%)
	1-2	208.5		1.86		
	1-3	209.3		1.89		
	1-4	208.5		2.00		
	1-5	208.8		2.51		
	1-6	208.9		2.36		
4% 石灰 + 路邦	2-1	200.3	96.32%	1.26	1.46	1.62(97.70%)
	2-2	201.6		1.32		
	2-3	205.7		1.56		
	2-4	207.3		1.47		
	2-5	208.1		1.68		
	2-6	211.4		1.45		
3% 水泥 +3% 石灰 + 路邦	3-1	207.0	97.20%	2.48	2.44	2.52(97.70%)
	3-2	205.2		2.34		
	3-3	207.1		2.53		
	3-4	209.8		2.42		
	3-5	208.9		2.59		
	3-6	207.3		2.25		

等效重量=试件重量×50mm/试件高度(mm)

试验结果表明：

空客现场土添加4%石灰和路邦固化剂的无机稳定土做路床处理时，当压实度大于90.0%，其抗压强度可大于0.80MPa；空客现场土添加2%水泥、3%石灰和路邦固化剂做底基层无机稳定土时，压实度达到95.5%以上则无侧限抗压强度可满足1.5MPa的要求；空客现场土添加3%水泥、3%石灰和路邦固化剂做公路基层无机稳定土时，无侧限抗压强度若要达到2.5MPa，压实度必须控制在97.6%以上。

2)土壤固化剂固化土无侧限抗压强度和压实度的关系

大量的试验结果表明，试件的无侧限抗压强度是随压实度的提高而增大，为了探讨两者之间的关系，分别对空客土+2%水泥+3%石灰+路邦固化剂、空客土+4%石灰+路邦固化剂、空客土+3%水泥+3%石灰+路邦固化剂三组配比无机结合料稳定土试件在不同压实度情况下的无侧限抗压强度进行了试验。每一种配比分别制作6组不同压实度的试件，每组制备三个相同压实度的试件，无侧限抗压强度取平均值，表4.6.4-3是试验结果，图4.6.4-1是根据表4.6.4-3试验结果绘制的无侧限抗压强度与压实度关系曲线，通过这三条曲线可以看出，无侧限抗压强度与压实度呈线性关系，无侧限抗压强度随压实度的提高而增大。

三组不同配比试件在不同压实度情况下的无侧限抗压强度 表4.6.4-3

配　比	试件编组	等效质量(g)	压实度(%)	抗压强度(MPa)
2%水泥+3%石灰+路邦	1	199.80	92.93	1.1
	2	203.35	94.58	1.4
	3	206.16	95.89	1.57
	4	208.09	96.79	1.91
	5	210.62	97.96	2.13
	6	213.19	99.16	2.47
4%石灰+路邦	1	200.30	93.77	1.26
	2	201.60	94.38	1.32
	3	205.70	96.30	1.56
	4	207.30	97.05	1.62
	5	208.10	97.43	1.68
	6	—	—	—
3%水泥+3%石灰+路邦	1	197.27	92.35	1.6
	2	199.42	93.36	1.77
	3	206.17	96.52	2.4
	4	209.6	98.13	2.59
	5	211.3	98.92	2.7
	6	211.9	99.20	2.72

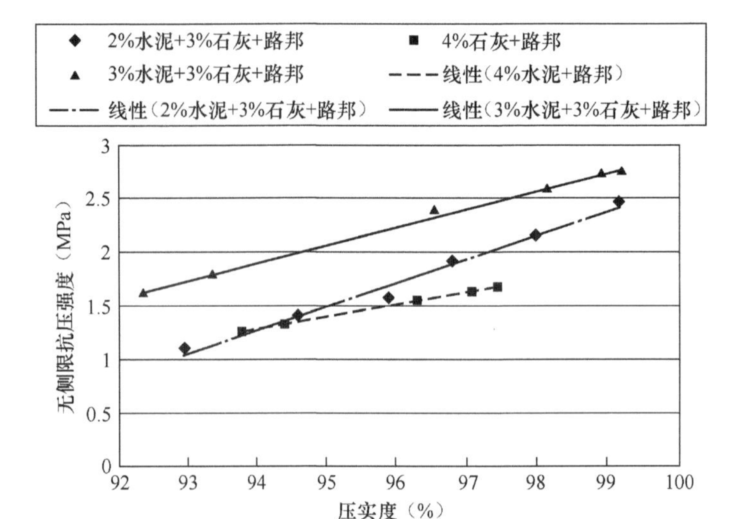

图4.6.4-1　三组不同配比试件的无侧限抗压强度与压实度关系曲线

试验结果表明:

空客现场土添加4%石灰和路邦固化剂做路床无机稳定土时,若压实度大于90%,其抗压强度可大于0.82MPa,满足高速公路或一级公路底基层养生7d,抗压强度大于0.8MPa的要求。空客现场土添加2%水泥、3%石灰和路邦固化剂做底基层无机结合料稳定土时无侧限抗压强度若要达到1.5MPa,压实度需要达到95.5%;空客现场土添加3%水泥、3%石灰和路邦固化剂做基层无机稳定土时无侧限抗压强度若要达到2.5MPa,压实度必须大于97.6%。通过无侧限抗压强度与压实度的关系可以看出,压实度对工程质量具有重要的意义。

2%水泥+3%石灰+路邦固化剂固化土的无侧限抗压强度(Q_u)随压实度(K)的变化可按下式估算:

$$Q_u = 0.2202K - 19.424 \qquad (R^2 = 0.9822) \tag{4.6.4-1}$$

4%石灰+路邦固化剂固化土的无侧限抗压强度(Q_u)随压实度(K)的变化可按下式估算:

$$Q_u = 0.1146K - 9.4886 \qquad (R^2 = 0.9971) \tag{4.6.4-2}$$

3%水泥+3%石灰+路邦固化剂固化土的无侧限抗压强度(Q_u)随压实度(K)的变化可按下式估算:

$$Q_u = 0.1668K - 13.781 \qquad (R^2 = 0.9917) \tag{4.6.4-3}$$

本次试验总结出的无侧限抗压强度与压实度关系曲线可以为今后道路施工中压实度的控制提供参考。

3)土壤固化剂固化土不同龄期试件的无侧限抗压强度试验结果

为了进一步对比固化剂在不同龄期固化剂固化土的强度变化规律,需要对试件进行7d、14d及28d的无侧限抗压强度试验,在前期各种配比7d无侧限抗压强度试验的基础上,对上述三种配比重新制作试件，分别养护14d、28d浸水作24h后做无侧限抗压强度试验，测定抗压强度随龄期的变化。

试验结果见表4.6.4-4和图4.6.4-2。

不同龄期试件的无侧限抗压强度试验结果　　　　表4.6.4-4

配　比	龄期（d）	制作质量（g）	等效质量（g）	压实度（%）	抗压强度（MPa）	增长率（%）
4%石灰+路邦	7	220.1	208.7	97.70	1.46	—
	14	220.20	208.8	97.74	1.81	23.97%
	28	219.77	208.4	97.55	2.33	28.73%
2%水泥+3%石灰+路邦	7	220.9	205.7	96.32	2.08	—
	14	217.45	202.5	96.32	2.22	6.73%
	28	219.01	204.0	95.50	2.54	14.41%
3%水泥+3%石灰+路邦	7	220.9	207.6	97.20	2.44	—
	14	218.3	205.2	96.06	2.65	8.61%
	28	219.3	206.1	96.50	2.98	12.45%

空客土添加4%石灰+路邦固化剂配比7d龄期的无侧限抗压强度为1.46MPa；14d龄期的无侧限抗压强度为1.81MPa，相对7d龄期的无侧限抗压强度增长23.97%；28d龄期的无侧限抗压强度为2.33MPa，相对14d龄期的无侧限抗压强度增长28.73%，相对7d龄期的无侧限抗压强度增长59.59%。

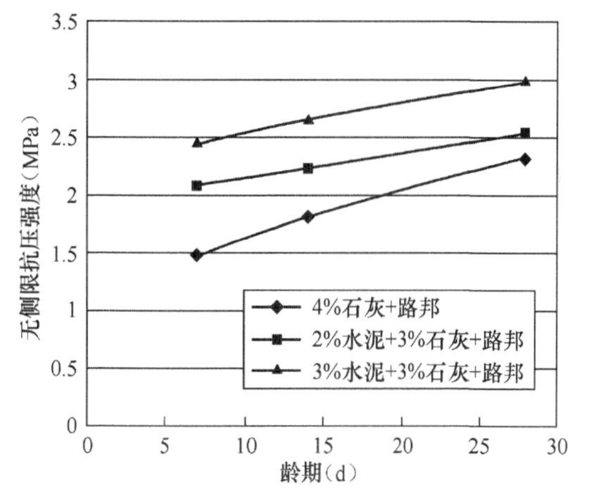

图4.6.4-2　不同配比固化土无侧限抗压强度与龄期关系曲线

空客土添加2%水泥+3%石灰+路邦固化剂配比7d龄期的无侧限抗压强度为2.08MPa；14d龄期的无侧限抗压强度为2.22MPa，相对7d龄期的无侧限抗压强度增长6.73%；28d龄期的无侧限抗压强度为2.54 MPa，相对14d龄期的无侧限抗压强度增长14.41%，相对7d龄期的无侧限抗压强度增长22.12%。

空客土添加3%水泥+3%石灰+路邦固化剂配比7d龄期的无侧限抗压强度为2.44MPa；14d龄期的无侧限抗压强度为2.65MPa，相对7d龄期的无侧限抗压强度增长8.61%；28d龄期的无侧限抗压强度为2.98 MPa，相对14d龄期的无侧限抗压强度增长12.45%，相对7d龄期的无侧限抗压强度增长22.13%。

试验结果及上述分析表明无侧限抗压强度随龄期的增长而提高，空客土添加4%石灰+路邦固化剂配比28d龄期相对7d龄期的无侧限抗压强度增长59.59%，而后两种添加水泥和石灰配比的28d龄期相对7d龄期的无侧限抗压强度仅增长22.12%和22.13%，明显可以看出石灰与路邦固化剂的后期作用提高很大。

4）土壤固化剂固化土无侧限抗压强度与含水率关系

试样配比为空客土+3%水泥+3%石灰+路邦土壤固化剂（2.5mL/10kg）、含水率从15%到21%，制作了7组相同配比、不同含水率的ϕ50×50mm试件，每组试件密封养护6d，浸水24h后作无侧限抗压强度试验。表4.6.4-5为试验结果，图4.6.4-3是无侧限抗压强度与含水率关系曲线。第6组20%含水率的试件，由于制作原因压实度偏小，所以无侧限抗压强度结果相对偏低，做关系曲线时将此点忽略。

无侧限抗压强度与含水率关系试验结果　　表4.6.4-5

试验编组	含水率（%）	无侧限抗压强度（MPa）	试验编组	含水率（%）	无侧限抗压强度（MPa）
1	15	2.32	5	19	2.28
2	16	2.73	6	20	1.31
3	17	2.98	7	21	1.50
4	18	3.09			

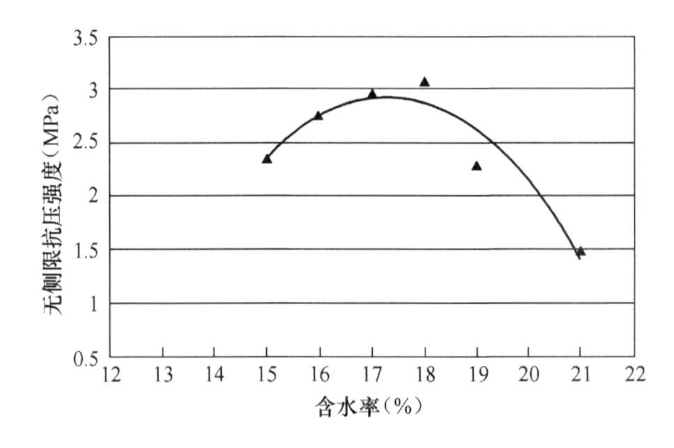

图4.6.4-3　无侧限抗压强度与含水率关系曲线

由图4.6.4-3可以明显看出，当含水率为17%～18.0%时，试件的无侧限抗压强度取得最大值。这和试验规程中要求的试件制作时试样的含水率比最佳含水率大1%～2%是一致的。

5）土壤固化剂固化土无侧限抗压强度与石灰含量关系

石灰是无机结合料稳定土中不可缺少的辅料，道路底基层通常是由黏土与石灰拌和的稳定土，其无侧限抗压强度与石灰含量的多少有关。若能确定无侧限抗压强度与石灰含量的关系，就可以根据底基层的强度要求来推算石灰的含量。

分8组在空客土中添加3%～13%的石灰制作试件，尽量控制相同压实度。每组制作2个石灰含量相同的试件，密封养生6d浸水24h后做无侧限抗压强度试验，取平均值做试验结果。

表4.6.4-6是无侧限抗压强度与石灰含量关系的试验结果。

无侧限抗压强度与不同石灰含量关系试验结果　　表 4.6.4-6

配比	编号	高度 (mm)	制作时质量 (g)	浸水前质量 (g)	浸水后质量 (g)	抗压强度 (MPa)	抗压强度平均值 (MPa)
3%石灰	6-1	51.48	211.5	210.2	212.7	0.87	0.86
	6-2	51.36	212.5	211.1	213.3	0.84	
4%石灰	7-1	51.32	214.4.1	212.8	215.1	1.07	1.07
	7-2	51.34	214.0	213.0	215.2	1.07	
5%石灰	8-1	51.20	213.8	213.1	216.0	1.15	1.20
	8-2	51.54	213.9	213.1	216.0	1.24	
6%石灰	9-1	51.54	212.1	211.0	214.2	1.32	1.46
	9-2	51.30	215.4	214.6	217.9	1.60	
7%石灰	10-1	51.20	218.3	217.6	220.9	1.44	1.48
	10-2	51.24	216.7	216.5	219.9	1.52	
9%石灰	1-1	52.60	216.9	216.3	219.7	1.46	1.53
	1-2	52.20	217.0	216.4	219.8	1.60	
11%石灰	2-1	52.60	218.0	217.7	221.1	1.81	1.65
	2-2	52.10	217.0	216.8	220.3	1.49	
13%石灰	3-1	51.90	213.2	212.5	216.1	1.72	1.73
	3-2	52.00	216.2	215.5	219.2	1.75	

图 4.6.4-4 是根据试验结果绘制的无侧限抗压强度与石灰含量关系曲线。

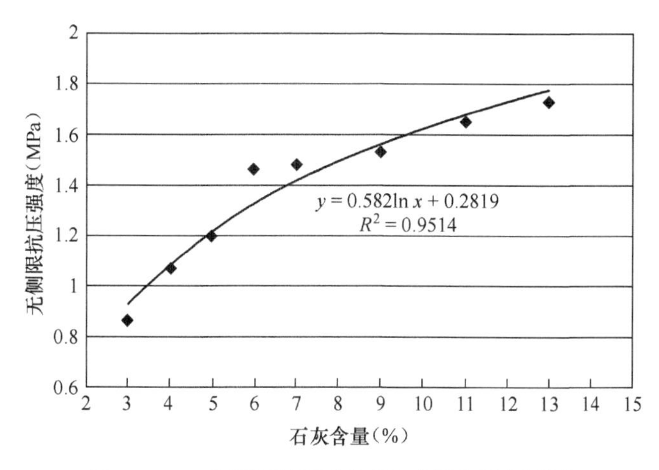

图 4.6.4-4　无侧限抗压强度与石灰含量关系试验结果

试验结果表明,无侧限抗压强度随着石灰含量的提高而增大。从图 4.6.4-4 总体上看,无侧限抗压强度与石灰含量的关系趋于线性。通过试验得出的无侧限抗压强度与石灰含量关系曲线,可以为道路工程的设计和施工提供参考。

由图 4.6.4-4 可知,石灰含量从 3% 增加到 6% 时,其斜率大于石灰含量从 6% 增加到 13% 。因此当石灰含量低于 6% 时,石灰含量对抗压强度的贡献较大,当石灰含量大于 6% ,

石灰含量对抗压强度的贡献较小。

另做6组空客土+2%水泥+不同石灰含量试件，尽量控制相同压实度。每组制作2个石灰含量相同的试件，密封养生6d浸水24h后做无侧限抗压强度试验，取平均值做试验结果。

表4.6.4-7是空客土+2%水泥+不同石灰含量的无侧限抗压强度试验结果。

2%水泥+石灰无侧限抗压强度与石灰含量关系试验结果 表4.6.4-7

配比	编号	高度(mm)	制作时质量(g)	浸水前质量(g)	浸水后质量(g)	抗压强度(MPa)	抗压强度平均值(MPa)
5%石灰	1-1	51.2	214.5	213.3	216.5	1.46	1.55
	1-2	51.0	213	211.4	214.8	1.63	
6%石灰	2-1	51.4	217	215.9	219.2	1.6	1.77
	2-2	51.12	214.6	214.1	217.2	1.94	
7%石灰	3-1	51.88	219.6	219	223.1	1.83	2.00
	3-2	51.7	218.5	218	221.6	2.17	
9%石灰	4-1	51.5	216.3	218.8	219.8	2.15	2.07
	4-2	52.0	216.9	216.3	219.5	2.00	
10%石灰	5-1	51.7	215.3	214.6	218.6	2.11	2.10
	5-2	52.0	215.4	214.8	218.6	2.08	
11%石灰	6-1	52.4	216.3	215.7	219.9	2.15	2.16
	6-2	51.9	216.5	216	219.8	2.17	

图4.6.4-5、图4.6.4-6是根据试验结果绘制的无侧限抗压强度与石灰含量关系曲线。

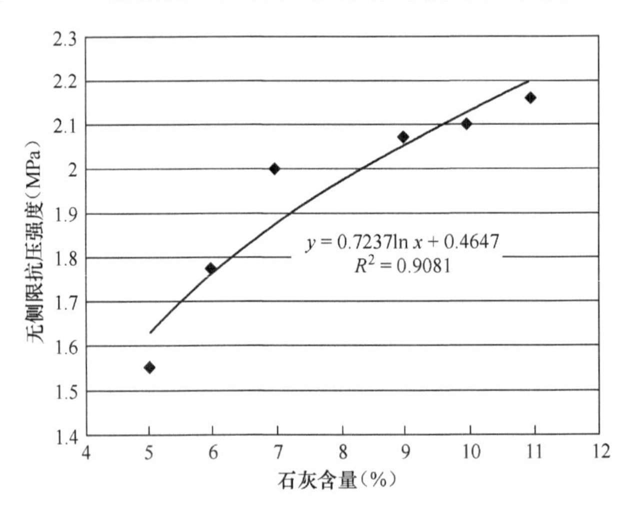

图4.6.4-5 无侧限抗压强度与石灰含量关系试验结果(2%水泥)

由图4.6.4-5可知，在添加2%水泥的基础上，石灰含量从5%增加到7%时，其斜率大于石灰含量从7%增加到11%。因此当石灰含量低于7%时，石灰含量对抗压强度的贡献较大，当石灰含量大于7%，石灰含量对抗压强度的贡献较小。

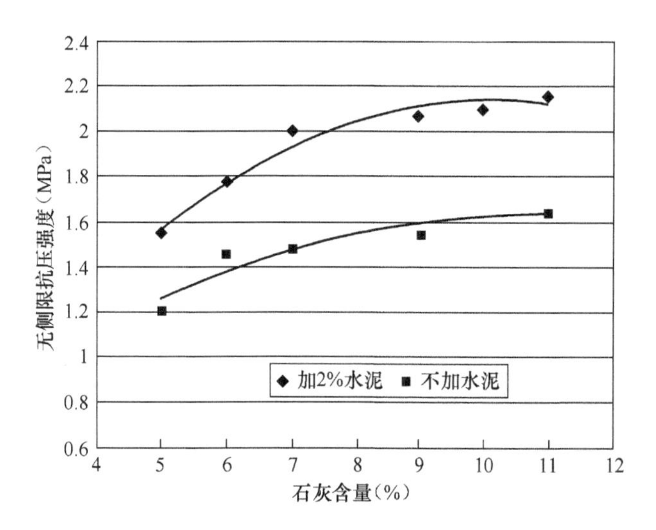

图4.6.4-6 水泥对无侧限抗压强度的影响

4.6.5 土壤固化剂固化土 CBR 试验

按照《公路土工试验规程》(JTG 3430—2020)选择合适的配比,加入土壤固化剂用击实法制作 $\phi152\times120$mm 试件,分别养护 6d,浸水 24h 后进行 CBR 承载比试验。试验结果见表4.6.5-1。

承载比试验结果　　表4.6.5-1

配　比	量力环校正系数(N/0.01mm)	贯入杆面积(cm^2)	单位压力(kPa)	贯入量(mm)	CBR
2%水泥+3%石灰+路邦+空客土	112.6	19.635	1016.46	2.5	14.52%
	112.6	19.635	1289.04	5.0	12.28%
	112.6	19.635	1033.55	2.5	14.77%
	112.6	19.635	1289.91	5.0	12.28%
4%石灰+路邦+空客土	112.6	19.635	848.46	2.5	12.12%
	112.6	19.635	1069.79	5.0	10.19%
	112.6	19.635	747.91	2.5	10.68%
	112.6	19.635	958.43	5.0m	9.13%

试验结果表明,满足规范对 CBR 承载比的要求。

4.6.6 土壤固化剂固化土水稳性试验研究

由于水泥、石灰等无机结合料稳定土显著的干缩性和温缩性,以及水稳性差等原因,使得早期作为沥青路面基层的水泥土、石灰土以及水泥石灰土下放至底基层,为了探讨土壤固化剂固化土的水稳性,天津市市政工程设计研究院针对三种土壤固化剂——路邦 EN-1、ISS、帕尔玛土壤固化酶浓缩液进行水稳性试验研究。

试验用土为低液限粉土,其物理指标见表4.6.6-1,粒度成分见表4.6.6-2,试验时细粒土应尽可能粉碎,粒径不得大于15mm,有机质含量不超过5%。

试验土样各项物理性指标 表4.6.6-1

土　　样	含水率 w(%)	液限 w_L(%)	塑限 w_p(%)	液性指数 I_p	备　　注
1	10.7	26.8	17.5	9.3	低液限粉土
2	12.7	62.6	36.4	0.37	

试验土样粒度成分 表4.6.6-2

粒组	砾	砂		粉粒		黏粒	
粒径(mm)	5~10	2~5	0.5~2	0.25~0.5	0.074~0.25	0.002~0.074	<0.002
含量(%)		12	5.2	6.7	16.8	41.2	18.1

路邦EN-1土壤固化剂(浓缩液)掺入剂量为0.014%(室内试验掺入剂量再取0.012%和0.016%对比);电离子土壤固化剂ISS,棕黑色水溶液液体,最小稀释比1:200,固化剂浓缩液掺入剂量为0.021%(室内试验掺入剂量再取0.023%和0.019%对比);帕尔玛土壤固化酶浓缩液,最小稀释比例1/500,固化剂浓缩液掺入剂量为0.067%(室内试验掺入剂量再取0.070%和0.064%对比)。

水泥采用32.5号普通硅酸盐水泥,终凝时间大于6h。

石灰采用三级,70%钙镁含量。石灰剂量=石灰质量/干土质量,生石灰块应在使用前7~10d充分消解。消解的石灰应保持一定的湿度,不得产生扬尘,也不可过湿成团。

水采用饮用水或pH值大于等于6的水。

1)击实试验及无侧限抗压强度测试

根据《公路土工试验规程》(JTG 3430—2020)的规定,本次试验采用重型击实,试验结果见表4.6.6-3。

原状土样与土壤固化土击实试验结果 表4.6.6-3

固化剂类型	路　邦　EN-1		ISS		帕　尔　玛	
	最佳含水率(%)	最大干密度(g/cm^3)	最佳含水率(%)	最大干密度(g/cm^3)	最佳含水率(%)	最大干密度(g/cm^3)
原状土	10.6	1.814	10.6	1.814	10.6	1.814
固化剂固化土	10.1	1.835	10.3	1.826	10.7	1.822

由表4.6.6-3可看出,原状土的最大干密度为1.814g/cm^3,最佳含水率为10.6%,分别掺加0.014%、0.021%、0.070%的路邦EN-1、ISS、帕尔玛土壤固化剂后,加固土的最大干密度分别为1.835g/cm^3、1.826g/cm^3、1.822g/cm^3,最佳含水率分别为10.1%、10.3%、10.7%。掺加固化材料后,土的最大干密度增大约1%,最佳含水率降低约4.9%。

对同时掺加石灰、水泥的土壤固化剂固化土进行试验,每种固化剂采用三种不同的配比(4%石灰、5%石灰以及2%水泥3%石灰),每种配比共选取了5个土样,击实试验结果见表4.6.6-4。

土壤固化剂固化土击实试验结果　　表4.6.6-4

固化土配合比	路邦 EN-1		ISS		帕尔玛	
	最佳含水率(%)	最大干密度(g/cm^3)	最佳含水率(%)	最大干密度(g/cm^3)	最佳含水率(%)	最大干密度(g/cm^3)
4%石灰	11.3	1.861	11.8	1.826	12.1	1.872
5%石灰	14.0	1.825	14.5	1.847	14.8	1.867
2%水泥+3%石灰	13.0	1.873	13.2	1.883	13.7	1.878

对以上配比土壤固化剂固化土进行无侧限抗压强度试验,试验结果见表4.6.6-5。

不同土壤固化剂固化土无侧限抗压强度(7d龄期)试验结果　　表4.6.6-5

固化土配比	无侧限抗压强度(MPa)			
	不加固化剂	路邦 EN-1	ISS	帕尔玛
4%石灰	0.58	0.8	0.68	0.73
5%石灰	0.67	0.95	0.83	0.92
2%水泥+3%石灰	0.95	1.2	1.1	1.0

从表4.6.6-5可以看出,掺加路邦EN-1、ISS、帕尔玛固化剂后,7d无侧限抗压强度都有较大幅度提高,且路邦EN-1提高最大,其固化效果较好。

2)水稳定性试验

为了分析土壤固化剂固化土与不掺加土壤固化剂土水稳性情况,对上述配合比分别测试7d、28d、60d三个龄期在浸水和未浸水时的无侧限抗压强度,浸水试件的强度为养生6d、27d、59d浸水24h后测定其强度值。定义水稳系数K=浸水无侧限抗压强度/不浸水无侧限抗压强度,用它来评价土壤固化剂加固土的水稳定性。

表4.6.6-6给出不同龄期不同配比不同固化剂固化土无侧限抗压强度及水稳性系数测试结果。

不同龄期不同配比固化土无侧限抗压强度及水稳性测试结果　　表4.6.6-6

龄期	固化剂	4%石灰			5%石灰			2%水泥+3%石灰		
		浸水(MPa)	未浸水(MPa)	水稳系数	浸水(MPa)	未浸水(MPa)	水稳系数	浸水(MPa)	未浸水(MPa)	水稳系数
7d	不加固化剂	0.580	0.950	0.611	0.670	1.100	0.609	0.950	1.500	0.633
	路邦 EN-1	0.800	1.100	0.727	0.950	1.270	0.748	1.200	1.580	0.759
	ISS	0.680	1.100	0.618	0.830	1.330	0.624	1.100	1.540	0.714
	帕尔玛	0.730	1.320	0.553	0.920	1.460	0.630	1.000	1.650	0.606
28d	不加固化剂	0.667	1.112	0.600	0.771	1.320	0.584	1.026	1.650	0.622
	路邦 EN-1	0.952	1.298	0.733	1.131	1.486	0.761	1.320	1.722	0.766
	ISS	0.789	1.254	0.629	0.963	1.516	0.635	1.210	1.679	0.721
	帕尔玛	0.883	1.571	0.562	1.113	1.737	0.641	1.080	1.848	0.584

续上表

龄期	固化剂	4%石灰			5%石灰			2%水泥+3%石灰		
		浸水(MPa)	未浸水(MPa)	水稳系数	浸水(MPa)	未浸水(MPa)	水稳系数	浸水(MPa)	未浸水(MPa)	水稳系数
60d	不加固化剂	0.767	1.300	0.590	0.886	1.544	0.574	1.108	1.799	0.616
	路邦EN-1	1.133	1.532	0.740	1.345	1.724	0.780	1.439	1.860	0.774
	ISS	0.876	1.354	0.647	1.069	1.668	0.641	1.307	1.796	0.728
	帕尔玛	0.972	1.759	0.552	1.225	1.946	0.629	1.166	2.014	0.579

不掺加固化剂及掺加不同固化剂水稳系数随龄期的变化见图4.6.6-1～图4.6.6-3。

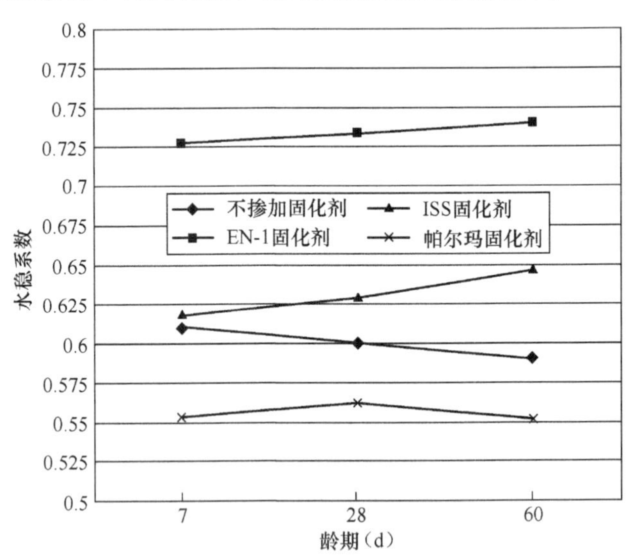

图4.6.6-1　4%石灰土未掺加和掺加不同固化剂水稳系数与龄期关系曲线

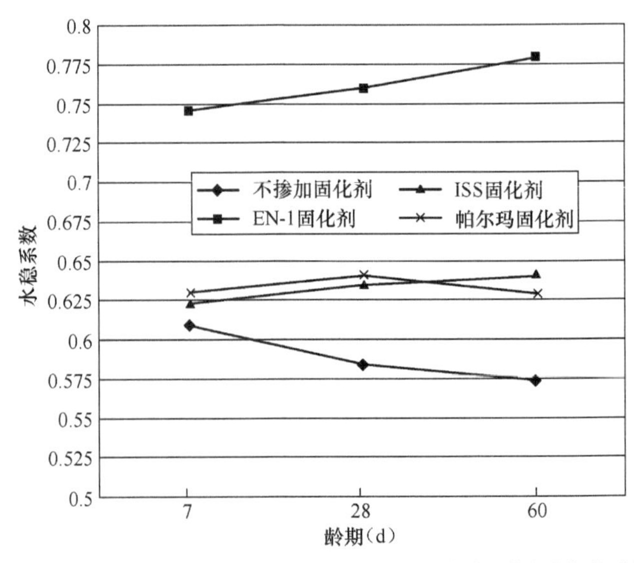

图4.6.6-2　5%石灰土未掺加和掺加不同固化剂水稳系数与龄期关系曲线

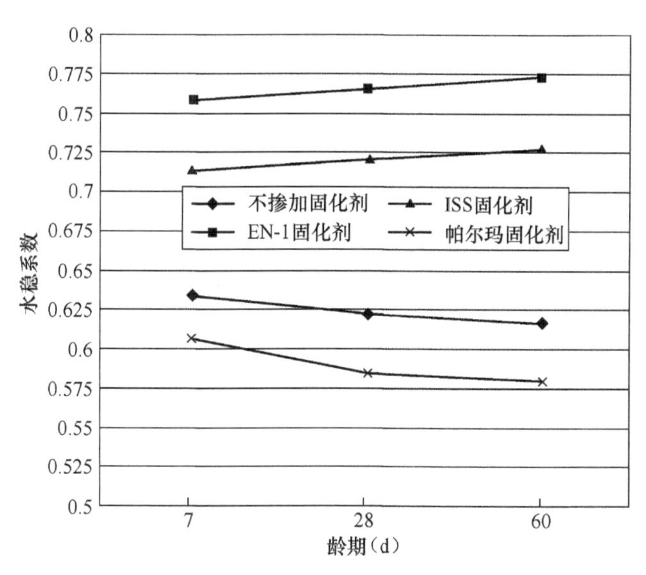

图4.6.6-3　2%水泥3%石灰土未掺加和掺加不同固化剂水稳系数与龄期关系曲线

由以上图可以发现:不掺加任何固化剂时,水稳系数随龄期增加而降低,掺加 EN-1 固化剂和 ISS 固化剂后,水稳系数有大幅度提高,且随着龄期增加而增加,其中掺加 EN-1 固化剂后,水稳系数提高尤为明显。4%石灰土及2%水泥3%石灰土掺加帕尔玛固化剂后水稳系数反而降低。

5　软土地基路基动态监测与分析

5.1　动态监测的目的、内容及流程

5.1.1　动态监测目的

软土地基路基动态监测的目的主要有：

(1)对沿线各软土路段主监控断面的填土过程进行安全监控，并配合其他断面的沉降观测指导全线软土路堤的填土速率，达到安全、快速填筑的目的。根据现场观测结果，及时发现危险的先兆，分析原因，判断工程的安全性，采取必要的工程措施，防止发生工程破坏事故和环境事故。

(2)以现场监测的结果指导现场施工，确定和优化施工参数。

(3)评价工程的技术状况，检验设计参数和设计理论的正确性。

(4)通过对沉降变形的观测，检验软基处理效果，掌握全线软基的沉降情况，并根据实测沉降推算最终沉降。

(5)根据监测资料在软基路面施工前分析地基的固结状况及工后沉降发展趋势，为卸载施工提供依据。

(6)通过全断面沉降监测，分析沉降土方与中心沉降量的关系，为计算全线沉降土方提供依据。

(7)为设计、施工、管理和科学研究提供资料。

5.1.2　动态监测内容

软土地基路基动态监测内容主要有变形监测和应力监测，其中变形监测是最基本的监测内容，包括沉降监测和水平位移监测，监测方法见表5.1.2-1，具体监测内容见图5.1.2-1。

软土地基路基动态监测方法　　表5.1.2-1

序号	监测内容		监测方法	监测仪器和设备
1	沉降	地表沉降	水准法、测距三角高程法	水准仪、全站仪、沉降板等
		深层沉降	沉降仪量测法	沉降仪、分层沉降标等
		分层沉降	沉降仪量测法	沉降仪、分层沉降标等
		地表断面沉降	水准法	水准仪、全站仪、沉降板等
2	水平位移	地表水平位移	极坐标法、前方交会法	全站仪、地表边桩等
		深层水平位移	测斜法	测斜仪、测斜管等
3	应力	地基孔隙水压力	孔隙水压力计量测法	孔隙水压力计等
		地基土压力	土压力计量测法	土压力计等

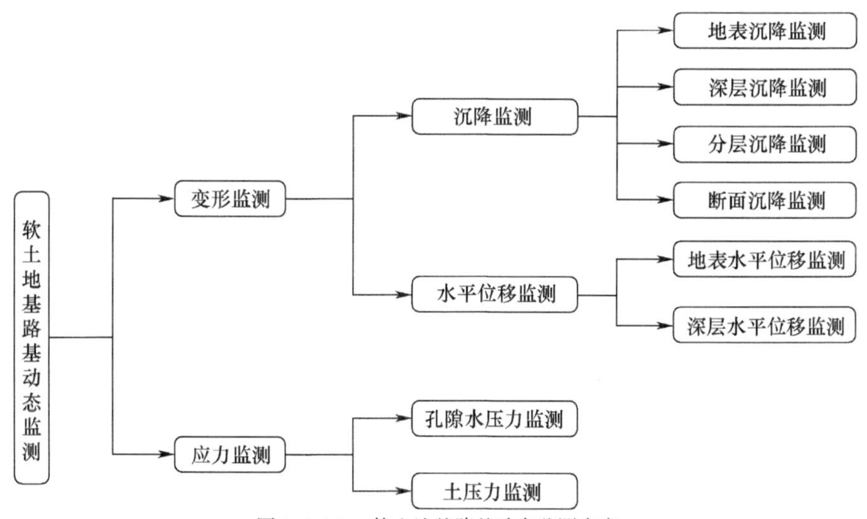

图5.1.2-1　软土地基路基动态监测内容

5.1.3　动态监测流程

软土地基路基动态监测根据监测时间,分为施工监测(即路基开始施工到路面竣工时间段的动态监测)和工后监测(路面竣工之后的动态监测)。一般情况下很少单独布置工后监测,都是施工监测延续到工程完工后一段时间(如一年)。

软土地基路基动态监测流程见图5.1.3-1。

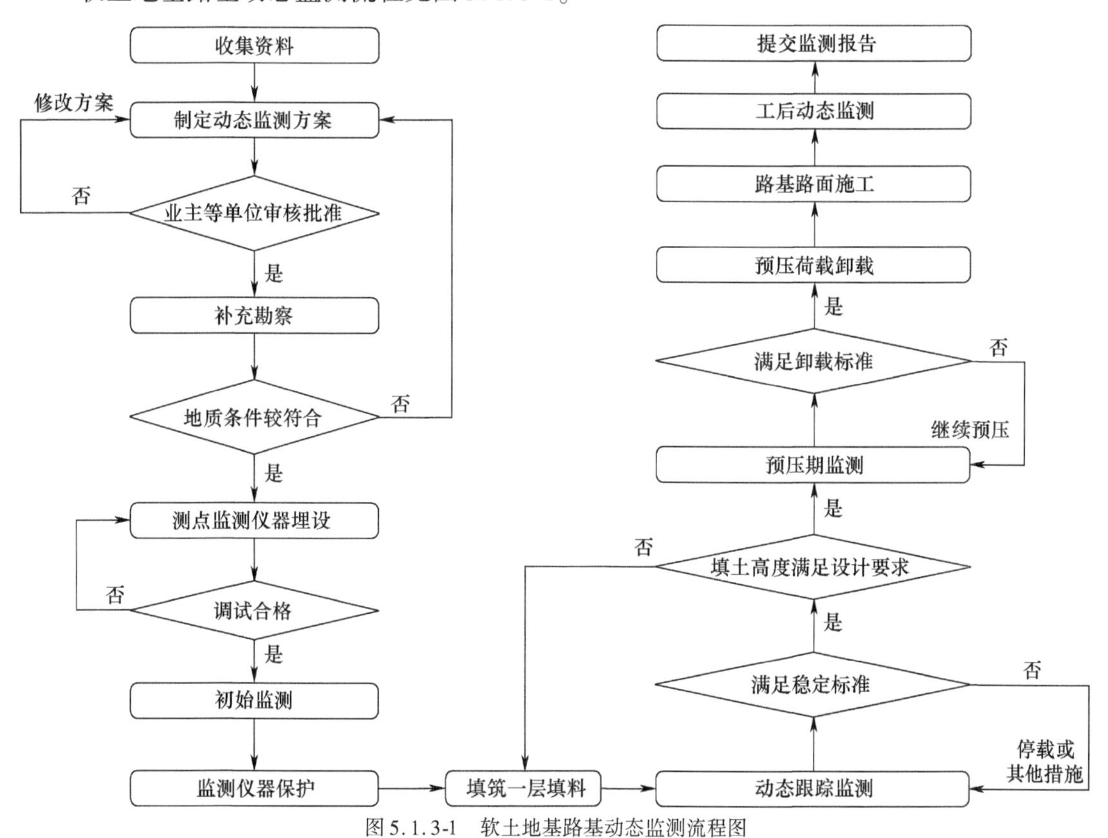

图5.1.3-1　软土地基路基动态监测流程图

5.1.4 监测断面布置

动态监测断面布置一般遵循以下原则：

(1)在不处理及预压处理的一般软基路段，纵向设置间距一般为100～200m，当软土深度或填土高度变化较大时，需根据实际情况加密。

(2)对于桥头高填土路段，第一个观测断面一般设置在桥台后5～10m处(即加固处理段A区)，第二个观测断面设在过渡段(即加固处理段B区)，第三个观测断面设在桥头处理段与一般路段交界处(布置在一般路段)，见图5.1.4-1。

(3)对于沿河(塘)软土地基路段，纵向设置间距一般不大于50m。

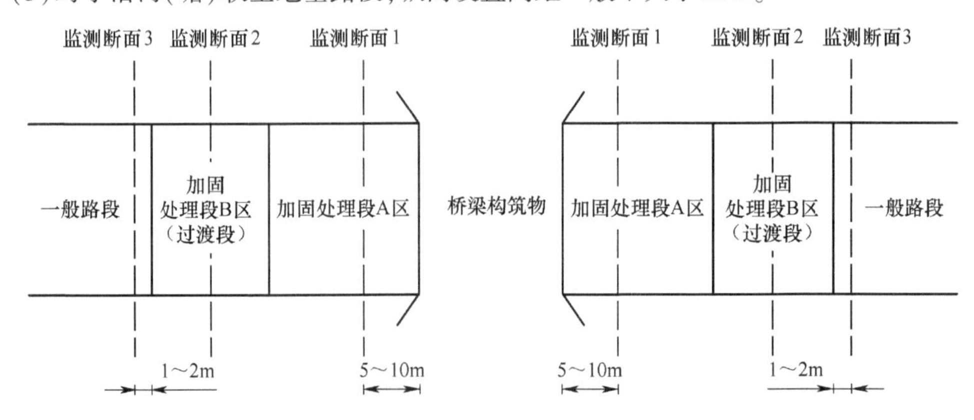

a)桥头高填土段观测断面布置示意

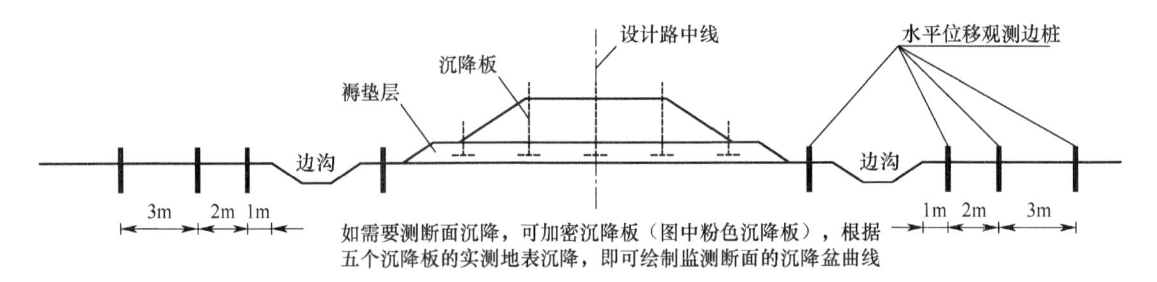

b)每一观测断面观测点布置示意

图5.1.4-1 桥头高填土路段监测断面布置示意图

5.2 沉降监测

5.2.1 地表沉降监测

地表沉降可以采用地表沉降仪观测，主要目的为实测路基填土荷载作用下地基总沉降量随时间的变化。

地表沉降仪由沉降板和沉降杆组成。沉降板采用50cm×50cm×1cm的钢板，中间垂直点焊一节直径为40mm的钢管，管头有丝口，随路堤填筑高度增加而接高。外用直径为80mm的PVC圆管保护，并在其附近稳定区域设置固定点，以固定点为基准，用水准仪测量管顶高程，从而计算地表沉降。沉降板及沉降保护套管如图5.2.1-1所示。

a)沉降板

b)沉降板埋设

c)沉降板套管保护

图5.2.1-1　沉降板及沉降板保护套管

每期观测应做到四个固定,即:固定观测人员、固定观测仪器、固定后视尺读数、固定测站及转点。

1)沉降板埋设

沉降板宜设置在路中和两侧土路肩处,并应注意以下事项:

(1)路中沉降板的设置应防止与通信管道或防撞护栏位置冲突。

(2)单车道匝道仅单侧设置于土路肩处,超高路段设置于超高外侧土路肩处;有中间分隔带的双车道匝道设置于路中线处。

(3)斜交桥涵构造物相邻路段,应沿斜交方向设置。

沉降板埋设位置根据设计测量确定,埋设时在测点位置挖一尺寸不小于沉降板底板的坑,用10cm砂垫层找平后,埋设沉降板,要确保测杆与地面垂直。放好沉降板后,回填一定厚度的垫层,再套上保护套管,保护套管要稍低于沉降板测杆,上口加盖封住管口。周围填筑填料稳定套管。

采用水准仪按二级水准测量标准测量埋设就位的沉降板测杆顶高程作为初始读数,随着路基填筑施工,逐步接高沉降板测杆和保护套管,每次接高长度宜为50cm,接高前后测量测杆顶高程变化量,确定接高量并做好记录。

2)观测频率

施工期沉降观测一般情况下间隔时间不超过3d,路基填筑时应当天观测一次,当变形超过有关标准或场地条件变化较大时,应加密观测。当有危险事故征兆时,则进行连续观测。

预压期第一个月,每3d观测一次,第二、三个月每7d观测一次,第四个月开始可每半个月观测一次,直至预压期结束。

工后观测应根据设计要求进行,设计无具体要求时,可每一个月观测一次,竣工一年后可每季度观测一次。

3)沉降报警值

当道路中线地表沉降速率大于每昼夜10mm时,应立即停止加载,并连续观测,直至稳定。

5.2.2　分层沉降监测

地基分层沉降观测主要用于掌握地基土的有效压缩层厚度及各成层土的变形特征,分层沉降观测可以采用磁环式分层沉降仪，观测点一般与地表沉降观测点在同一断面。

磁环式分层沉降仪所用传感器是根据电磁感应原理设计，将磁感应沉降环预先通过钻孔的方式埋入地下待测各点位，当传感器通过磁感应沉降环时，产生电磁感应信号送至地表仪器显示，同时发出声光警报，读取孔口标记点的对应钢尺的刻度值即为沉降环的深度。每次测量值与前次测量值相减即为该测点的沉降量。

1）磁环式沉降仪的埋设

磁环式沉降仪主要由导管、磁环及探测头三部分组成。磁环数量根据测点钻孔地质资料确定，地表以下第二层土层开始每一土层顶面处安置一磁环，地基处理范围底面安置一磁环（测量地基处理范围以下土体的沉降），最下边磁环位于地表以下20m处。磁环式沉降仪的工作原理系将磁环固定到所需测定深度的土层中，在导管中放入探测头，当探测头接近磁环处，由于电磁感应发出信号，就可以从标尺上测出磁环的位置，其精度可达1～2mm。

用该种仪器观测沉降的可靠性，主要取决于埋设技术，因此埋设时要特别仔细（图5.2.2-1）。

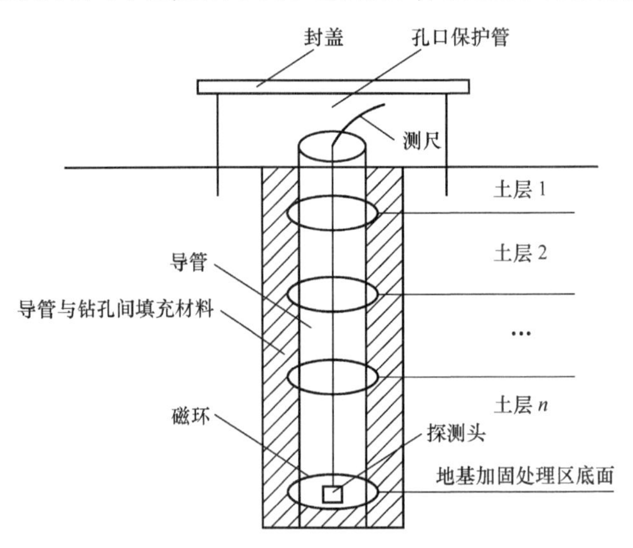

图5.2.2-1　磁环式沉降仪埋设示意图

（1）在测点处钻孔，遇到土质松软的地层，应下套管或泥浆护壁。

（2）成孔后将导管放入，导管可逐节连接，然后稍许拔起套管，在导管与孔壁间用膨胀黏土球充填，并捣实。

（3）用专用工具将磁环套在导管外，送至填充的黏土面上，用力压磁环，迫使磁环上的三角爪插入土层中。然后将套管拔到上一需预埋磁环的深度，并用膨胀黏土球充填钻孔，按上述方法埋设第二个磁环，如此在整个钻孔中完成磁环的埋设。

2）测试要点

每次必须测量孔口高程，对每一磁环均应重复测量，最好同一人、同一仪器测量同一孔。

测量时，拧松绕线盘后面的止紧螺丝，让绕线盘转动自由后，按下电源按钮，把测头放入导管内，手拿钢尺电缆，让测头缓慢地向下移动。当测头接触到土层中的磁环时，接收系统的音响器会发出连续不断的蜂鸣叫声，此时读写出钢尺电缆在管口处的深度尺寸，这样一点一点地测量到孔底，称为进程测读，用字母 J_i 表示。

当在该导管内收回测量电缆时，也能通过土层中的磁环接收到系统的音响仪器发出的音响，此时也须读写出测量电缆在管口处的深度尺寸，如此测量到孔口，称为回程测读，用字母 H_i表示。该孔各磁环在土层中的实际深度用字母 S_i表示。

其计算公式为：

$$S_i = \frac{J_i + H_i}{2} \tag{5.2.2-1}$$

式中：i——孔中测读的点数，即土层中磁环的个数；

S_i——i 测点距管口的实际深度；

J_i——i 测点在进程测读时距管口的深度；

H_i——i 测点在回程测读时距管口的深度。

每个点埋入后，应测出稳定的初始值，一般测 2 ~ 3 次，取得稳定的初值。以后每次测试值与初值之差即为该点的沉降值 Δh。

相邻两个磁环的沉降差，即为磁环间土层的分层沉降。

3）注意事项

（1）为了防止导管内进水，所有接头部位及上下底盖都必须严格密封。

（2）孔口要作较好的保护，导管顶部要做好标记，每次测量时都以该标记作为标准。

（3）当更换了测尺后，应准确量出两个测尺的初值差值，以便用新尺后，加上或减去差值，保证与原尺读数一致。

（4）测试完毕，测尺一定要用软布擦干净，慢慢收回放入仪器箱中。注意探头与测尺接头部位不要弯曲过大，以免折断钢尺。

5.2.3 断面沉降监测

断面沉降监测是观测道路横断面不同点位的地表沉降，从而绘制沉降盆曲线，通过全断面沉降监测，分析沉降土方与中心沉降量的关系，为计算全线沉降土方提供依据。

断面沉降监测最简单的方法就是在监测横断面上加密沉降板，一般地表沉降观测沉降板设置在路中和两侧土路肩位置，为观测断面沉降，可在坡脚、边坡中部（填土特别高时）位置加密沉降板。由于沉降板数量较多，因此道路施工时需要格外小心。

5.2.4 根据实测沉降推算最终沉降

软土地基沉降观测的目的之一就是通过实测沉降推算地基最终沉降，可采用双曲线法、星野法、三点法等方法。

1）双曲线法

采用双曲线法进行沉降预测时，可采用式（5.2.4-1）进行施工过程中的沉降预测，采用式（5.2.4-2）进行最终沉降预测。

$$S_t = S_a + \frac{t - t_a}{\alpha + \beta(t - t_a)} \tag{5.2.4-1}$$

$$S = S_a + \frac{1}{\beta} \tag{5.2.4-2}$$

式中：t_a、S_a——拟合计算起始点参考点的观测时间与沉降值；

t、S_t——拟合曲线上任意点的时间与对应的沉降值；

S——推算的最终沉降值；

α、β——根据实测值求出的参数，即以$\frac{t-t_a}{S_t-S_a}$为纵坐标、$t-t_a$为横坐标绘制的拟合直线的截距与斜率。

2）星野法

采用星野法进行沉降预测时，可采用式（5.2.4-3）进行施工过程中的沉降预测，采用式（5.2.4-4）进行最终沉降预测。

$$S_t = S_i + \frac{AK\sqrt{t-t_0}}{\sqrt{1+K^2(t-t_0)}} \tag{5.2.4-3}$$

$$S = S_i + A \tag{5.2.4-4}$$

式中：t_0、S_i——拟合计算起始点参考点的观测时间与瞬时沉降值；

t、S_t——拟合曲线上任意点的时间与对应的沉降值；

K——影响沉降速度的系数，可根据式（5.2.4-5）用图解法求得；

A——求最终沉降值的系数，可根据式（5.2.4-5）用图解法求得。

$$\frac{t-t_0}{(S_t-S_i)^2} = \frac{1}{A^2K^2} + \frac{1}{A^2}(t-t_0) \tag{5.2.4-5}$$

3）三点法

用于沉降推算的三个沉降数据应位于恒载预压阶段，最终沉降可按式（5.2.4-6）进行推算。

$$S = \frac{S_3(S_2-S_1)-S_2(S_3-S_2)}{(S_2-S_1)-(S_3-S_2)} \tag{5.2.4-6}$$

式中：S_3、S_2、S_1——对于时间 t_3、t_2、t_1 的沉降，且满足 $t_3-t_2=t_2-t_1$；

S——由实测沉降推算的最终沉降。

5.3 水平位移监测

5.3.1 地表水平位移监测

地表水平位移可通过水平位移桩（亦称边桩）进行观测。

水平位移桩一般设置在路基边坡坡脚外10m以内，每侧宜设置3～4个观测点。水平位移桩一般采用边长50～100mm的正方形木桩，长度不小于1.5m，可采用打入或开挖埋设。

水平位移观测基桩设置在地基变形影响范围以外，一般采用边长150～200mm的正方形混凝土或钢筋混凝土预制桩，长度不小于1.0m，桩顶设不易磨损的观测标记，一般采用开挖埋设，埋设后桩顶露出地面的高度不大于100mm，桩周围0.3～0.5m的深度范围浇筑混凝土以稳固桩体。

地表水平位移桩一般与地表沉降观测布置在同一断面，观测时间与沉降观测相同。

当地表水平位移速率大于每昼夜5mm时，应立即停止加载，并连续观测，直至稳定。

5.3.2 深层水平位移监测

地基土体深层水平位移可以通过埋设测斜管，采用测斜仪观测，主要用来研究地基土体水平位移随深度的变化。

测斜仪是大坝及岩土工程监测的观测仪器之一，可广泛地应用在各类工程中，用以观测水平位移或垂直位移、斜向位移和混凝土面板的挠度，也可用来观测不稳定边坡潜在滑动面的移动等。

带有导向滑动轮的活动测斜仪在测斜管中能够连续地、逐段测出产生位移后的测斜管轴线与铅垂线或水平线的夹角，再分段求出水平位移（测斜管垂直埋设时）或垂直位移（测斜管水平埋设时），累加得出总的位移量及沿管轴线整个孔位的变化情况，可以在总体上监测测斜管埋设处的岩体或土体的位移情况。

测斜仪分为便携式测斜仪和固定式测斜仪，应用最广的是便携式测斜仪，它可以消除零点漂移的误差，只使用一个测头即可在地基中连续测量，测点数量可以任选。便携式测斜仪又分为便携式垂直测斜仪和便携式水平测斜仪。

测斜仪的基本配置包括测斜仪套管、测斜仪探头、控制电缆及测斜读数仪。

1）系统组成

活动式测斜仪主要由测斜仪探头、引出电缆、人工绕线轮和变送器信号指示仪等及预先埋设在待监测处的测斜管组成。

测斜仪探头主要部分为伺服加速度式传感器，壳体上有四个导向轮，分别装在两轮架上，轮架可绕轴心转动（图5.3.2-1）。两轮架转轴间的距离 L 称为测斜仪的标距。

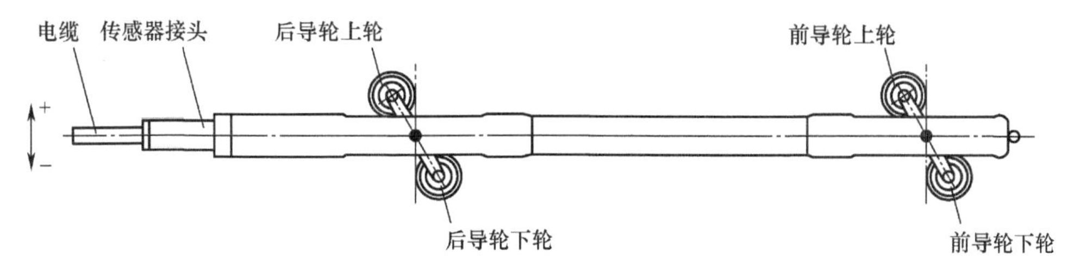

图5.3.2-1　测斜仪探头示意图

2）测量原理

测斜管通常安装在穿过不稳定土层至下部稳定地层的垂直钻孔内。使用数字垂直活动测斜仪探头，控制电缆，滑轮装置和读数仪来观测测斜管的变形。

第一次观测可以建立起测斜管位移的初始断面。其后的观测会显示当地面发生运动时断面位移的变化。观测时，探头从测斜管底部向顶部移动，在半米间距处暂停并进行测量倾斜工作。探头的倾斜度由两支受力平衡的伺服加速度计测量所得。一支加速度计测量测斜管凹槽纵向位置，即测斜仪探头上测轮所在平面的倾斜度。另一支加速度计测量垂直于测轮平面的倾斜度。倾斜度可以转换成侧向位移。对比当前与初始的观测数据，可以确定侧向偏移的变化量，显示出地层所发生的运动位移。

测斜仪的工作原理如图5.3.2-2所示。

当测斜探头在测斜管内自下而上逐段滑动测量时，探头内的传感器敏感地反映出测斜管在每一深度段 L 处的倾斜角度变化，进而根据倾斜角求出不同高程处的水平位移增量，即 $d_i = L\sin\theta_i$，由测斜管底部测点开始逐段累加，可得任一高程处的水平位移，即 $S_j = \sum d_i$，式中 d_i 为第 i 测量段的水平位移增量，θ_i 为第 i 测量段管轴线与铅垂线的夹角，S_j 为测斜管底端固定点（$i=0$）以上 $i=j$ 点处的位移。

在测斜仪观测时，为了消除和减少仪器的零漂及装配误差等，应在位移的正方向及测头调转180°以后的反方向各测读一次数据，取正反两方向测读数据的代数平均值作为倾角测值。

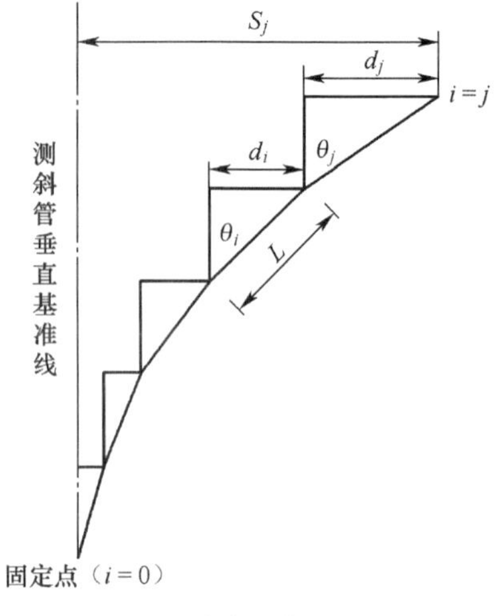

图5.3.2-2　测斜仪工作原理示意图

3）监测应用步骤

不同测斜仪的工作流程都大同小异。

①准备工作

a.布置观测点与成孔。

对于一个场地或者结构物，观测点应该因地制宜，合理布置。一般要求相邻观测点的水平距离为一个成孔深，也可根据岩土工程等级适当加密或减少观测点。施工时尽量要求钻孔是铅垂的，偏差角应小于2°。终孔直径应大于测斜管外径30mm，钻孔深度应超过最深位移带5m。所有钻孔在埋设测斜管前应该进行验收，合格后才能埋设。

b.测斜管的安装。

测斜管的安装质量是测试效果的关键，应该遵循如下步骤：

a）将测斜管装上管底盖，用螺丝或胶固定。

b）将测斜管按顺序逐根放入钻孔中，测斜管与测斜管之间用接管连接，并用螺丝固定。测斜管在安装中应注意导槽的方向，导槽方向必须与设计要求定准的方向一致。将组装好的测斜管按次序逐节放入钻孔中，直至孔口。

c）当确认测斜管安装完好后即可进行回填（一般用膨润土球或原土沙）。回填时每填至3～5m时要进行一次注水，使膨润土球或原土沙遇水后，与孔壁结合的牢固，直至孔口。

d）测斜管地表管口段浇注混凝土，做成混凝土墩台以保护管口和管口转角的稳定性。墩台上应设置位移和沉降观测标点。

e）露在地表上的测斜管应注意做好保护，盖上管盖，防止物体落入。

f）安装完成后的测斜管应先用模拟测斜仪试放，试放时测斜管互成90°的两个导向槽都应从上到下试放到，保证模拟测斜仪顺测斜管能顺畅通过。

c.测斜仪的组装。

在测试之前必须对测斜仪进行检验校正，并做好测试前的准备工作，再进行组装。

②测试过程

首先将测斜仪置入测斜管内，要使导向轮完全进入导向槽内。方向应为导向轮的正向与被测位移坐标（$+X$）的正向一致时测值为正，相反为负。然后根据电缆上标明的记号，每基本长度测读一次测斜管轴线相对基准轴线的倾角。测试方式应遵循下面两个要点：

a. 当测斜管下部可靠固定在基岩中（埋入深度应大于5000mm），可认定基岩没有位移。此时测量可至下而上测读一次，直至管口。

b. 当测斜管底部悬挂（底部未与基岩固定），此时测量应由上至下进行测量。

参考文献

[1] 铁道第三勘察设计院. 桥涵地基和基础:铁路工程设计技术手册[M]. 北京:中国铁道出版社,2002.

[2] 建设部. 岩土工程勘察规范:GB 50021—2001[S]. 北京:中国建筑工业出版社,2009.

[3] 交通运输部. 公路软土地基路堤设计与施工技术细则:JTG/T D31-02—2013[S]. 北京,人民交通出版社,2013.

[4] 住房和城乡建设部. 软土地区岩土工程勘察规程:JGJ 83—2011[S]. 北京:中国建筑工业出版社,2011.

[5] 浙江省质量技术监督局. 公路软土地基路堤设计规范:DB33/T 904—2013[S]. 浙江省质量技术监督局,2013.

[6] 交通运输部. 公路路基设计规范:JTG D30—2015[S]. 北京:人民交通出版社,2015.

[7] 中国建筑标准设计研究院.《城市道路—软土地基处理》15MR301[M]. 北京:中国计划出版社,2015.

[8] 交通运输部. 公路土工试验规程:JTG 3430—2020[S]. 北京:人民交通出版社股份有限公司,2020.

[9] 罗强,刘俊彦,张良. 土工合成材料加筋砂垫层减小软土地基沉降试验研究[J]. 岩土工程学报,2003(06):710-714.

[10] 交通运输部. 公路路基施工技术规范:JTG/T 3610—2019 [S]. 北京:人民交通出版社股份有限公司,2019.

[11] 河海大学. 交通土建软土地基工程手册[M]. 北京:人民交通出版社,2001.

[12] 王秀莲. 塑料排水板超载预压法处理软基在环胶州湾公路工程中的应用[J]. 海岸工程,1999(03):42-46

[13] 李善祥. 真空联合堆载预压在杭宁高速公路软基处理中的应用[J]. 铁道建筑技术,2002(01):38-42 +0.

[14] 国家质监局. 通用硅酸盐水泥:GB 175—2007[S]. 北京:中国标准出版社,2007.

[15] 住房和城乡建设部. 建筑基桩检测技术规范:JGJ 106—2014[S]. 北京:中国建筑工业出版社,2014.

[16] 住房和城乡建设部. 建筑地基处理技术规范:JGJ 79—2012[S]. 北京:中国建筑工业出版社,2012.

[17] 国家质监局. 先张法预应力混凝土管桩:GB/T 13476—2009[S]. 北京:中国标准出版社,2009.

[18] 天津市建筑标准设计办公室.《先张法预应力混凝土薄壁管桩图集》DBJT29-44[M]. 北京:中国计划出版社,2003.

[19] 住房和城乡建设部.混凝土质量控制标准:GB 50164—2011[S].北京:中国建筑工业出版社,2011.

[20] 国家质监局.建设用砂:GB/T 14684—2011[S].北京:中国标准出版社,2011.

[21] 建设部.混凝土用水标准:JGJ 63—2006[S].北京:中国建筑工业出版社,2006.

[22] 国家质监局.混凝土外加剂:GB 8076—2008[S].北京:中国标准出版社,2008.

[23] 国家质监局.预应力混凝土用钢棒:GB/T 5223.3—2017[S].北京:中国标准出版社,2017.

[24] 国家质监局.预应力混凝土用钢丝:GB/T 5223—2014[S].北京:中国标准出版社,2014.

[25] 住房和城乡建设部.钢筋焊接及验收规程:JGJ 18—2012[S].北京:中国建筑工业出版社,2012.

[26] 住房和城乡建设部.建筑地基基础设计规范:GB 50007—2011[S].北京:中国建筑工业出版社,2011.

[27] 建设部.建筑桩基技术规范:JGJ 94—2008[S].北京:中国建筑工业出版社,2008.

[28] 天津市城乡建设委员会.天津市岩土工程技术规范:DB/T 29-20—2017[S].北京:中国建筑工业出版社,2017.

[29] 住房和城乡建设部.土工试验方法标准:GB/T 50123—2019[S].北京:中国计划出版社,2019.

[30] 住房和城乡建设部.现浇混凝土大直径管桩复合地基技术规程:JGJ/T 213—2010[S].北京:中国建筑工业出版社,2010.

[31] 广东省公路软土地基设计与施工技术规定:GDJTG/T E01—2011[S].北京:人民交通出版社,2011.

[32] 交通部第二公路勘察设计院.公路设计手册——路基[M].北京:人民交通出版社,1996.

[33] 杨仲元.软土地基处理技术[M].北京:中国电力出版社,2009.

[34] 林宗元.岩土工程治理手册[M].北京:中国建筑工业出版社,2005.

[35] 南京水利科学研究院土工研究所.土工试验技术手册[M].北京:人民交通出版社,2003.

[36] 中国建筑标准设计研究院.城市道路工程设计技术措施[M].北京:中国计划出版社,2011.

[37] 张留俊,王福胜,刘建都.高速公路软土地基处理技术[M].北京:人民交通出版社,2002.

[38] 徐至钧,全科政.高压喷射注浆法处理地基[M].北京:机械工业出版社,2004.

[39] 徐至钧,王曙光.水泥粉煤灰碎石桩复合地基[M].北京:机械工业出版社,2004.

[40] 龚晓南.复合地基理论及工程应用[M].北京:中国建筑工业出版社,2002.

[41] 叶观宝,高彦斌.振冲法和砂石桩法加固地基[M].北京:机械工业出版社,2004.